新型电力系统ICT应用与实践

尹积军　主编

人民邮电出版社
北京

图书在版编目（CIP）数据

新型电力系统ICT应用与实践 / 尹积军主编. -- 北京 : 人民邮电出版社, 2022.11
ISBN 978-7-115-59925-4

Ⅰ. ①新… Ⅱ. ①尹… Ⅲ. ①电力系统—通信技术—研究 Ⅳ. ①TM73

中国版本图书馆CIP数据核字(2022)第156868号

内 容 提 要

本书全面介绍新型电力系统建设中所涉及的主要信息通信技术及其应用。全书共 11 章。第 1～2 章介绍碳减排背景下能源电力行业向低碳化转型发展的趋势，以及新型电力系统建设的必要性。第 3 章介绍能源行业数字化转型现状，给出新型电力系统的 ICT 架构。第 4～9 章系统地阐述 5G 助力高弹性电网建设、电力光网络、电力智能云网、电力物联网、能源大数据中心、新型电力系统网络安全等方面的信息通信关键技术及应用方案。第 10 章结合新型电力系统源、网、荷、储全环节业务场景，以国网浙江省电力有限公司的探索与实践为例，呈现典型应用。第 11 章为新型电力系统展望。

本书可为能源、电力、信息通信等相关领域的从业人员提供参考。

◆ 主　　编　尹积军
责任编辑　韦　毅
责任印制　焦志炜

◆ 人民邮电出版社出版发行　　北京市丰台区成寿寺路 11 号
邮编　100164　　电子邮件　315@ptpress.com.cn
网址　https://www.ptpress.com.cn
固安县铭成印刷有限公司印刷

◆ 开本：720×1000　1/16
印张：17.5　　2022 年 11 月第 1 版
字数：324 千字　　2022 年 11 月河北第 1 次印刷

定价：79.80 元

读者服务热线：(010)81055552　印装质量热线：(010)81055316
反盗版热线：(010)81055315
广告经营许可证：京东市监广登字 20170147 号

编委会

主　　编： 尹积军

编　　委： 李颖毅　戴铁潮　陈　禹

编写人员： 王彦波　邱兰馨　马　研　王中博　牛　壮

周　鹏　陆　鑫　李　宇　方子璐　陈小舟

毛　冬　许鹏拓　季　超　王　涛　王嘉琦

王　岍　陈政波　翟　叙　王以良　徐　威

娄　佳　王思生　俞天奇　王　宁　高渝强

王云烨　孙建平　孟文君　段临晶　刘艳艳

游世平　孙世东　卢文达　冯　珺　孙嘉赛

董　科　徐阳洲　谢裕清　贺家乐　饶涵宇

杨　帆　周慧凯　许　敏　由奇林　叶　卫

序

当前我国能源结构中化石能源占比过高，存在能源利用效率偏低、能耗偏高等问题。2021 年 3 月，国家提出构建新型电力系统，明确了当前我国能源电力转型发展的方向。

构建新型电力系统，建设绿色低碳、安全高效的能源循环体系，完善绿色低碳市场机制，促进非化石能源快速发展，优化能源结构，是推动能源高质量发展和经济社会绿色转型的必要措施。

新型电力系统的构建将给电网带来前所未有的挑战和机遇，一方面，在电源侧需消纳具有随机性、波动性、间歇性特征的新能源的大规模接入；另一方面，在用电侧需实现与电动汽车、清洁供暖、智能家居等多元化负荷的灵活互动。电网作为能源转换利用和输送配置的枢纽平台，必须提升其弹性消纳、广泛互联、安全高效运行的能力，这些都离不开 ICT（Information and Communication Technology，信息通信技术）的支撑。

近年来，5G 通信、云计算、物联网、人工智能、大数据等 ICT 快速发展，应用“井喷”，深刻改变了全球经济社会的方方面面。我国正是抓住了信息技术革命的契机，通过 ICT 赋能各行业领域，从而在全球经济结构重塑的过程中占据了重要席位。ICT 赋能新型电力系统各环节，助力新型电力系统各类基础设施和业务应用实现数字化，对更大范围、更高频度、更深层次推动能源资源优化配置具有至关重要的作用。

国家电网有限公司（简称国网公司）早在十几年前就已经开始广泛应用 ICT 开展信息化建设，如今伴随着自动化、信息化向数字化、智能化的不断演进，国网公司也经历着智能电网、能源互联网、新型电力系统的蜕变，不断加强电网数字化转型，打造电网数字化平台，构建能源互联网生态圈，进一步提升电网数字化、透明化程度。

国网浙江省电力有限公司一直在 ICT 应用之路上不断思考探索，结合公司多年来的实践，在 2020 年，提出了能源互联网形态下多元融合高弹性电网的概念，广泛应用“大云物移智链”等技术，促使电网朝源、网、荷、储柔性互动方向升级，推动电力互联网向能源互联网转型。这个概念与新型电力系统的本质内涵是一致的。在国网公司新型电力系统战略目标落地推进时，国网浙江省电力有限公司承担了建设新型电力系统省级示范区的任务，开展了新型储能、需求侧响应、虚拟电厂、绿电交易等诸多探索实践，尤其是在服务浙江省数字化改革和数字经济转型方面，国网浙江省电力有限公司积极谋划，主动承担了浙江省能源大数据中心、浙江省双碳智治平台等重大建设运营任务，为国网公司新型电力系统战略的落地进行了积极有益的实践。

本书没有对新型电力系统涉及的 ICT 逐一地进行罗列，也未费笔墨探究过多的技术原理细节，而是更多地把重心放在对新型电力系统的应用实践和思考上，放在探究 5G、光网络、云计算、物联网、大数据、网络安全等在新型电力系统中的应用场景和发展趋势上。本书融入了国网浙江省电力有限公司在源荷互动等方面的诸多实践。我认为，本书主要的价值在于分享国网浙江省电力有限公司在新型电力系统 ICT 应用方面的思考、探索和实践，希望能给同行提供借鉴、引起思考、带来启发甚至引发讨论，共同促进新型电力系统早日建成。

尹积军

国网浙江省电力有限公司董事长

前言

新型电力系统以电网为枢纽平台，牵手电源侧和用户侧，是多元、开放、弹性的电力系统，具有电源清洁化、电网柔性化、用户互动化、系统数字化的特征。新型电力系统是依据 2014 年 6 月习近平主席在中央财经领导小组第六次会议上提出的“四个革命、一个合作”能源安全新战略重要论述，对电力行业发展作出的更精确的系统阐述，是对电力系统转型升级、电力行业实现碳减排目标开出的“良方”。

新型电力系统将通过广泛互联互通推动电网向能源互联网演进，“大云物移智链”等 ICT 与传统电力技术的深度融合将使得电力系统发、输、变、配、用等各领域、各环节整体实现智能化、互动化。本书以碳减排背景下新型电力系统建设中对 ICT 的迫切诉求为切入点，详细介绍新型电力系统的 ICT 架构和应用，旨在向读者全面呈现新型电力系统中 ICT 的解决方案、技术实现、应用成效等，并提出部署建议。

本书首先介绍新型电力系统对 ICT 的诉求，给出新型电力系统的 ICT 架构，介绍主要技术领域。之后分领域介绍新型电力系统中的 ICT 要素，包括 5G、光网络、智能云网、物联接入、能源大数据中心以及网络安全，同时介绍如何在新型电力系统建设中实现具体应用。最后，本书结合源、网、荷、储的业务特征，分享国网浙江省电力有限公司（简称国网浙江电力）在新型电力系统中 ICT 的融合应用探索和实践案例。

本书共分 11 章，介绍如下。

第 1 章　能源电力低碳转型发展趋势

本章首先介绍碳减排背景下的能源结构现状，说明要想实现碳减排的目标，能源领域是主战场，电力是主力军。其次，从多角度分析全球电力变革脉络，以能源生产清洁化、能源消费电气化、能源技术高效化、能源体制市场化、能源合作国际化为子目标，实现新型电力系统转型。

第 2 章　新型电力系统建设

本章介绍新型电力系统，它是融合能源流、信息流、碳流的复杂系统，新

型电力系统的构建离不开 ICT 的支撑，实现数字化、智能化、透明化，推动碳管理、能源交易、信息数据在电力及周边行业应用的协同合作，是新型电力系统建设急需应对的挑战。

第 3 章　ICT 支撑电力系统转型

本章介绍新型电力系统的 ICT 架构。该技术架构以强大的计算能力、网络通道和安全防护为基础，统筹电力系统各环节感知与通信连接，以电力系统为基础，形成完整、准确、即时的数字电网，满足新型电力系统“范围广、环节多、时效高、能控制”的新要求。

第 4 章　5G 助力高弹性电网建设

5G 新一代网络通信从无线空口、承载网到核心网均引入了全新技术，5G 时代的到来为新型电力系统的互联互通开启了无限可能。无论是终端接入、边缘域汇聚，还是骨干网回传、资源灵活调用，5G 技术都给出了更优的解决方案。本章首先介绍 5G 通信能力及其适用场景；其次介绍其核心技术 5G 网络切片，以及基于网络切片如何构建电力专用的 5G 网络；最后结合精准授时、时间敏感网络等技术细项，介绍其在新型电力系统源、网、荷、储各环节中的典型应用方案。

第 5 章　电力光网络

电力光网络是电力数据传输通道的重要组成部分，负责汇聚和回传末端电力物联网各类数据，是承载数据中心交互的骨干通道。本章首先介绍电力通信网发展历程，以及电力光缆、电力传输系统基本技术；其次，面向“大带宽、全业务、高可靠、易运维”的广域网通信网络发展需求，介绍 F5G（The 5th generation Fixed networks，第五代固定网络）技术，同时面向新型电力系统场站局域网通信需求，给出全光网络的解决方案。

第 6 章　电力智能云网

云计算和云组件在当前的企业数字化发展中已成为必不可少的数字基础资源，它们为上层各类数字化应用提供底层承载，同时用于汇集传输网络上传的各类数据，提供强大算力和中台支撑。另外，通过云网融合技术，在电力企业云网间建立协同运维机制，从而实现状态全面感知、数据融合共享，助力企业数字化转型。

第 7 章　电力物联网

新型电力系统海量终端的感知、数据采集和并发接入，离不开物联网技术的支撑。通过规范状态感知技术框架，构建完善的电力物联体系，能够更好地开展新型能源、数字变电站、配电物联监测等应用，从而实现新型电力系统全景感知。本章首先介绍电力物联网技术架构的演进；其次介绍物联管理平台、边缘物联代理、物联模型、电力物联网安全防护等物联网技术关键要素，并结合人工智能技术给出变电站、配电台区等电力物联网典型应用方案。

第 8 章　能源大数据中心

能源大数据中心承载能源数据汇聚、数据开放和数据服务的功能，由数据接入、存储计算、数据服务、数据运营管理、数据资源管理五大能力组成。本章介绍能源大数据中心的总体架构、数据仓库构建、数据流转场景等内容，阐述能源数据的处理过程，并介绍如何开展数据分析和各类能源监测应用。

第 9 章　新型电力系统网络安全

信息通信技术的发展，必然给网络安全方面带来新的挑战。构建新型电力系统离不开网络安全的保驾护航。本章首先给出新型电力系统的网络安全体系和技术架构；其次介绍安全框架如何具体落地实践，以及如何建立电力云、网、端一体化安全防护手段；最后围绕软硬件自主可控、零信任技术、量子加密等演进方向，探讨未来的网络安全。

第 10 章　新型电力系统 ICT 应用案例

基于上述各章中介绍的新技术，本章结合国网浙江省电力有限公司落地应用案例，围绕源、网、荷、储多元协同、电力系统低碳化运行、能源监测应用等实际案例，从源、网、荷、储各方面讲解 ICT 如何具体助力新型电力系统建设，旨在帮助读者进一步理解 ICT 在电力系统转型中的重要作用。

第 11 章　新型电力系统展望

本章介绍以 ICT 为重要支柱的新型电力系统的主要发展趋势。

致谢

本书由国网浙江省电力有限公司编写，人民邮电出版社的编辑给予了严格、细致的审核。在此，诚挚感谢相关领导的扶持，感谢本书各位编委、编写人员和人民邮电出版社各位编辑的辛勤工作！

参与本书编写和审校的老师虽然有多年 ICT 从业经验，但因时间仓促，书中存在错漏之处在所难免，望读者不吝赐教，在此表示衷心的感谢。

目录

第 1 章 能源电力低碳转型发展趋势

随着经济社会的快速发展，我国的能源消费呈现出较快的增长态势。能源消费量增速较大，国内的能源生产量不能满足能源需求量，需要大量进口。目前，我国的能源消费主要依赖于煤炭，短期内不会改变，但我国正努力优化能源消费结构。降低能源消费强度、提升能源利用效率，已成为保障国家能源安全、推动生态环境质量改善、促进温室气体减排的重要举措，降低能源强度比以往任何时候都更加引人关注。

1.1 碳减排背景下的能源结构现状

碳减排背景下，世界各国能源结构将发生深刻变化，从传统的以煤、油、气为主，逐步向以可再生能源为主转变。电力作为主要的二次能源，将在能源转型中承担重要角色，未来的能源结构将向着绿色、可再生、电气化等方向演进。

1.1.1 我国能源体系的碳减排路径

NASA（National Aeronautics and Space Administration，美国国家航空航天局）观测数据显示，当前全球平均气温较 19 世纪升高了 1.2℃，过去 170 年，二氧化碳的浓度上升了 47%，这种急速变化使得生态系统和物种的适应时间大大缩短，进而造成全球气候变暖、海平面上升、作物产量降低等种种危害。

世界上仍有较多国家的能源结构以煤炭等化石能源为主，在能源开发利用的过程中会产生大量的污染物，造成生态环境恶化、温室效应及其他安全问题。目前，全球约 73%的碳排放源自能源领域。《全球能源回顾》报告指出，2021 年全球能源相关的二氧化碳排放量约为 363 亿吨，创下历史新高，同比上涨 6%，超过了新冠肺炎疫情暴发前的水平。其中，发达经济体的排放量约占三分之一。截至 2020 年，全球已有 54 个国家的碳排放量达到峰值，占全球碳排放总量的 40%。

当前，中国已经成为世界上最大的能源生产国，同时也是世界上最大的能源消费国。从碳排放的结构来看，我国电力与热力部门、工业部门的碳排放量占全国总碳排放量的比重远超全球整体水平。减小排放绝对量和调整能源消费结构是我国实现碳减排目标所面临的重大挑战。我们需要推动能源消费端向电气化、数字化转型升级，实现能源清洁、低碳、高效利用。在能源生产方面，控制化石能源总量、提高能效、大力发展可再生能源发电成为实现碳减排目标的关键点。

随着新增装机容量的上升，光伏、风能在能源中的比重将大幅提升，预计 2050 年将超过 70%。基于可再生能源的发电量（主要是风能和光伏发电量），在 2020 年至 2060 年间将增加 7 倍，届时将约占发电总量的 80%。工业、建筑、交通是主要终端用能部门，伴随大比例可再生能源电力系统的发展，终端消费以电力替代煤炭、石油等可直接利用的化石能源，可有效减少终端部门乃至全经济尺度的二氧化碳排放量。我国 2015 年电力占终端能源消费的比例为 21.3%，2030 年将超过 30%，2050 年将达 70%左右，这将对减少二氧化碳排放量发挥重要作用。

1.1.2 国内外能源结构现状

从全球一次能源结构的历史变化来看，能源结构呈现出多样化的趋势，其中低碳能源（尤其是风电、光伏等可再生能源）份额逐渐上升，而化石能源中天然气的份额也呈现上升趋势。总的来说，国际能源结构以化石能源为主，但因各国受自给率约束，呈现多样化发展的趋势，低碳节能理念逐步深入人心，推动能源消费强度逐步下降，同时，作为最重要的二次能源，以及各种一次能源转换的枢纽，电能已逐步替代一次能源，在终端用能中所占的比例持续上升。

1. 国际能源结构现状

全球温室气体排放有四分之三来自能源行业，能源行业成为各国最重视的减排领域。2020 年，受新冠肺炎疫情影响，全球一次能源消费量达 556.63 EJ（艾焦），较 2019 年下降约 4.5%，十年来首次呈现下降趋势，如图 1-1 所示。可再生能源消费量增加了 10%，石油仍然在能源结构中占据最大份额。能源转型即实现能源结构调整，由以化石能源为主向以可再生能源为主转型，从能源生产、输运、转换和存储等方面全面进行改造或者调整，形成新的能源体系，提升可再生能源占比。同时，加大电能替代及电气化改造力度，推行终端用能领域的多能协同和能源综合梯级利用，推动各行业节能减排，提升能效水平。

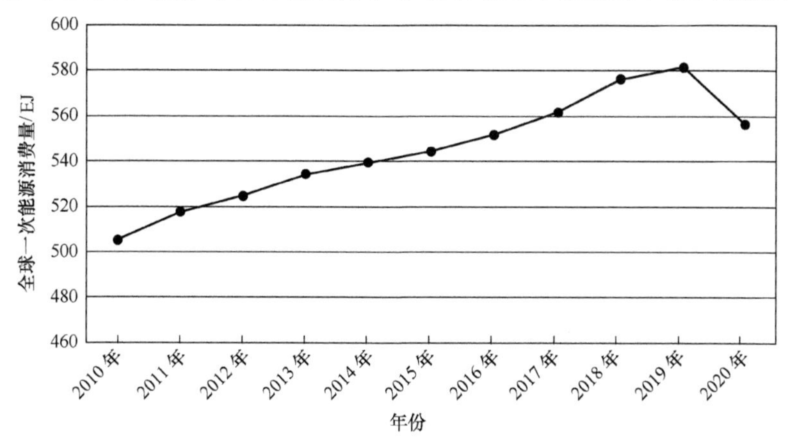

数据来源：英国石油公司《世界能源统计年鉴》（2021 年版）。

图 1-1 2010—2020 年全球一次能源消费量

总体来看，全球能源行业的发展趋势表现在三个方面。一是消费总量增长速度放缓，全球经济与人口增长推动能源需求增长，新兴经济体和发展中国家仍然是主要推动力量。2011 年以来，全球能源消费总量整体呈现平稳上升趋势，增长速度放缓。从趋势来讲，能源需求未来会增长，但强度会下降、效率会提升。在能源快速转型背景下，一次能源需求将在 2030 年左右达到峰值，随后开始下降；到 2050 年，能源需求总量将在 120 亿吨油当量左右，较目前降低 10% 左右，年均降低 0.5%。二是多元化、清洁化、低碳化加速，虽然能源消费总量在增长，但一次能源结构加速向多元化、清洁化和低碳化演进，朝着高效、集成的方向发展。2013 年以来，全球可再生能源领域投资年均约 3000 亿美元，太阳能和风能是最大的投资热点。预计至 2050 年，全球一次能源结构为石油占比 14%，天然气占比 21%，煤炭占比 3.9%，非化石能源占比超过一半。三是电能占终端用能比重提升，能源品种的边界将更加模糊，多样化的用能需求将导致能源产品出现更多组合，电力系统在现代经济体系中的重要地位凸显，终端能源消费的电气化水平不断提高，预计 2060 年电能占终端用能比重将达到 60% 以上。2019—2020 年一次能源（不同燃料）消费量如图 1-2 所示。

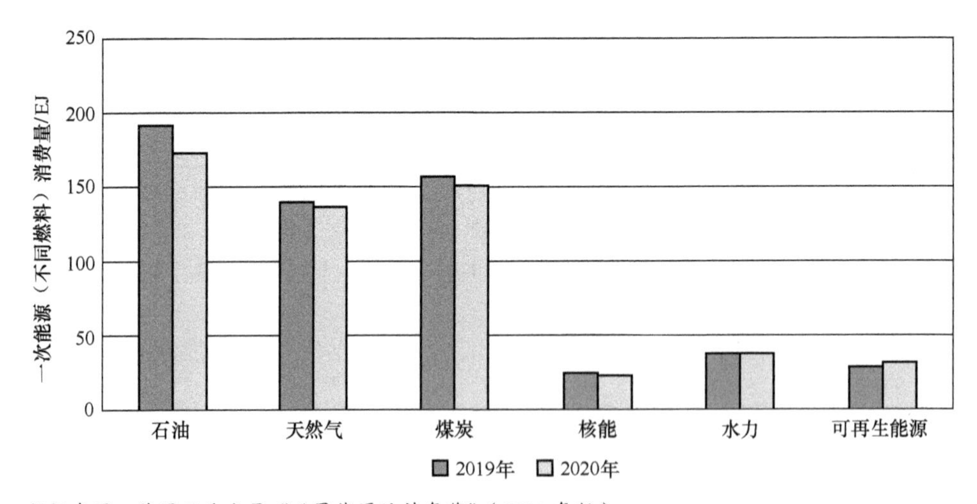

数据来源：英国石油公司《世界能源统计年鉴》（2021 年版）。

图 1-2 2019—2020 年一次能源（不同燃料）消费量

2. 国内能源结构现状

在国际社会低碳环境的约束和国内高质量发展的要求下，我国能源转型面临的挑战和难度空前，主要体现在以下几个方面。

一是产业结构偏重。我国仍处于工业化发展阶段，高能耗、高污染、低效益的工业制造业比重大。在实现经济高质量发展的大背景下，能源需求还将刚性增长，资源和环境约束趋紧。

二是煤炭比例偏高。近十年来，我国能源结构以煤炭为主，且能源利用效率偏低，石油、天然气的消费量大于可再生能源的消费量。2021 年，我国煤炭消费比重下降至 56.7%，但单位能源消费碳强度高于世界平均水平近 30 个百分点。2010—2020 年我国不同燃料消费量如图 1-3 所示。

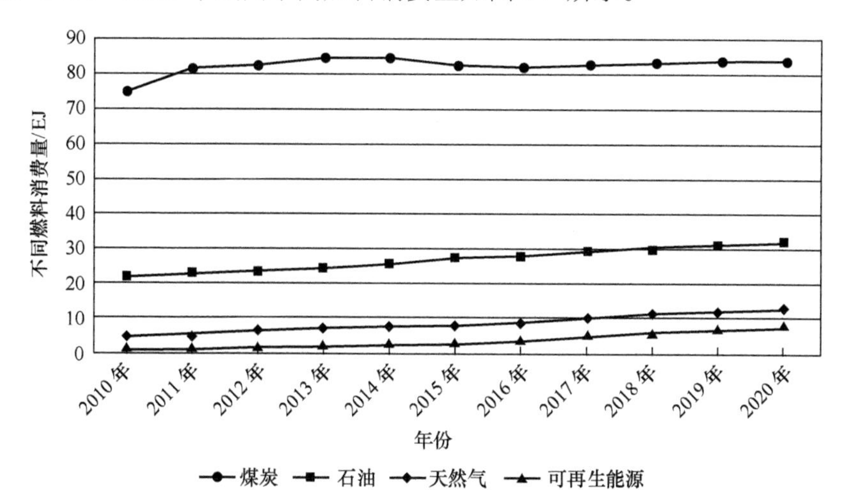

数据来源：英国石油公司《世界能源统计年鉴》(2021 年版)。

图 1-3 2010—2020 年我国不同燃料消费量

三是排放总量偏大。2021 年，我国二氧化碳排放量达 119 亿吨，约占全球碳排放量的 33%。2021 年，我国单位 GDP（Gross Domestic Product，国内生产总值）能耗比 2020 年下降 2.7%，成绩亮眼，但跟世界平均水平及发达国家平均水平相比，仍有较大差距。

我国的能源资源以煤炭为主，以石油为辅，天然气、水力、风能、核能只占很小的比重。我国是世界上最大的煤炭生产国和消费国，石油是我国的第二大能源，能源的基本国情可以归结为“富煤、贫油、少气”。

能源结构决定了消费结构。随着经济社会的快速发展，我国的能源消费呈现出较快的增长态势。能源消费量增速较大，国内的能源生产量不能满足能源需求量，需要大量进口以满足内需。目前，我国的能源消费主要依赖于煤炭，短期内不会改变，但我国正努力优化能源消费结构。在不同行业的能源消费中，工业消费总量一直在能源消费总量中占有较大比重，但这一比重正在减小，其他行业的比重正在增加。降低能源消费强度、提升能源利用效率，已成为保障国家能源安全、推动生态环境质量改善、促进温室气体减排的重要举措。

在能源效率方面，我国仍然低于世界平均水平。评价能源效率最常用的经济指标是能源强度，我国的能源强度在 21 世纪之前处于较高水平，之后整体呈现下降的趋势，并且各省（区、市）的能源强度存在明显的区域性差异，东南部地区低于西北部地区，能源效率不均衡的问题亟须改善。

我国能源消费结构与世界能源消费结构相比，存在较大的调整空间。在一次能源消费中，2009 年，我国的石油消费比重为 17.8%，低于世界平均水平（31.2%）13.4 个百分点；我国的天然气消费比重为 8.4%，低于世界平均水平（24.7%）16.3 个百分点；而我国的煤炭消费比重高达 56%，高于世界平均水平（27.2%）28.8 个百分点；我国的核电消费比重只有 2.2%，而世界平均水平达到了 4.3%。可见，我国能源消费结构差异巨大，可以调整的空间巨大。

（1）中国能源消费结构现状

我国能源消费结构整体表现为以煤炭为主、多样化发展、受自给率约束的特点。

2021 年，我国能源经济关系呈现出持续优化的喜人态势：能源生产稳定增长，能源利用效率持续提升，能源消费结构进一步优化，终端用能电气化水平加速提升。2021 年单位 GDP 能耗比 2020 年下降 2.7%，接近 2021 年政府工作报告中提出的单位 GDP 能耗降低 3%左右的目标。2012 年以来，我国单位 GDP 能耗累计降低 30%，能源利用效率显著提高。

然而由于产业结构偏重、投资占比偏高，我国单位 GDP 能耗约为 OECD（Organization for Economic Co-operation and Development，经济合作与发展组织）国家的 3 倍、世界平均水平的 1.5 倍，下降空间仍然较大，这带来了一定的困难和挑战。作为世界上最大的发展中国家，发展仍是我们的第一要务，实现工业化、城镇化、改善社会民生等任务，决定了未来很长一段时间内我国能源消费仍将保持刚性增长。我国经济结构中第二产业和高耗能产业的比重较大。此外，节能潜力的挖掘难度增大，成本低、见效快的节能技术和工程已普遍应用实施，但一些新技术投资大、应用少，使得企业节能潜力变小。要降低单位 GDP 能耗，就要重点控制化石能源消费、加快发展非化石能源，同时也离不开能耗总量和强度双控制度的强化和完善。

（2）我国风电及光伏等新能源快速增长

近年来，在能源转型的背景下，我国风电及太阳能光伏发电等新能源发电装机增速高于传统电源，在全国发电总装机容量中的占比也不断提升。“十三五”期间，新能源发电装机容量年均增长率为 32%，据国家统计局数据，截至 2020 年年底，我国新能源发电装机容量达 534.96 GW，占总装机容量的 24.32%，其中风电装机容量 281.53 GW，占总装机容量的 12.80%；太阳能发电装机容量

253.43 GW，占总装机容量的 11.52%。2020 年我国电力装机容量占比如图 1-4 所示。

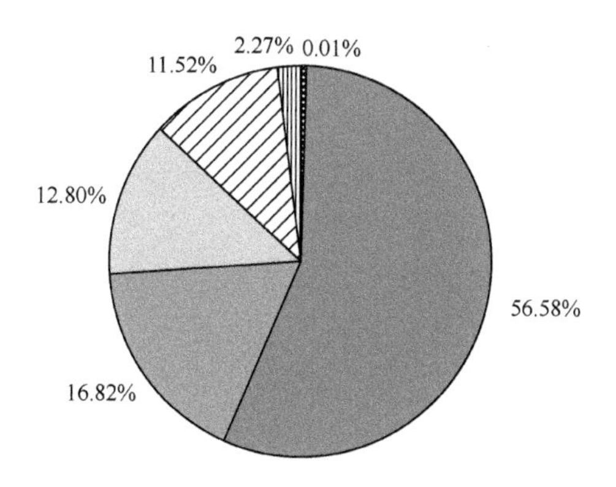

数据来源：国家统计局《2020 年国民经济和社会发展统计公报》。

图 1-4 2020 年我国电力装机容量占比

同时，新能源发电量不断提高。据中电联《中国电力行业年度发展报告 2021》，2020 年，我国全口径发电量为 76 264 亿千瓦时[①]，其中，水电发电量为 13 553 亿千瓦时，火电发电量为 51 770 亿千瓦时，核电发电量为 3 662 亿千瓦时，并网风电 4 665 亿千瓦时，比上年增长 15.1%，并网太阳能发电 2611 亿千瓦时，比上年增长 16.6%。新能源增长速率远高于火电、水电、核电。

3. 能源转型的迫切需求

回顾人类社会经历的能源转型，可以发现，能源转型是产业革命和技术革命的驱动器，煤炭的大规模利用促进了工业革命的繁荣，石油时代的到来推动了汽车时代和电气时代的蓬勃发展。每次能源转型都带来了经济模式、社会发展体制的巨大转变，同时影响了与此相联系的整个生产生活方式以及社会文化与观念的变革。在碳减排战略目标下，我国对能源转型提出了新要求。

（1）处理碳减排问题要充分考虑经济发展阶段

一方面，未来十年我国处于工业化、电气化、智能化转型升级的关键阶段，需要大量的能源，特别是电力需求增长较快。另一方面，未来我国将形成超大规模电网，在大规模储能电池技术研发应用之前，随着可再生能源发电装机容量的持续增长，在中短期内，用于调峰的火电机组仍将保持一定的增长趋势。

① 统计数据因数值取整而略有偏差。

（2）坚持以创新实现经济发展和碳减排的双赢

创新是实现能源高质量发展和碳减排目标的重要动力，也是破解发展和碳减排在短期内面临两难困境的根本途径。碳减排的目标是能源生产、工业过程和社会活动与碳脱钩，包括以下五个子目标，需要技术创新、体制创新和机制创新。一是能源生产清洁化，从以化石能源为主转向以可再生能源为主。碳减排的关键在于技术创新，要加快能源领域的关键核心技术和装备（包括储能、智能电网、能源管理系统和氢能技术）攻关，同时提升电网智能化水平，增强消纳新能源发电的能力。二是能源消费电气化。企业在生产过程中尽量不使用化石能源，转向使用电力，消费者在生活过程中也尽量用电能替代，例如电动汽车、电采暖、电加热等。三是能源技术高效化。强化绿色低碳前沿技术研发，重视节能减排技术在工业生产和居民生活中的应用，将节能作为“第一能源”。四是能源体制市场化。深入推进电力市场（包括供给侧有偿调峰市场、电网侧跨省跨区电力交易市场和需求侧竞争性电力市场）改革，完善阶梯电价政策。五是能源合作国际化。欧美国家在气候问题上向我国施压，我们应化压力为动力，积极探索新型国际合作方式。例如，以超高压直流电网传输为关键，发展跨国、跨省电力传输；再如，积极探索和国际机制接轨的碳配额互认和碳税豁免机制，将相关内容纳入双边/多边自贸协定谈判中。

（3）推进碳减排目标要坚持先立后破原则

我国当前正处于城镇化快速发展的关键时期，城镇化还没有完全结束，对电力、钢铁、水泥有一定的刚性需求。2020 年，我国常住人口城镇化率为 63.89%，粗钢产量达 10.65 亿吨，同比增长 7%。新能源发电替代火电是未来的发展趋势，但是替代的前提必须是先立后破，并逐步建立新能源发电稳定上网的机制。

1.2 构建新型电力系统实现能源转型总体要求

我国已制定了能源转型总体目标，须结合经济发展的需要和能源技术的演进发展，制定符合实际的实现路径，使能源转型与国民经济发展相适应、相协调。

1.2.1　能源转型的总体要求

我国能源转型工作时间紧、任务重，需要早启动、准研判、稳推进，以确保安全实现既定战略目标。落实碳减排目标，能源是主战场，电力是主力军。当前我国能源结构中化石能源占比过高、能源利用效率偏低、能耗偏高等问题严重影响了能源的高质量发展。因此，在碳减排背景下，着力构建绿色低碳、安全高效的能源循环体系，完善绿色低碳市场机制，促进非化石能源的快速发展，优化能源结构，加速推动电力行业清洁低碳转型的步伐，对于提高能源生产和利用效率具有重要意义。

1.2.2　电力系统经历深刻变化

构建清洁低碳、安全高效的现代电力能源系统，是实现能源转型的重要途径。在碳减排目标下，我国新能源生产和消费呈爆发式增长趋势，基于传统化石能源的电力系统发展转变已成大势所趋。

电力系统实现碳减排目标的过程，伴随着传统电力系统向新型电力系统转型升级，相关物质基础和技术基础持续深刻变化。这些变化主要表现为以下几个方面。

一次能源特性变化。电力系统的一次能源主体由可存储和可运输的化石能源转向不可存储或运输、与气象环境相关的风能和太阳能资源，一次能源供应面临高度的不确定性。

电源布局与功能变化。根据我国风能、太阳能的资源分布，新能源开发将以集中式与分散式并举，电源总体接入位置愈加偏远、愈加深入低电压等级；未来新能源作为主体电源，不仅是电力电量的主要提供者，还将具备相当程度的主动支撑、调节与故障穿越等能力；常规电源的功能则逐步转向为新能源提供调节与支撑。

网络规模与形态变化。西部、北部地区的大型清洁能源基地向东部、中部地区负荷中心输电的整体格局不变，电网规模仍将进一步扩大。电网形态从交直流混联大电网向微电网、柔直电网等多种形态电网并存转变。

负荷结构与特性变化。能源消费高度电气化，用电需求持续增长。配电网有源化，多能灵活转换，“产消者”广泛存在，负荷从单一用电朝着发/用电一体化方向转变，调节支撑能力增强。

电网平衡模式变化。新型电力系统供需双侧均面临较大的不确定性，电力

平衡模式由“源随荷动”的发/用电平衡转向储能、多能转换参与缓冲的更大空间、更大时间尺度范围内的平衡。

电力系统技术基础变化。电源并网技术由交流同步向电力电子转变，交流电力系统同步运行机理由物理特性主导转向人为控制算法主导；电力电子器件引入微秒级开关过程；运行控制由大容量同质化机组的集中连续控制向广域海量异构资源的离散控制转变；故障防御由独立的“三道防线”向广泛调动源、网、荷、储可控资源的主动综合防御体系转变。

综上所述，新型电力系统建设需要将新能源发电、新型储能、柔性输电、机组深度调峰等电力技术与“大云物移智链”等先进信息通信技术手段深度融合，通过充分调度能量流、信息流、业务流，实现能源的绿色生产、实时交易、安全可靠输送、源网荷侧友好互动、高效利用。

1.2.3 新型电力系统的发展趋势

新能源作为我国能源转型发展的重要力量，在“十四五”期间将持续快速发展。为确保高占比、不确定性新能源电力的可靠供应和有效消纳，需要以电为中心、以新能源的大规模开发利用为出发点，依托技术创新驱动和政策机制保障，通过对电源侧、电网侧、负荷侧进行系统性融合重塑，支撑和保障新型电力系统的构建，推动建立绿色低碳、安全高效的能源供应体系。新能源与能源转型的关系如图 1-5 所示。

1. 电源侧：优化电源结构，提升电源灵活性

在碳减排目标下，新能源将迎来新的跨越式发展，必然对系统灵活性提出更高要求，迫切需要灵活性电源与新能源发电机组互补运行。因此，电源侧在大力推动能源供给清洁化的同时，需要从“新能源+储能”、多能互补等方面保障清洁能源可靠供应，为系统安全运行提供支撑。具体说明如下。

新能源发电技术方面，提高新能源功率预测精度。风光发电功率预测是推进高比例新能源发展的关键技术之一，有助于从源端实现对新能源发电的可测和可控。当前电力现货市场交易对新能源的预测尺度和准确率提出了更高要求，提高了新能源功率预测精度，使新能源中长期功率曲线与现货市场有效衔接，对于促进高比例新能源的消纳和提高新能源场站的经济效益具有重要作用，应开展新型灵活性电源发电技术研究与应用，促进多样化清洁能源电力供应，提升源网协调能力。当前，太阳能光热发电是新能源发电的一个新方向，具有灵活可控等优势，这种灵活的电源发电技术将在电力系统中

发挥重要作用。此外，基于虚拟同步发电机技术，可使风光发电并网具备与常规机组接近的特性，因此，积极开展风光新能源电站虚拟同步机技术改造应用，对增强风光涉网性能、提高电网接纳新能源能力、提升系统运行的稳定性至关重要。

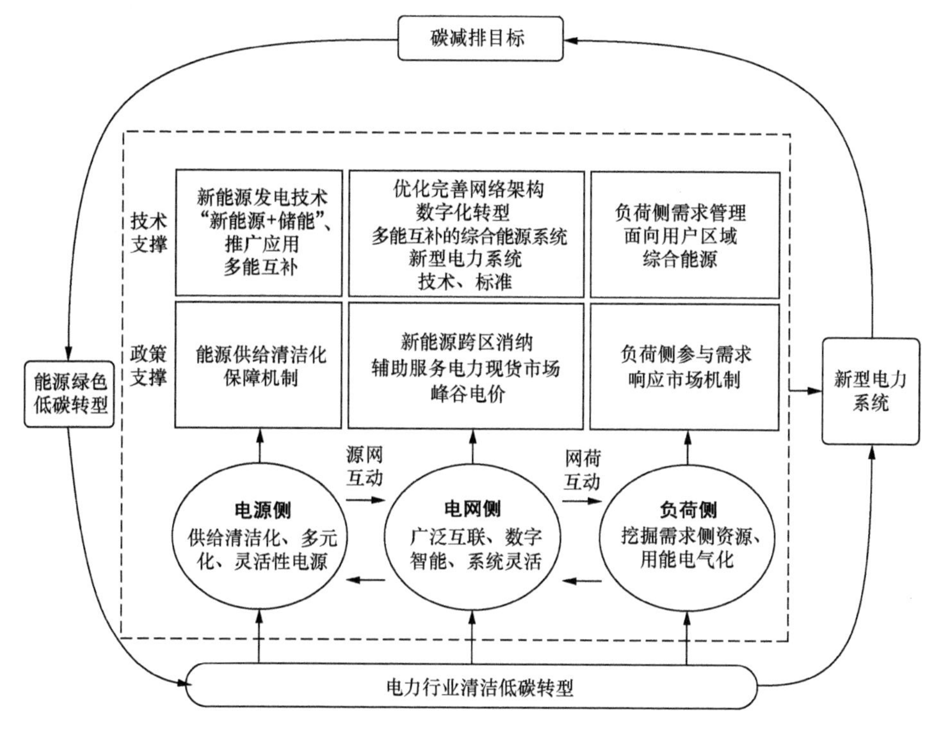

图 1-5 新能源与能源转型的关系

推进“新能源+储能”应用。“新能源+储能”是未来能源的发展方向，应鼓励实施可再生能源+储能项目。开展集中式“新能源+储能”场景下的规划研究，明确抽水蓄能电站或规模化电化学储能电站的发展规模和布局，实现源储协调发展，促进高比例新能源接入与消纳。大力推广分布式“新能源+储能”系统，实现分布式新能源便捷接入和就近消纳，提高可再生能源利用率。

多种类可再生能源的互补互济。利用风、光、水、气、氢等不同类别能源之间的时空耦合特性，搭建多能互补能源网络，实现多元化的能源互补互济，提升电源多源协同优化运行能力。

构建保障电源侧能源清洁化政策支撑体系。构建适应高比例新能源接入的电力市场管理机制和运行模式，为能源供给低碳化提供制度保障。完善辅助服务市场和容量市场，制定适应新能源等清洁能源广泛、灵活参与的市场运营机

制，激励清洁能源发电技术推广应用。

2. 电网侧：构筑能源高效配置平台

电网连接能源生产和消费，是能源转换利用和输送配置的枢纽平台。构建新型电力系统，促进更高比例波动性、间歇性的新能源并网消纳，需要电网在广泛互联、数字化转型、安全高效运行和综合能源系统等方面探索实践路径，充分发挥电网的“桥梁”“纽带”作用。具体说明如下。

优化完善网络架构，构筑大范围、高效率的清洁能源配置平台。开展以输送新能源为主的特高压、柔性直流输电等工程建设和技术研究应用，提升电网跨省跨区输电能力，促进新能源消纳。开展电网跨区互补规划研究和工程建设，促进跨区互联电网灵活互动，提高电网供电的可靠性和大范围能源资源的配置能力。

推进电网数字化转型，提升电网全息感知能力。依托电力大数据，深度融合物联网、大数据、云计算、深度学习、区块链等技术，构建数字化和智能化的新型能源系统，促进电网互联互通，提升系统全息感知及数字化智慧管理能力，实现对电力能源生产、输送、存储、交易、消费各环节的即时化感知、监测与决策，充分发掘能源大数据作为新时期重要生产要素的价值。

推进多能互补的综合能源系统应用研究，促进源、网、荷、储协调互动。推进以电网为核心的综合能源网络建设，构建智能互动、开放共享、协同高效的现代电力服务平台，积极主动服务能源消费方式变革。开展源、网、荷、储协同互补优化调度策略研究，实现源、网、荷、储全环节灵活性资源统一协同互补，提升电力系统的灵活调节能力，保障电力供应的可靠性。

开展新型电力系统运行特性分析研究。在碳减排背景下，大规模新能源并网导致电网“双高”特征日益凸显，亟须开展新型电力系统安全稳定控制、多时空尺度电力电量平衡、大规模新能源源网协调控制、大规模新能源发电高效并网与消纳等技术的攻关和相关技术标准的制定，支撑构建新型电力系统运行体系，增强我国在新型电力系统领域的国际话语权。

开展电力市场相关机制的探索实践，为促进源、网、荷、储各环节融合发展营造良好的市场环境。完善新能源跨省跨区消纳模式和相关辅助服务补偿费用机制；结合当前电力现货市场试点情况，完善长期交易与现货交易衔接、市场运行模式、价格机制设计，加快建设全国统一的电力现货市场运营方式；因地制宜建立尖峰电价和深谷电价机制，激发可调节负荷、电动汽车、储能等可调节资源参与电网调峰的积极性，挖掘需求侧资源的利用潜力。

3. 负荷侧：挖掘需求侧资源的利用潜力

碳减排背景下，能源消费将不断涌现新产业、新业态、新模式，负荷结构将更加多元化，负荷特性将更加复杂。为满足负荷侧对可靠性、便捷性、效能等方面的更高要求，需要加强需求侧管理，挖掘需求侧的资源利用，促进能源供需双向互动；主动适应未来多元化的能源消费模式，建立面向用户需求的多能互补系统，推进能源消费电气化。具体说明如下。

加强负荷侧需求管理，挖掘用户侧可调节资源。通过数字化手段实现用能设备的状态和需求信息的监测，实现对负荷侧储能、可控负荷、充电桩、用户侧分布式能源系统的实时管理，挖掘用户侧灵活性资源，促进源、网、荷、储融合互动。结合区域负荷特性，研究负荷聚合商模型的构建与量化方法，通过大数据、区块链等技术促使海量用户侧可调负荷参与电力需求侧响应，增强负荷侧的响应能力，促进电力用户提升能效管理水平。

开展面向新能源消纳的负荷侧多能互补能源系统研究与应用。通过分布式能源和微电网等方式，整合电、热、冷、气等多类型能源需求，搭建面向用户区域的综合能源系统，满足用户多元需求，提高能源系统的效率和可靠性，推进能源消费脱碳。

负荷侧电力需求侧响应市场机制研究。开展负荷聚合商参与需求侧响应的盈利模式实践，激励负荷聚合商参与电力市场交易，促进新能源消纳。针对未来涌现的多元化能源消费新模式、新业态，探索灵活多样的市场化需求侧响应交易模式，提出适应电动汽车、可控负荷等需求侧资源参与的市场运营机制，促进需求侧响应力度，激励清洁能源技术的推广应用。

第2章 新型电力系统建设

碳减排是新型电力系统建设的核心目标。而新型电力系统不仅是能源应用的布局，还包括其相关业务管理系统、信息通信系统、网络建设系统的改造优化。传统能源业务在新型电力系统中不是“一刀切”，而是要通过流程化、系统化的管理提高能源利用率，加强安全生产，减少碳损耗。如何规划新型电力系统架构，通过信息通信技术赋能电力业务，实现数字化、智能化、透明化，推动碳管理、能源交易、信息数据在电力及周边行业应用的协同合作，是新型电力系统建设急需应对的挑战。

2.1 新型电力系统概述

新型电力系统建设是一个划时代的体系建设构想，它是基于我国新能源现状，面向电力行业转型需求提出来的。了解新型电力系统起源及建设需求、发展方向，有利于推进新型电力系统朝着正确的方向演进。

2.1.1 新型电力系统的起源

新型电力系统是实现碳减排目标的有效方式和可行路径，它没有非常清晰明确的定义，而是一个随着电力行业转型实践不断丰富和时代化的概念，涉及电力能源结构的革新以及电力数字化转型。

新型电力系统的建设在发、输、变、配、用各个环节，在电网弹性、负荷调控、储能规划各个领域，在电力、汽车、制造、化工等各个行业，在电力供应、油气消耗、资源配置等各个方面，都有相关内容。实现碳减排目标的方式由单一化向多样化转变，通过提升新能源发电占比，鼓励分布式新能源站点建设，提倡新能源汽车使用，提高电力系统运行效率，强化配/用电侧电力管理，提高碳能管理的数字化水平，以各种方式减少碳损耗，推进新型电力系统的建设。

2.1.2 新型电力系统的定义

在当前电力行业发展背景下，中国工程院院士饶宏对新型电力系统的定义是：以确保能源电力安全为基本前提，以满足经济社会发展电力需求为首要目标，以数字电网为支撑平台，具备多能协同互补、“源、网、荷、储”互动、用能需求智控功能，具有绿色高效、柔性开放、数字赋能基本特征的新一代电力系统。2021 年 9 月，中国工程院院士李立涅在第 36 届中国高等学校电力系统及其自动化专业学术年会上做了题为“透明电网　支持新型电力系统建设”的主旨报告，曾提到能源电力绿色发展的特征是数字化、智能化、透明化。2021

年 12 月，在第三届可持续电力与能源国际会议上，清华大学教授康重庆在“《新型电力系统技术研究报告》发布与解读”主旨报告中，分析了新型电力系统的五类关键技术——能源生产技术、电碳枢纽技术、能源高效利用技术、能源高效存储技术、共性关键支撑技术，从源、网、荷、储四个方面以及电力新型变革的各种基础要素，如材料、装备、能源、信息等，说明了电力系统建设的方向。新型电力系统的核心内容几乎都偏向于新能源与传统煤炭能源的协同互补、多种能源统一管理的系统调度、电网的数字化建设。

从最原始的要素看，在电网建设中，保障安全稳定供电是电力行业最基础的职能，新能源占比的提高带来了架构变革，符合这一需求的才能算是稳定的架构。所以新能源安全稳定运行和效率提升的问题会持续给新型电力系统建设带来挑战。随着行业的泛电气化发展，分散的电力管理和端侧的能源消纳也成为新型电力系统建设不可忽视的要素，无论是提升新能源发电比率的协同管理，还是碳能双控、数字电网、负荷调控等手段，这些更多集中于总控系统的数字化，从云、网、边、端的 ICT 架构体系上匹配，边缘变电场站和配电终端自动化、分布式能源站点等向智慧化转型也需要保持相对平衡，才能实现系统的稳定性全面提升。同时，电力系统有史以来一直处于社会最重要的安全地位，对电力信息的管理和对电力行业开放化的容纳需要强有力的保障机制和安全机制，这也将是一条漫长的探索之路。

2.1.3 新型电力系统的特征

新型电力系统是实施“四个革命、一个合作”能源安全新战略以来，中央对电力行业发展再次作出的系统阐述，明确了电力系统在实现碳减排目标过程中的核心地位，指明了电力系统转型升级的方向。新型电力系统应与现有电力系统存在代际差异。发展新型电力系统的过程，就是适应新能源大规模接入的过程，核心是“双高”，即：发展高比例可再生能源，具有随机性、波动性、间歇性的新能源，需要提高预测能力、加强电网建设、提高调节能力、提升智能化水平；发展高比例电力电子设备，需要提高新能源并网要求、更新电力系统控制与保护等二次设备、升级电网调度体系。

以下介绍新型电力系统的形态特征和性能特征，这些特征正是新型电力系统建设过程中面临的主要挑战，同时也是其发展方向。

1. 形态特征

新型电力系统的形态特征主要体现在高比例新能源广泛接入、高弹性电网灵活可靠配置资源、高度电气化的终端负荷多元互动和基础设施多网融合数字化赋能四个方面。

（1）高比例新能源广泛接入

新型电力系统的核心特征在于新能源占据主导地位，成为主要能源形式。当前，新能源在一次能源消费中的比重不断增加，加速替代化石能源。未来，我国电源装机规模将保持平稳较快增长，呈现出“风光领跑、多源协调”的态势。在电源总装机容量中，陆上风电、光伏等未来新能源的广泛接入也将呈现集中式与分布式并举的态势。西北、华北、东北地区大规模风光基地、西南地区水电基地、东部沿海地区海上风电基地，以及因地制宜、数量可观、就近消纳的分布式电源，将共同缓解我国资源逆向分布的问题。

新能源的广泛接入还将呈现智能灵活、友好并网、高效环保的特征。通过储能、交直流组网与多场景融合应用，提升智能性与灵活性；通过“风光水火储”多能互补、集群调度、气象大数据发电预测、虚拟同步技术，提升友好并网与主动支撑能力；通过新型风能捕捉与大叶轮、新型光伏电池、数字智能运维、环保材料，提升效率与可靠性；构建具有灵活性的火电机组、天然气与储氢调峰电站、储热与储能电站的调峰电源体系。

（2）高弹性电网灵活可靠配置资源

新型电力系统需要解决高比例新能源接入时系统的不确定性与脆弱性问题，充分发挥电网大范围资源配置的能力。未来电网将呈现出交直流远距离输电、区域电网互联、主网与微电网互动的形态。

特高压交直流远距离输电成为重要的清洁能源配置手段。分布式电源按电压等级分层接入，实现就地消纳与平衡。需求侧响应与储能快速发展，预计 2060 年需求侧响应规模将达 3.6 亿千瓦左右，储能装机容量将达 4.2 亿千瓦左右，两者将成为未来电力系统重要的灵活性资源，保障新能源消纳和电力系统安全稳定运行。

（3）高度电气化的终端负荷多元互动

未来终端能源消费结构中，电气化水平将持续提升，电能将逐步成为最主要的能源消费品种。根据有关机构的预测，电能占终端能源消费比重在 2035 年和 2060 年有望分别达到约 45%和 70%。围绕着满足人民对美好生活的向往的目标，电能替代的推进，以及电动汽车、清洁供暖、屋顶光伏、家用储能设备及智能家居的广泛应用，使用电负荷朝着多元化方向发展。

在能源互联网背景下，用户既是消费者又是生产者的全新模式改变了能源电力服务形态，需求侧响应、虚拟电厂及分布式交易逐渐成为用户的新选择。在能源互联网新消费中，除了普遍服务外，绿色电力、定制化服务、优质供电、

精准计量、电力大数据等增值服务成为用户的新需求。

（4）基础设施多网融合数字化赋能

我国正在建设的能源互联网是推动能源革命的技术路径。在物理层，能源互联网需要建设以新一代电力系统为基础，与天然气、交通、建筑等多个领域互联互通的综合能源网络。在生产侧，多品种能源需要结合各自特点，发挥所长，进行互联互通，优势互补。在传输侧，智能电网需要与热力管网、天然气管网、交通网络进行互联互通，协同调度。在消费侧，对电、冷、热、汽、水需要进行综合能源供应和管理。

2. 性能特征

新型电力系统的形态特征决定了其架构演进和发展的方向，性能特征对其系统规划与建设实施提出了要求，体现在广泛互联、智能互动、灵活柔性、安全可控四个维度上。

广泛互联：形成更加坚强的互联互通网络平台，发挥大电网优势，获取季节差互补、风光水火互调和跨地区、跨领域补偿调节等效益，实现各类发电资源充分共享和互为备用。

智能互动：现代信息通信技术与电力技术的深度融合，可以实现信息化、智慧化、互动化，改变传统能源电力的配置方式，由部分感知、单向控制、计划为主转变为高度感知、双向互动、智能高效。

灵活柔性：新能源要能够主动平抑处理波动，成为电网友好型电源，要具备可调可控能力，提升主动支撑性能；电网要充分具备调峰调频能力，实现灵活性和柔性，增强抗扰动能力，保障多能互补政策的实施，更好地适应新能源发展需要。

安全可控：实现交流与直流各电压等级协调发展，建设新一代调控系统，筑牢安全“三道防线”，有效防范系统故障和大面积停电风险。

2.2 新型电力系统建设中的主要矛盾

新型电力系统建设要基于其定义和特征进行发展方向的规划，不是一蹴而就的，要逐一分析每个阶段的目标并采取不同的措施解决矛盾，这些矛盾包括新能源与传统能源分布不均与配比调控的矛盾，以及传统电力交易封闭化与新型电力交易开放化的矛盾。优化电力系统建设，首先要解决这些矛盾，这样才能提升新能源系统的建设速度和使用效率。

2.2.1　新能源转型面临的挑战

新能源主要为光伏、风电以及其他如沼气、水能等可再生能源。以光伏和风电为例，新能源发电面临的问题有：如何利用新能源，将能源转化为电力；光照和风力资源在各地分配不均匀、周期不同甚至时段不稳定；如何降低能源转化为电力的损耗，如何最优化储能的调控。世界上大部分国家都面临电力紧张或者是新能源电力紧张的状况，在不能提升新能源发电量的情况下，如何提升能转电、电转储的效率，也是新能源电力系统建设面临的挑战。

如何将光照、风力有效地转化为电力以及能源与电力的配比情况，是材料学、工程学和数学的问题，而目前国内外均有成熟的技术，此处不做展开。

仅从光伏产生的条件来看，根据我国的地理现状，主要有以下三类资源区。

一类资源区所包含的地区如下：宁夏全省、青海（海西）、甘肃（嘉峪关、武威、张掖、酒泉、敦煌、金昌）、新疆（哈密、塔城、阿勒泰、克拉玛依）、内蒙古（呼和浩特、包头、乌海、鄂尔多斯、巴彦淖尔、乌兰察布、锡林郭勒）。此类地区最低保障有效发电小时数为 1500。

二类资源区所包含的地区如下：北京、天津、黑龙江、吉林、辽宁、四川、云南、内蒙古（赤峰、通辽、兴安盟、呼伦贝尔）、河北（承德、张家口、唐山、秦皇岛）、山西（大同、朔州、忻州）、陕西（榆林、延安）、青海（西宁、海东、海北、黄南、海南、果洛、玉树）、甘肃（兰州、天水、白银、平凉、庆阳、定西、陇南、临夏、甘南）、新疆（乌鲁木齐、吐鲁番、喀什、和田、昌吉回族自治州、博尔塔拉蒙古自治州、伊犁哈萨克自治州、克孜勒苏柯尔克孜自治州）。此类地区最低保障有效发电小时数为 1300。

三类资源区则是除一、二类资源区之外的其他地区。一天之中，太阳从东边升起，从西边落下，中午 12 时升至最高点。但是太阳并不是每天都从正东升起、从正西落下，在不同的季节，日出、日落的方向变化较大。除了以上因素，涉及实际部署时，还需要考虑空气质量、光板清洁、装置倾斜角、逆变器选用等问题，这些问题都造成了光伏产能的效率不稳定。就浙江而言，几乎没有建设集中式光伏站点的合适地点，这也是东南部地区逐渐由集中式光伏建设向分布式光伏建设转移的主要原因——当集中式发电和储能的电量不足以满足地区用电，且发电的成本还要填补自身消纳和设备成本时，从产

能和经济性上，光伏建设都将面临巨大瓶颈。风电在不同区域、季节、时段也会面临同样的问题，而且风力发电设施的建设成本和产能效率甚至不足以满足分布式建设的自身消纳。

新能源与传统火电等资源互补也成为区域电力调度的主要建设模式，新能源的主要问题是电量大小、持续时间不稳定，煤炭能源与新能源发电储能的电量和时间想要统一调节，就需要有一套快速启动机制和统一计算平台，保证供电持续稳定，这也是新型电力系统面临的挑战。

为减少煤炭、石油等高碳能源的使用，新能源不局限于发电应用，而电力也不局限于企业制造、居民家居电器的应用。比如，目前社会最为广泛的新能源汽车、电动车、供暖装置等，将加大电能的使用，能源逐步向清洁化、低碳化转型衍生的绿色产业将给电力行业带来更大的压力。

所以，新能源大规模开发将带来三大挑战，即电力平稳可靠供应、系统安全稳定运行、新能源占比提升带来的体制机制变革。

2.2.2 新能源的综合管理

以新能源为核心的新型电力系统，必须要解决新能源统一管理调度问题，其系统形态就是以数字电网为基础，实现多能互补、“源、网、荷、储”互动、用能需求智控。

多能互补就是新能源与各类传统能源实现各种时间尺度的互补，在保障供给总量充足的前提下，采用零碳、低碳优先原则。“源、网、荷、储”互动包含全系统层面和微网层面，由过去单纯的源随荷动变为源荷互动，储能发挥了平衡调节作用，随着分布式能源和用户侧储能的大规模发展，生产、消费性质兼具的用户将形成大量微网，成为力求实现自我平衡的小型能源生态单元。实施用能需求智控是因为未来传统能源比重逐步下降，而储能只能作为短时间尺度的调节手段，系统的调节能力将难以满足负荷侧的刚性需求，必然对需求侧的灵活调节提出要求，包括在各种时间尺度上的调节。

数字电网是新型电力系统建设的基础，集中式和分布式能源并举开发，将推动电网向主干电网、局部配网、微型电网之间柔性互联、双向互动的态势发展。同时，电力系统海量主体泛在、多维时空平衡、实时双向互动等复杂的问题，只有依靠数字技术才能解决，这些技术包括智能化的运维手段、大数据分析与网络化互调。

2.2.3 新能源市场模式的变革

新型电力系统中包含新能源、储能、调节性电源、微电网以及生产、消费性质兼具的用户侧利益主体，它们之间多元双向互动。新型电力系统最根本的内生动力是利益，必须依托高度发达的电力市场，建立完善的价格机制来实现。

新型电力系统的新能源发电消纳鼓励向分布式迁移，涉及电力安全和规范化管理的市场体制建设，这就扩展了电网电力市场管理的边界，将实现电力交易为主、碳交易为辅的能源控制市场架构，电网公司在电能市场、碳交易、谷峰电价、可中断负荷补偿、辅助服务市场基础建设等各个方面都要进行统一调控，同时电厂和分布式能源建设的容灾能力也需要新的规范制度。

2.3 数字化驱动新型电力系统变革

新型电力系统具有清洁低碳、安全可控、灵活高效、智能友好、开放互动的基本特征。它的新能源电源结构以风电、分布式光伏为代表，新负荷特性以充电桩、用户侧储能为代表，新要求以精准负控、能耗双控为代表，新业务以综合能源、无人机巡检为代表，新模式以代理购电、现货交易为代表，这表明无论是电源结构、电网形态还是运行特性，都将发生深刻变化。由此提出了如下几个新要求。

范围广。新型电力系统涉及的采集控制对象规模大，且随着业务逐步向配电侧和用户侧延伸、下沉，大量对象单点容量低、位置分散，需要统筹采集控制装置的管理，优化配置策略，提升采集控制的有效性，降低投入成本。

环节多。新型电力系统源、网、荷、储各环节紧密衔接、协调互动，海量对象广泛接入、密集交互，不同于传统电网依赖分环节、分条块的数据开展业务，需要统筹应用全网采集控制。

时效高。新型电力系统的运行控制，建立在源、网、荷、储全环节海量数据实时汇聚和高效处理的基础上，对数据采集、传输、计算和应用提出更高的时效性要求，需要统筹感知采集频度，并为计算算力、网络通道和安全防护提供支撑。

能控制。新型电力系统的电源侧和负荷侧均呈现强随机性，为确保电力系统的安全稳定运行，要优化拓展现有控制方式，需要统筹应用多种控制策略、

控制渠道，建立灵活、可靠、经济的控制手段。

新型电力系统的构建离不开 ICT 的支撑，通过 ICT 的应用，在更大范围、更高频度、更深层次推动能源行业资源的优化配置，更好地支撑新型电力系统建设。

利用先进的数字传感及物联通信技术，能够全面感知和连接电力系统各类复杂多元的终端设备，实现数据精准采集、共享，实时掌握电力系统电源结构、电网形态、负荷特性变化，支撑新型电力系统各类对象随需接入。

利用云计算、边缘计算等技术，构建覆盖云到端、源到荷的算力与电力服务能力，实现算力资源按需动态调配，能够有效提升计算能力，支撑海量新能源设备和交互式用能设施的在线监测、分层分级控制。

利用人工智能和数据处理技术，发挥数据要素作用，构建覆盖全域全环节的数字系统，实现电源出力和用电负荷精准模拟预测，源荷双向交互、业务动态协同，提升电网灵敏感知、快速自愈、精准控制等智能化能力，满足电网多元化需求。

建设新型电力系统，推进电网数字化转型，需要构建企业级数字技术支撑体系，驱动技术应用和管理优化，解决数字化建设中存在的数据孤岛、系统烟囱、部门级建设等问题。构建企业级数字技术支撑体系，需要做到以下几点。一是加强共建共享，进一步提升系统和应用建设的企业级共建共享共用水平，拆除专业间的“壁垒”和“烟囱”。二是优化采集感知，站在企业公司全局视角，统一优化整合各专业采集感知系统建设，避免交叉重复和遗漏。三是需要加强数据维护，结合专业职责，落实数据主人制，通过常态维护和源、端整治，夯实企业数据基础。四是提升业务质效，通过数字化转型，不断推动传统电网业务优化和流程再造。

以往电力系统数字化转型，更多集中于弹性电网与数字化平台建设，但无论是电网还是平台，都要承载和收集更多的数据才能发挥更大的作用。这些数据主要包括“三流”，即能源流、信息流、碳流，这对安全快速地收集和应用配、变、用电侧边端数据提出了新要求，同时新型电力系统的能源管理需要建设统一管理平台，当前电网以能源为基础，以信息建设为辅助，能源流和信息流处于若即若离的状态，新能源占比提升之后，增加了电网供电的电量和时间不稳定性，这对信息、能源的补充和调度效率提出了更高的要求，源、网、荷、储智能协同发展，信息流与能源流充分融合才能构建更高效、更清洁、更经济的现代能源体系，数字电网就是要实现能源流和信息流的互动。新能源发展的本质是实现低碳，控制碳流成为衡量电网目标和系统运行效率的主要指标，同一平台上需要能够实现“三流”的统一展示、统一管理、统一调节，这是全面提升能源生产安全性、生产率，提供能源消费的低碳化、个性化体验的必经之路。

第3章 ICT支撑电力系统转型

ICT是新型电力系统管理体制流程化改造、网络信息及安全系统底层架构建设的基础，同时提供数据通道、数据接口、数据调用协议及规范、数据共享等支撑新能源及电力业务的应用部署，是电力系统实现数字化、智能化、透明化的主要工具，因此，在新型电力系统中，有哪些技术及方案（包括其演进），可以对电力行业产生重要价值，为其注入新动能，是本章探讨的重点。

3.1 实现碳减排目标需要能源行业进行数字化转型

根据新型电力系统以高比例新能源接入的特征，可以清楚地了解到新型电力系统的建设首先要从能源行业转型做起。能源的分布是无序、固定的，但是能源的利用是有序的、可节制的。电力企业也在不断的实践中，发现通过数字化数据驱动的方式，能够提高能源的利用效率，降低管理能源的损耗。而数字化的基石就是 ICT。ICT 的发展与新型电力系统的优化是相辅相成的关系，其与电力行业的发展从不断磨合向深度融合发展。

3.1.1 能源行业转型分析

根据碳减排目标，依据我国能源资源禀赋及经济、政策、技术等发展趋势，未来我国能源供需格局将发生巨大变化。能源供给方面，煤、油、气等化石能源将逐渐达到峰值，太阳能、风能等非化石能源将持续快速发展，并逐步成为一次能源供应主体；能源消费方面，电能占终端能源消费的比重将显著提升，电力行业将成为我国实施碳减排的关键所在。

能源供需格局的变化将深刻改变电力系统的形态特征，其电源结构、电网形态、负荷特性、运行特性等在支撑碳减排目标实现的过程中将呈现新的变化。在新型电力系统建设期（2021—2035 年），新能源发电将逐步成为第一大电源，常规电源逐步转变为调节性和保障性电源。电力系统总体维持转动惯量较高和交流同步运行的特点，交流与直流、大电网与微电网协调发展。系统储能、需求侧响应等规模不断扩大，源、网、荷、储互动水平显著提升，发电机组出力和用电负荷初步实现解耦。在新型电力系统成熟期（2036—2060 年），新能源发电全面具备主动支撑能力，并成为电力电量供应主体，火电通过 CCUS（Carbon Capture，Utilization and Storage，碳捕集、利用与封存）技术逐步实现净零排放，成为长周期调节电源。分布式电源、微电网、交直流组网与大电网融合发展。系统储能全面应用、负荷全面深入参与调节，电能与冷、热、气、氢等多能源实现融合互动、灵活转化、互补应用。发电机组出力和用电负荷逐步实现全面解耦。

3.1.2 能源企业的数字化转型

在实现碳减排目标的大背景下，能源企业在企业定位、产品供应、生产模式、交易模式等方面都发生了根本性的转变，主要体现在以下几个方面。

能源企业身份转变：由生产者向产销者转变。

能源企业生产的产品形式转变：从单一能源形态到多种能源形态（多能互补），再到以能源为载体的综合能源服务。

能源生产工具转变：从以能源转换为特征到以数据驱动能源生产为特征。

能源生产模式转变：从瀑布式单向流动生产（发—输—变—配—用）到双向、多源、互动、自治、协作的能源互联网生态。

能源生产位置转变：过去是从生产侧（远离负荷中心）经特高压或油气干线等逐层降压传递至负荷侧，未来是分散化、去中心化的分布式“源、网、荷、储”协同生产，逐层实现动态平衡。

因此，大型能源企业也在积极拥抱数字化转型，能源企业通过充分挖掘和利用经营过程中的数据流价值，优化自身的决策输出，从而提升能源生产、传输、交易与消费的运营效率，最终提升能源企业的经营效益、能源行业的资源利用率与安全性。

1. 国家电网

数字化是适应能源革命和数字革命相融并进趋势的必然选择，是提升管理改善服务的内在要求，是育新机、开新局、培育新增长点的强大引擎。国网公司在十多年企业信息化建设的基础上，加快推进新型数字基础设施建设，全面推动数字化转型发展。

一是夯实数字化发展基础。数字化转型建立在数据的准确采集、高效传输和安全可靠利用的基础上，离不开网络、平台等软硬件基础设施的支撑。国网公司逐步建立了跨部门、跨专业、跨领域的一体化数据资源体系，推动了数据的规范授权、融会贯通、灵活获取，实现了“一次录入、共享应用”；构建了智慧物联体系，构建分布广泛、反应快速的电力物联网，支撑电网、设备、客户状态的动态采集、实时感知和在线监测；建设了北京、上海、陕西三地集中式数据中心，实现 27 家省公司数据中心升级改造，实现核心业务数据统一接入、汇集、存储；打造了企业中台，建设数据、业务、技术中台，实现跨业务数据互联互通、共享应用。

二是推进业务数字化转型。利用数字技术大力改造传统电网业务，促进生产提质、经营提效、服务提升。推进电网生产数字化，强化电网规划、建设、调度、运行、检修等全环节数字化管控，基本实现“电网一张图、数据一个源、业务一条线”；推进企业经营数字化，以人、财、物等核心资源的优化配置为重点，利用数字技术提升精益管理水平；推进客户服务数字化，通过打造融合线上线下服务的“网上国网”平台，全面推行线上办电、交费、查询等 125 项业务功能，实现服务一个入口、客户一次注册、业务一网通办。

三是积极拓展数字产业化。国网公司积极发展平台业务、数据产品业务，为客户提供多元服务。积极开展能源电商业务，打造了国内最大的能源电商平台，聚合产业链上下游资源，开展物资电商化采购，提供电力智能交费服务等。积极开展智慧车联网业务，搭建了全球规模最大的智慧车联网平台，为绿色出行提供便捷智能的充换电服务，实现“车—桩—网”高效协同的能源互动。

四是提升数字化保障能力。国网公司将组织、技术、安全等方面的能力建设作为数字化转型的重要保证。在组织建设上，分别在总部、省公司、市公司三个层面设立了专业部门，负责推动数字化转型工作，组建国网大数据中心，开展数据运营、大数据分析挖掘等工作。在技术攻关上，推进先进信息技术和能源技术融合创新，加大电力芯片、人工智能、区块链、电力北斗等新技术研发。在网络安全上，构建了全场景网络安全防护体系，并常态化开展网络实战攻防，持续提升防护能力。

2. 南方电网

南方电网公司明确提出数字南网建设，将数字化转型作为发展战略路径。通过数字化转型，支撑南方电网公司实现建设世界一流的智能电网、为粤港澳大湾区发展提供一流的能源保障的战略目标。数字南网建设应用基于云平台的互联网、人工智能、大数据、物联网等新技术，实施“4321”建设方案，即建设四大业务平台、建设三大基础平台、实现两个对接、建设完善一个中心。

建设四大业务平台，即建设电网管理平台、客户服务平台、调度运行平台、企业级运营管控平台。运用电网管理平台和调度运行平台，支持智能电网建设、运行和管控；运用电网管理平台、客户服务平台、调度运行平台，支持能源价值链整合和能源生态服务；运用电网管理平台和企业级运营管控平台，支持公司管理和决策。

建设三大基础平台，即建设南网云平台、数字电网和全域物联网。运用南网云平台，支撑公司四大业务平台的建设和运行；运用数字电网，支撑数字运营和数字能源生态；运用全域物联网，实现公司全域数据的有效采集、传输、存储。

实现两个对接，即对接国家工业互联网，实现与国家相关产业信息和服务的互联互通；对接数字政府及粤港澳大湾区利益相关方，全力服务、全面融入粤港澳大湾区建设。

建设完善一个中心，即建设完善公司统一的数据中心，实现全类型数据的全生命周期管理，提供各类大数据服务，最终实现“电网状态全感知、企业管理全在线、运营数据全管控、客户服务全新体验、能源发展合作共赢”的数字南网。

3. 中国华能

中国华能目前已建设了工业互联网，开展了智慧电厂的技术研发和示范，搭建了“华能智链”平台，建成投运了华能企业云数据中心。中国华能的数字化建设分三个阶段。第一阶段为战略规划、夯实基础阶段：统一规划企业数字化转型战略，出台《数字化转型总体规划》；构建企业数据治理体系，统一数据结构、数据编码，形成共性元数据、根数据；实现所有风电、光伏数据接入智慧能源数据平台。第二阶段为重点突破、引领示范阶段；以风电、光伏数据中心为基础，完成水电、燃机、火电、核电等的数据接入，形成统一的智慧能源数据平台；形成全流程、全业务数据管理和全生命周期数据治理服务能力；完成主要产业和企业管理重点业务的数字化转型。第三阶段为巩固提高、全面转型阶段。中国华能全面实现数字化转型，数据驱动成为发展重要动力，数据共享，数据服务贯穿上下游产业链，形成多产业链、多系统集成的智能化生产、管理、决策体系。

4. 中国电建

中国电建搭建以 BIM（Building Information Model，建筑信息模型）为核心的基础数字技术平台，形成支撑服务工程“建、管、运”的大数据平台，通过“工程产品+服务”的方式推动建造服务化转型，构建互利共赢融合发展的产业链生态圈。把“数字融合能力”作为集团“十四五”总体战略六大能力之一，持续推进保障企业数字化转型。通过成立数字公司、数字中心等方式，把数字化与企业的战略和管理充分融合；建立一把手负责制的企业数字化转型领导工作小组，统揽企业数字化转型工作，研究决定数字化转型路线图及关键工作，协调解决转型过程中的重大问题；提高信息技术研发、集成应用和运维保障等领域人员的比例，增强信息服务部门保障能力；不断加强信息化、数字化

专项资金投入，推进企业信息系统互联互通，以新技术应用投入引领企业业务数字化转型。

5. 中国广核集团

中国广核集团积极主动谋划和推动数字化转型，将数字化转型与发展清洁能源主业深度融合，助力推动企业高质量发展和能源革命，并进行一系列实践。一是编制了集团未来数字化转型行动方案。二是实施核电全寿期数据管理和智能管理，打造中国广核特色“核电工业 4.0”。三是积极打造核电全寿期数据资产管理的核心引擎和前台工具。四是积极推动经营管理数字化、流程化，实现了集团流程管理全覆盖。在该集团“十四五发展战略及 2035 年展望”中，明确了数字化转型路线图，全面引入“云大物移智链”等新技术，加快智慧核电、智慧矿山、智慧新能源建设； 实施云化战略，构建泛在互联、云端一体、灵活强大的坚实技术底座；深化业务中台和数据中台服务，沉淀服务能力，实现功能和数据的共享复用，提质增效，敏捷支持管理和业务变动需要；加强集团信息化建设风险防范意识，统筹规划外部风险点的解决方案。

6. 中国石油

中国石油利用自动感知实时采集油气产业链运行数据，利用全面互联，广泛获取内外部数据，运用数字化技术，持续优化业务执行和运营效率，计划在“十四五”末初步建成“数字中国石油”。在集团层面，油气业务链协同优化、协同科研与创新；在主营业务领域，打造智能油气田、智能炼化、智慧销售、智能工程。以技术赋能为主线，着力完善“一个整体、两个层次”的信息化建设总体框架。一个整体，即建设集团公司统一的云计算及工业互联网技术体系，包括总部“三地四中心”云数据中心和统一的智能云技术平台，构建统一的数据湖、边缘计算等技术标准体系，以及适应云生态的网络安全体系。两个层次，即支撑总部和专业板块两级分工协作的云应用生态系统建设。基于统一的云技术架构，集团层面组织开展包括决策支持、经营管理、协同研发、协同办公、共享服务支持等五大应用的平台建设；十大专业领域组织开展以生产运营平台为核心的专业云、专业数据湖以及智能物联网系统建设，重点构建适应业务特点和发展需求的数据中台、业务中台和相应的工业应用体系，为业务数字化创新提供高效数据及一体化服务支撑。

7. 中国石化

中国石化按照“数据+平台+应用”的新模式，大力推进数据中心、物联网、工业互联网等新型基础设施建设，推进“432 工程”，即：建成覆盖全产业、支撑各领域业务创新的管理、生产、服务、金融“四朵云”，构建完善统一的数据治理与信息标准化、信息和数字化管控、网络安全“三大体系”，打造敏捷高效、稳定可靠的信息技术支撑和数字化服务“两大平台”，夯实公司数字化发展的战略基石；深化大数据、人工智能、5G、北斗等技术应用，大力推进各领域业务上云用数赋智，促进和引领技术创新、产业创新和商业模式创新，提升全产业数字化、网络化、智能化水平，支撑新产业、新业态、新经济做强做优做大。

3.1.3 ICT 与电力发展

新型电力系统中，发电设备、用能设施的数量将呈爆发式增长趋势，大量异构终端接入电网，电力系统的可观、可测、可控和网络安全防御能力面临巨大挑战，需要持续深化“大云物移智链”、智能量测、先进通信等数字技术与能源电力技术的融合应用，开展电力系统全场景安全防护体系构建、核心装备研制及数据安全技术研究，强化“源、网、荷、储”各环节的灵敏感知、智能决策、精准控制能力，为“源、网、荷、储”全环节、多主体高效安全交互提供技术支撑，为实现能源生产清洁化、能源消费电气化、能源利用高效化提供技术支撑。ICT 与新型电力系统构建相辅相成，ICT 的发展可以更好地支撑电力系统转型和智慧化能力建设，同时，随着新型电力系统建设和规划的不断完善，ICT 的发展也会推动 ICT 新一轮的演进和变革。

3.2 新型电力系统下 ICT 的发展

电力系统是由发电厂、变电站、输电线路、供配电所和用电等环节组成的电能生产与消费系统。为保障用户获得安全、优质、经济的电能，电力服务企业在各个环节和不同层次部署了相应的信息与控制系统，对电能的生产过程进行测量、调节、控制、保护、通信和调度。当前电力企业主要面临以下三方面的挑战。

一是电能作为二次能源，已深入国民经济的方方面面，对供电的可靠性要求越来越高，电网越来越复杂，接入设备类型和数量越来越多，电网形态发生变化，电网安全运行压力加大。

二是随着电力市场化推进，输配电价格逐步下降，全社会用电量增速放缓，电网业务面临的竞争日趋激烈，电力企业经营面临巨大压力。

三是互联网经济、数字经济等社会经济形态发生变化，通过平台对接供需双方，打造多边市场，给传统电力行业带来巨大挑战。

如图 3-1 所示，从数字化和自动化程度的维度来看，电力网络的发展可分为五个阶段：传统电网阶段、区域调度阶段、集中调度阶段、智能电网阶段和能源互联网阶段。

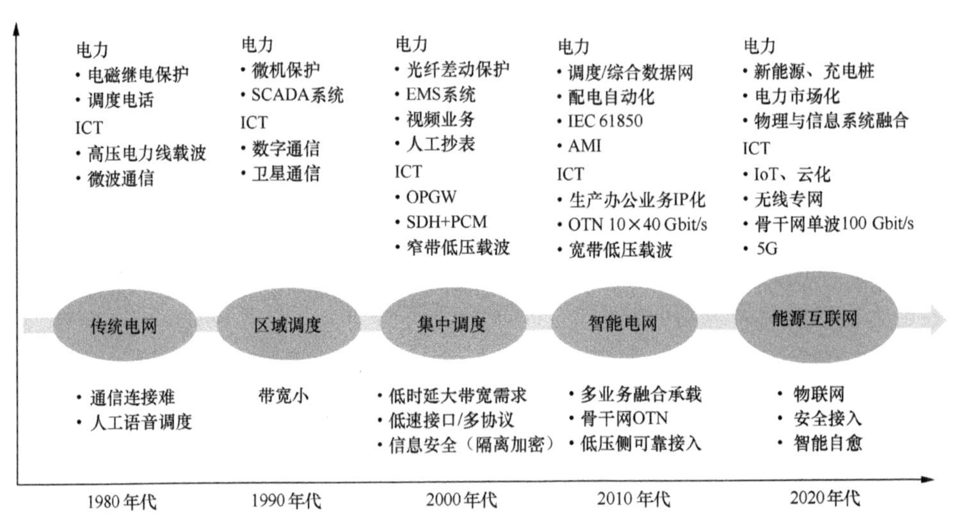

注：EMS 即 Energy Management System，能源管理系统；AMI 即 Advanced Metering Infrastructure，高级计量架构。

图 3-1　电力行业建设历程和网络发展阶段

在传统电网阶段，以电源建设为中心，电力供应严重不足，继电保护采用传统电磁式，以本地监控为主，采用人工语音调度。其中，主要 ICT 设备的需求是以高压电力线载波和微波通信为载体的调度电话系统。

在区域调度阶段，集中资源投资于发电项目，形成区域性电网和区域性调度，出现微机保护和 SCADA（Supervisory Control And Data Acquisition，监控与数据采集）系统，出现收发信机等远程保护设备，全部采用低速接口，远程监视，以本地操作为主。其中，主要 ICT 设备的需求是：数字收发信机、低速通信接口设备。

在集中调度阶段，电网互联互通，OPGW（Optical Fiber Composite Overhead Ground Wire，光纤复合架空地线）的出现促进了光纤的大规模部署，光纤差动保护大规模普及，同时需要利用光纤通信网和调度数据网进行调度分级和统一集中调度，生产业务类型及接入需求增多，四遥（遥测、遥信、遥控、遥调）功能逐步完善，统一标准形成但尚需兼容老旧设备，光纤差动保护等低时延需求和信息安全（业务隔离及加密）需求增多。其中，主要 ICT 设备需求是：SDH（Synchronous Digital Hierarchy，同步数字系列）与 PCM（Pulse Code Modulation，脉冲编码调制）共同实现光传输，具有丰富的低速接口，软件层面支持多种协议接入。

在智能电网阶段，IEC 61850 的出现促使除光纤差动和调度电话以外的生产业务 IP（Internet Protocol，互联网协议）化，且 SCADA、AGC（Automatic Generation Control，自动发电控制）、AVC（Automatic Voltage Control，自动电压控制）、PMU（Phasor Measurement Unit，相量测量装置）等自动化生产业务快速增长。办公自动化、巡检、视频会议、视频监控等办公网业务需求大幅增长。其中，对 ICT 设备的需求逐渐转变为：业务及接口逐步 IP 化在经济上带来 IP 统一承载的需求，部分高可靠低时延生产业务要求兼容 SDH 网络的固定时延特性，并实现多业务隔离；网络带宽需求大幅增长，推动骨干 OTN（Optical Transport Network，光传送网络）建设，配网自动化促进网络向配电网延伸，光纤、无线、公网等多网络融合承载。

在能源互联网阶段，新能源分布式发电量大幅提升，传统调度和自动化难以满足复杂的源、网、荷、储平衡需求；电力市场化机制逐步形成，电力交易与电力用户服务需要进行更实时的数据采集；电力系统庞大的规模与覆盖需要采用更精细化、智能化的管理手段，降低运营成本、提升效率。其中，对 ICT 设备的需求逐渐演进为：大规模物联网建设，智能巡检电网自愈等大带宽、低时延业务带来的电力通信网带宽扩容，并向配电网延伸等。

3.3 新型电力系统的 ICT 架构建设

新型电力系统的 ICT 架构以强大的计算能力、网络通道和安全防护为基础，统筹电力系统各环节感知与通信连接，在线汇聚电力系统各环节采集的数据，形成完整、准确、即时的数字电网，建成能源数据中心，以满足新型电力系统“范围广、环节多、时效高、能控制”的新要求。如图 3-2 所示，新型电力系统基于不同业务分区，实现生产、办公、外网不同类型业务承载，通过 ICT 基础设施和 ICT 支撑数字化运营与决策；通过网络安全体系、统一管理及标准化机制实现 ICT 系统架构建设。下面分四个部分具体介绍。

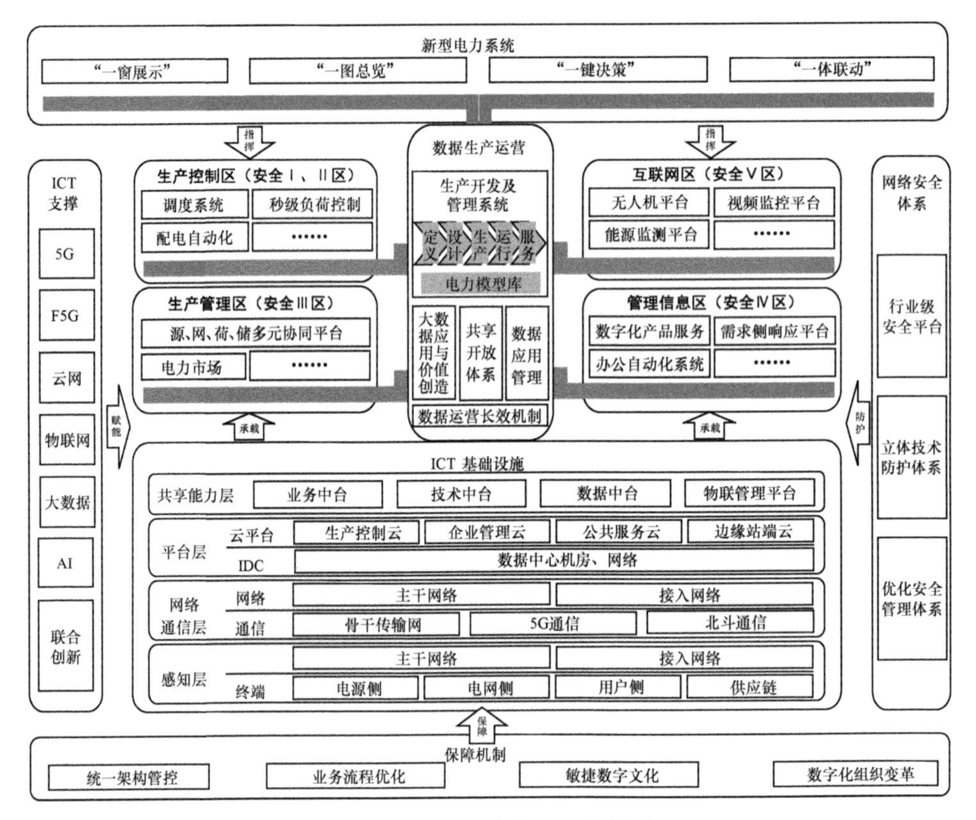

图 3-2　新型电力系统 ICT 系统架构

3.3.1　电力业务分区

电力安全保障是一项重要而复杂的工作，为保障核心业务安全，进行明确分工，不同业务级别会进行分区管理，按业务管理安全级别，原则上划分为生产控制区（安全Ⅰ区、安全Ⅱ区）、生产管理区（安全Ⅲ区）、管理信息区（安全Ⅳ区）和互联网区（安全Ⅴ区）。

生产控制区（安全Ⅰ、Ⅱ区）：该区负责电力生产的重要环节，直接实现对电力一次系统的实时监控。控制区的典型业务系统包括电力调度系统、能量管理系统、配电网自动化系统、变电站自动化系统、发电厂自动控制系统等，其主要使用者为调度员和运行操作人员，其数据通信采用基于 IP 的电力调度数据网的实时子网进行传输。该区内还有采用专用光纤通道的控制系统，如继电保护、安全自动控制系统、低频（或低压）自动减负荷系统、秒级负荷管理系统等，这类系统对数据传输的实时性要求为毫秒级或秒级。

生产管理区（安全Ⅲ区）：该区负责电力生产的必要环节，在线运行但不具备控制功能，使用电力调度数据网络，与控制区中的业务系统或功能模块联系紧密。非控制区的典型业务系统包括调度员培训模拟系统、水库调度自动化系统、继电保护及故障录波信息管理系统、电能量计量系统等，其主要使用者分别为电力调度员、水电调度员、继电保护人员等。在厂站端还包括电能量远方终端、故障录波装置及发电厂的报价系统等。非控制区的数据采集频度是分钟级或小时级，其数据通信使用电力调度数据网的非实时子网。

管理信息区（安全Ⅳ区）：该区通过云上资源及信息管理实现电力内网的企业数字化运营，支撑调配用电管理、供电指挥、需求侧响应平台等应用，是电网的数据管理运维平台和应用部署运行中心，其保障电网内部业务、办公的信息化能力。

互联网区（安全Ⅴ区）：该区为企业用户提供互联网应用服务，也为用电单位提供访问电力数据的入口，是电网外部数据的汇集区域，是电力巡检监控信息、配用电力信息、企业碳指标、能源数据等汇集合流的平台，为电力数字化管理和业务转型提供互联网数据基础。

3.3.2 ICT 基础设施

新型电力系统的 ICT 架构由不同类型的软硬件共同构成，每一种产品设备都要各司其职，才能完成系统管理和安全的能力构建。按组成的不同功能层次划分，ICT 基础设施基本可分为感知层、网络通信层、平台层、共享能力层四个层级。感知层是管理和业务数据收集的入口，是平台层运维、运营管理的数据依据，也是共享能力层功能控制和体现的数据支撑。网络通信层是感知层数据传输和平台层、共享能力层指令下发以及资源调配的通道。平台层和共享能力层完成数据管理分析、展示界面设计、业务流程编辑和应用装载加速等一系列能力建设。

感知层：包括感知终端设备和接入网通信设备，实现对电力系统末梢的感知和状态采集，主要依赖于物联网、PON（Passive Optical Network，无源光网络）有线通信、4G/5G 无线通信等技术手段。针对电源侧、电网侧、用户侧、供应链不同类型的终端，明确采集的对象、装置与内容，不断提升终端设备本体和采集装置的数字化、智能化水平，同时统筹设备管理，坚持同类终端不重复部署、同一数据只采集一次，基于统一物联信息模型和通信协议，支撑各类终端即插即用和设备互联操作，实现采集终端、本地通信网络、安全防护、边缘算力等采集感知资源的共享共建。

网络通信层：以有线光网络和无线网络结合的方式，结合电力系统业务分区的安全防护要求，因地制宜采用合适的通信传输方式。在无线方面，加强 5G 切片技术应用探索，提升行业专网能力开放水平，提升行业专网自运维、自管理能力。在有线方面，优化 OTN 灵活调度能力，引入 F5G（第 5 代固定网络）技术，进一步提高传输带宽和通信速率，以实现新型电力系统全环节全域数据的可靠传输。

平台层：统筹云组件和网络，沉淀基础共性能力，实现企业级业务、数据和技术在云数据中心基础底座上的构建，为应用建设提供数据库、中间件等服务，并对网络、存储等基础网络资源提供统一调度支撑。同时加强云网协同能力，通过智能化调控手段，提升网络和云资源的统筹配置能力，降低建设运维成本，以高灵活、高扩展性赋能新型电力系统。

共享能力层：将企业的视频监控平台、物联管理平台、大数据平台、虚拟化平台、运维管理平台等统一在数据中台、技术中台层面形成合力，建设成数据共享共用的综合运营平台和指挥中心，以新型电力系统业务为驱动，基于能源大数据中心等场景，实现专业应用快速、灵活、便捷构建，发挥能源数据分析成效，助力节能减排。

3.3.3 数据分类

信息通信技术在支撑新型电力系统建设时，以数据为核心要素实现能源流、信息流和碳流的“三流”合一。电力数据主要分为电力量测数据、电力运行数据、碳数据和能源数据四类核心数据。

1. 电力量测数据

电力量测数据主要包括电网各环节相关对象电压、电流、功率、频率以及电气设备开断状态等电气量、电能量、状态量、控制量、事件量的数据。

在数据采集上，通过在变电站、新能源场站、储能站等站点部署自动化装置，采集主网各类电气设备的有功、无功、分相电流或电压、频率等电气量，推动电厂数据的采集和接入，提高“源、网、荷、储”可观测、可描述、可控制水平。在变电站配网出线侧部署台区智能边缘代理装置，用于融合通过调度自动化装置采集的电压、电流、功率等配电变压器数据，以及通过智能电表采集的用户侧用电数据，同时提供边缘计算能力，实现对配网各节点电气量的计算和对配网拓扑的校核，为配网故障区域供电快速恢复、分布式电源消纳、潮流监测分析等应用提供决策数据。对于重要电力供应保障区域，如电能质量要求严格、新能源接入丰富、电动汽车互动频繁的区域，配置智能融合装置，实现用户电能量、电气量、状态量等的采集、汇聚和边缘计算分析，并将这些数据统一汇入云端物联管理平台等中台组件中。

在数据传输上，采用有线类网络，保障变电站主网数据的安全可靠传输。对于分布式电源、储能站，数据，以有线光网络为主、5G 等无线通信方式为辅进行传输。台区级用户数据采集主要以 5G 等无线通信方式为主。

2. 电力运行数据

电力运行数据主要是指与电网设备本体、运行环境相关的感知信息，主要包括设备本体监测的参变量、运行环境监测的环境量、视频信息等。

在数据采集上，在电源场站配置烟气在线检测系统，采集二氧化硫、一氧化氮等信息，水电厂配置水文站，监测水库水位、流量等信息；在 35 kV 及以上风电、光伏等集中式新能源场站配置测风塔、气象站，采集新能源场站的风速、风向、总辐照度等环境量。在变电站，220 kV 及以上变电站配置油色谱在线监测、局部放电等装置，采集主变、GIS（Geographic Information System，地理信息系统）、互感器等主要设备的油色谱、局放等信息；开关室、保护室、蓄电池室等配置温湿度、烟感等装置，采集环境温湿度、火情等信息；配置摄像头采集站内视频图像，视频信息以本站内的存储为主，必要时通过企业统一视频平台远程调阅。在输电线路上，采用动态采集和静态采集相结合的方式，动态采集通过无人机进行巡检，静态采集通过部署固定传感设备实现。在 35 kV 及以上重要通道架空线路上，配置温度、舞动、振动等监测装置，采集导线温度、风偏、弧垂、舞动等信息；配置摄像头采集架空线路影像信息。无人机全覆盖采集架空输电线路视频、红外、紫外等信息。在输电电缆隧道配置温湿度、水位、气体、烟雾、光线测温等监测装置，采集隧道的电缆温度等信息和水位、有害气体、安全消防等信息，同时配置摄像头，采集视频信息。在配电站房、开闭所、环网柜、箱式变压器等设备处，配置温湿度传感器，采集变压器、电缆头的本体温度信息，配备水浸和烟感等传感器，采集站房环境量，配置摄像头，采集图像视频信息。

在数据传输上，电源场站、变电站、输电电缆隧道灯等相关电力运行数据，利用有线光网络进行传输；开闭所、配电站房、环网柜等的信息利用有线光网络或无线通信方式传输；输电架空线路、无人机等相关电力运行数据则利用 5G 等无线通信方式进行传输。

3. 碳数据

碳数据是指支撑政府碳排放标准体系、减排路径规划、碳交易市场、减排

效果量化评估等碳业务所涉及的数据，主要包括能源统计指标类数据、重点用能企业能耗数据、园区能耗数据。

在数据采集上，针对火电厂，一是通过在火电厂烟气在线监测系统中新增碳排放采集设备，实时采集机组二氧化碳排放量数据；二是通过数据填报，上报煤炭消耗量、基元素碳含量化验报告等火电厂环境量数据；针对各类负荷用户，依托智能电表采集用户用电数据，开展全环节碳排放计量和分析。

在数据传输上，发电侧相关碳数据利用有线光网络传输，用电侧碳数据采用 5G 等无线通信方式传输。

在数据存储上，对于电力量测数据、电力运行数据和碳数据这三类数据，首先根据统一数据模型，通过物联管理平台、调度自动化系统、新一代集控站系统、用采系统前置装置、无人机公共服务平台等具有物联网接入技术的汇聚平台，实现相应终端采集数据的汇集，再基于数据中台进行存储或推送至能源大数据中心。

4. 能源数据

除上述电力系统的相关数据外，煤、油、气、水、热、新能源等其他能源数据以及经济、工业、环保、地理、交通、人口等统计数据，通过数据接口推送至能源大数据中心。

能源大数据中心利用中台的强大算力资源和人工智能数据挖掘技术，实现对各类数据的整合处理。通过对海量数据的分析计算，一方面，透过数据关系发现电网运行规律和潜在风险，提升电力系统安全稳定运行水平；另一方面，服务政府政策制订、社会治理、民生保障，服务能源生产、传输、消费上下游企业和客户，满足能源系统碳计量、碳足迹、碳交易等全过程监测需要，统一支撑碳监测、绿电交易等应用，满足国家和地方政府碳排放管理需求。

3.3.4 新型 ICT

新型电力系统的建设需要各种 ICT 的支撑，包括 5G、F5G、云服务、弹性网络、物联网等新型技术，这些技术的共同发展和深度融合不断推动着电力行业的进步。

1. 5G

5G 是具有高速率、低时延和大连接特点的新一代宽带移动通信技术，是实现人机物互联的网络基础设施。ITU（International Telecommunication Union，国际电信联盟）定义了 5G 的三大类应用场景，即 eMBB（enhanced Mobile Broadband，增强型移动宽带）、URLLC（Ultra-Reliable and Low-Latency Communication，超可靠低时延通信）和mMTC（massive Machine-Type Communication，大规模机器类通信，也称大连接物联网）。eMBB 主要面向移动互联网流量爆炸式增长的需求，为移动互联网用户提供更加极致的应用体验；URLLC 主要面向工业控制、远程医疗、自动驾驶等对时延和可靠性具有极高要求的垂直行业的应用需求；mMTC主要面向智慧城市、智能家居、环境监测等以传感和数据采集为目标的应用需求。

2. F5G

F5G 是以 10GPON、Wi-Fi 6、200GE/400GE 和 OSU（Optical Service Unit，光业务单元）等技术为代表的第五代固定网络。F5G 时代，物理光纤网走向全光业务网，它包含全光接入网和全光传送网络两大部分。全光接入网为个人、家庭、企业等各种场景用户提供极致的连接体验；全光传送网络构建基础底座并扩展到业务领域，以高品质的下一代光传送网络连接打造行业数字化升级的坚实基座。

3. 云网融合

云网融合是通信技术和信息技术深度融合所带来的信息基础设施的深刻变革，在发展历程上要经过协同、融合和一体三个阶段，最终使得传统上相对独立的云计算资源和网络设施融合形成一体化供给、一体化运营、一体化服务的体系。云网融合是一个新兴的、不断发展的新概念，在技术、战略层面上有着丰富的内涵。从技术层面来看，云计算的特性在于互联网技术资源的服务化提供，网络的特征在于提供更加智能、灵活的连接，而云网融合的关键在于“融”，其技术内涵是面向云和网的基础资源层，通过实施虚拟化、云化乃至一体化的技术架构，最终实现简洁、敏捷、开放、融合、安全、智能的新型信息基础设施的资源供给。

4. 物联网

物联网指的是将无处不在的末端设备和设施，包括具备“内在智能”的传感器、移动终端、工业系统、数控系统、家庭智能设施、视频监控系统等，以及“外在使能”的设备，如贴上 RFID（Radio Frequency Identification，射频识别）标签的各种资产、携带无线终端的个人与车辆等，通过各种无线或有线、长距离或短距离的通信网络实现互联互通，并采用适当的信息安全保障机制，

提供安全可控乃至个性化的实时在线监测、定位追溯、报警联动、调度指挥、预案管理、远程控制、安全防范、远程维保等服务，实现对“万物”高效、节能、安全、环保的一体化管控。

5. 大数据技术

当今是一个数据爆发增长的时代。移动互联网、移动终端和数据传感器的出现，使数据以超出人们想象的速度快速增长。大数据技术描述了一种新一代技术和构架，用于以经济的方式，以高速的数据捕获、发现和分析技术，从各种超大规模的数据中提取价值。这些数据包括结构化、非结构化和半结构化数据，大数据技术可以使企业具有更强的决策力、发现力和流程优化能力，形成更多样化的信息资产，为企业做出更明智的业务决策提供支撑。

6. 人工智能

人工智能是研究、开发用于模拟、延伸和扩展人的智能的理论、方法、技术及应用系统的一门新的技术科学。人工智能是计算机科学的一个分支，它试图了解智能的实质，并生产出一种新的能以与人类智能相似的方式做出反应的智能机器。该领域的研究包括机器人、语言识别、图像识别、自然语言处理和专家系统等。人工智能自诞生以来，理论和技术日益成熟，应用领域也不断扩大，可以设想，未来人工智能带来的科技产品将会是人类智慧的“容器”。人工智能可以对人的意识、思维的信息过程进行模拟。

7. 网络安全

网络安全是一门涉及计算机科学、网络技术、通信技术、密码技术、信息安全技术、应用数学、数论、信息论等多种学科的综合性学科。网络安全指的是网络系统的硬件、软件及其系统中的数据受到保护，不因偶然的或者恶意的原因而遭受到破坏、更改、泄露，系统可以连续、可靠、正常地运行，网络服务不中断。

第 4 章

5G 助力高弹性电网建设

新型电力系统亟须构建源、网、荷、储的协同互动模式，电力业务形态将呈现出“终端海量接入、信息交互频繁、控制向末梢延伸”的发展态势。5G 技术从无线空口、承载网到核心网，均引入了全新技术，无论是终端接入、边缘域汇聚、骨干网回传还是资源灵活调用，5G 技术都给出了更优的解决方案。它的出现为新型电力系统的互联互通开启了无限可能。基于网络切片构建 5G 电力虚拟专网，能够为新型电力系统提供弹性通信能力，结合时间敏感网络、精准授时等技术，进一步适应新型电力系统源、网、荷、储各环节场景的需求。

4.1 5G 与电力应用

电力企业为保证电力业务运行的可靠性和业务数据的安全性，通常采用独立组建电力专用通信网的模式进行数据传输。在 35 kV 及以上电压等级，通常随输电线路、管廊建设专用有线光纤通信网，实现变电站与变电站间、变电站与调度控制站间的通信，这也被称作电力通信骨干网。以国网浙江电力为例，截至 2022 年 9 月，浙江全省专用电力有线光纤通信网的铺设已超过 8 万千米，覆盖了近 5000 个电力生产及办公场所。在 35 kV 以下电压等级，10 kV、0.4 kV 等配电网线路的通信网络被称作接入网，因相较于 35 kV 以上电压等级线路涉及面更广、点位更多，若全部采用光纤延伸会导致成本过高，且工程实施的灵活性较差，因此往往采用有线通信和无线通信相结合的方式。本节主要针对电力通信接入网所采用的无线通信技术，重点介绍 5G 移动通信技术对新型电力系统的支撑，有线光纤通信技术及 F5G 的演进可具体参见第 5 章。

4.1.1 无线通信在电力系统的应用

无线通信技术一直广泛应用于电力系统中。在 20 世纪 70 年代，电力系统出现远程通信的需求时，就开始采用微波通信技术进行承载。至 20 世纪末，全国电力专用的微波站点达 3000 余个，之后随着移动蜂窝通信技术的飞速发展，同时由于微波通信自身成本和性能的限制，该技术逐渐退出了电力系统的应用。

2000 年前后，我国无线电管理局将 230 MHz 频段分配给了能源、气象、地震、水利等行业使用，允许在该频段进行行业专用无线通信网络的建设。电力公司基于数传电台技术，将 230 MHz 频段用于承载电力数据采集等业务，但因传送能力的限制，以及抗干扰能力薄弱，该技术随产品生命周期的结束逐渐退出了使用。

进入 2010 年，随着 3G/4G LTE（Long Term Evolution，长期演进技术）的广泛商用，电力企业开始尝试租用运营商的公用网络来承载用电信息采集、移动作业等管理信息区业务和配电自动化遥测、遥信等生产控制区业务。运营商采用专用的物联网卡及“APN（Access Point Name，接入点名称）+ VPN（Virtual

Private Network，虚拟专用网）”或 VPDN（Virtual Private Dialup Network，虚拟专用拨号网）技术实现无线虚拟专用通道，即在运营商公用通信资源的基础上，规划出一个逻辑隔离的专用网络通道，供电力用户使用。电力终端通过专用的物联网卡和虚拟通道配置，实现对指定主站目的地址的访问和交互。以国网浙江电力为例，自 2015 年引入运营商公用网络承载电力业务以来，全省已有共计 300 余万台区集中器采用该通信方式向用电信息采集系统上送用户用电数据。然而，由于运营商公用网络的主体是面向大众用户，因此在安全性和隔离性上尚不能满足承载电力生产控制业务的要求，且在特殊时段，其资源的可靠性、可用性较难保障。

不少电力企业也尝试利用 LTE，在专用频谱上自建广域覆盖的电力无线专用网络。国网浙江电力整合 230 MHz 分散的频谱资源，通过载波聚合等技术手段，将 LTE 标准移植在 230 MHz 频段实现，且利用 230 MHz 频段传输距离远的特性，有效减少了自建无线专网的基站数量，降低了建网成本。2018 年国网浙江电力在浙江嘉兴建设了 88 座基站和 12 座微基站，并配套核心网、基站回传网及相应光缆线路，实现了嘉兴区域三区五县 3915 平方千米 230 MHz 无线专网的全覆盖，并开展了用电信息采集、配变监测等 12 类业务，总计 2 万余个终端的接入应用。截至 2021 年，该专网是国内电力系统中网络和业务规模最大的 230 MHz 无线专网。国网江苏电力则基于 LTE 标准，在 2018 年基本建成覆盖全省的 1.8 GHz 无线专网，现已接入数以万计的用电信息采集等终端。目前主要考虑到 230 MHz 专网在技术演进上的缺陷，以及 1.8 GHz 专网在频谱授权上的限制，电力无线专用网络已暂停大规模新建，但已建成的网络仍可用于实现覆盖范围内各类终端的安全接入。通过对无线电力专网的自主建设，电力企业积累了经验，为后续随着新一代移动通信技术演进支撑新型能源系统建设奠定了基础。

5G 作为新一代移动通信技术，是未来无线技术的发展方向。5G 能够带来超高带宽、超低时延以及超大规模连接的用户体验，其基于软件定义、网络功能虚拟化、边缘计算等技术的网络架构能够支持网络资源按需定制、高动态扩展与自动化部署，支持从接入网、承载网到核心网的端到端网络切片，从而为电网企业打造定制化的“行业专网”服务，以更好地适应电力物联网多场景、差异化业务灵活承载的需求。电力企业自 2020 年起，陆续开展了 5G 承载电力业务的各项应用实践，并取得了不错的成效。

4.1.2 5G 技术特性与电力业务适配

要实现电力数据和信息的海量接入及可靠传输，并适应不断扩展的各级电网业务与持续增长的业务量，满足差异化电力业务特征、应用场景等对通信、安全性能的需求，首先需要对各级生产环节的电力业务应用场景进行分类并分析其特征。

电力系统通常包含发、输、变、配、用五个环节。发电环节的关键特征为清洁低碳、网源协同、灵活高效，其业务包含供需互动、储能设备管理、虚拟电厂、分布式能源接入、智能微网、集中分布协同等；输电环节的关键特征为安全高效、态势感知、柔性可控、协同优化，其业务包含柔性负荷控制、多维信息互联、新能源消纳、电压频率调整、安全运行控制、调控一体化等；变电环节的关键特征同配电环节，其业务包含继电保护、故障诊断、二次系统智能检测、全景信息集成、视频及环境监控、运维作业等；配电环节的关键特征为灵活可靠、可观可控、开放兼容、经济适用，其业务包含调控智能化、开关覆盖、配电自动化、智能巡检、电能质量监测、配电网视频监控等；用电环节的关键特征为多元友好、双向互动、灵活多样、节约高效，其业务包含用户双向交互、用电信息采集、需求侧响应、精准负荷控制、电动汽车充电、高级计量等。

以上电网各级业务的应用场景又可以被归纳为控制类、信息采集类、移动应用类三种。控制类业务作为电网控制的一个环节，直接关系到电网安全。由于此类业务对通信传输时延、通道可靠性要求极高，目前主要使用电力通信专网来承载，以保证其低时延、高可靠需求。信息采集类业务主要针对电力生产过程中的数据采集，以此支撑电网的调度运营，其数据量众多，对通信频次需求低、节点分布广、分散性强，终端设备对功耗等性能的要求较低，但采集范围广，对通信方式的覆盖能力有极高的要求。移动应用类业务主要针对电力生产管理中的中低速率移动场景，通过现场可移动的视频回传替代人工巡检，避免了人工现场作业带来的不确定性，同时减少了人工成本，极大提高了运维效率，而高清视频的回传往往对通信带宽有较高的要求。随着新型电力系统的发展，这三类电力业务的需求将呈现出更加明显的多样化特征，不同业务对网络带宽、时延、可靠性的需求差异很大。

控制类业务涉及核心生产控制的业务流程，对通信安全性的要求极高；对通信的时延（秒级以下）、路由要求较严格（必须是相对固定的路由，可以根据需要在备选路由中切换）；通信的失效可能影响电网的控制执行，导致电网运行故障。例如，精准负荷控制是一种电力保护手段，重点解决电网故障初期频率快速跌落、主干通道潮流越限、省际联络线功率超用、电网旋转备用不足等问题。根据不同的控制要求，它分为实现快速负荷控制的毫秒级控制系统和互动性更加友好的秒级及分钟级控制系统。结合国网浙江电力的业务规划，详细分析配网差动保护等三种典型业务的通信需求，如表 4-1 所示。

表 4-1　控制类业务的通信需求

电力业务	业务传输时延	业务带宽	业务可靠性	安全隔离区
配网差动保护	端到端通信通道时延小于等于 10 ms	2 Mbit/s	单次通信通道可用率大于等于 99.9%	生产控制区
精准负荷控制	端到端通信通道时延小于等于 100 ms	单终端 50 kbit/s～2 Mbit/s	通信可靠性大于等于 99.99%	生产控制区
分布式电源	端到端通信通道时延小于等于 1 s	≥2 Mbit/s	通信可靠性大于等于 99.9%	生产控制区

信息采集类业务具有点多面广的特点，电网的状态监测具有小数据量的特征。该场景对通信安全性要求较高，对通信的时延（秒级）、路由要求 （无须确定路由，信息在要求时间可达即可）相对较宽松，通信的失效对电网运行管理方面存在一定的影响，但不会导致电网故障或瘫痪。下面结合国网浙江电力业务规划，详细分析用电信息采集等四种典型业务的通信需求，如表 4-2 所示。

表 4-2　信息采集类业务的通信需求

电力业务	业务传输时延	业务带宽	安全隔离区
用电信息采集	系统控制操作响应时间（遥控命令下达至终端响应的时间）小于等于 5 s	对于用电数据采集类业务，约为 1.05 kbit/s，对于负荷控制指令，通信带宽约为 2.5 kbit/s	管理信息区
输变电状态监测	通信网络的传输时延小于 300 ms	单点通信速率大于 2 Mbit/s	生产控制区
电能质量监测	实时数据传输到主站时间小于等于 4 s；告警响应时间小于等于 3 s	单点通信速率大于等于 2 Mbit/s	生产控制区
视频监控	通信网络的传输时延小于 300 ms	通信网络要求单终端速率为 512 kbit/s～4 Mbit/s	管理信息区

移动应用类业务主要体现在智能巡检方面，将采集到的数据、视频信息传输至主站。该类业务需要较大的通信带宽，每路信息带宽要在 2 Mbit/s 以上。例如机器人巡检业务，通过机器人搭载的可见光、红外和局放综合检测设备，对设备进行观测，实现对设备缺陷的智能诊断和综合管理，自动生成线路及设备健康状态检测报告，并将检测数据和诊断结果自动上传至配电网管理系统，为电网状态管控提供基础数据。通过引入 AR（Augmented Reality，增强现实）/VR（Virtual Reality，虚拟现实）增强技术，可以实现现场数据、高清图像、视频的传输，实现远程和现场的实时会商，提高巡检的能力。因此，移动应用类业务对通信的需求主要体现在大带宽上。表 4-3 结合国网浙江电力的业务规划，分析了电力应急通信等三种典型业务的通信需求。

表 4-3　移动应用类业务的通信需求

电力业务	业务传输时延	业务带宽	安全隔离区
电力应急通信	通信网络的传输时延小于 20 ms	通信网络要求单终端速率为 22.5 kbit/s～2 Mbit/s	管理信息区
输配变机器巡检	固定翼无人机巡检系统：数传时延小于等于 120 ms，图传时延小于等于 300 ms	固定翼无人机巡检系统：传输带宽大于 2 Mbit/s（标清）	管理信息区
移动作业	通信网络的传输时延小于 300 ms	通信网络的传输速率为 8 kbit/s～2 Mbit/s	管理信息区

上述控制类、信息采集类、移动应用类电力业务有不同的通信需求，若要提供定制化服务，5G 低时延、广连接、大带宽的三大技术特性恰好都能适配。

低时延：5G 技术相比 4G 技术，网络端到端时延从 20 ms进一步减少到 5 ms，满足工业控制场景的高可靠、高可用、低时延需求，可以支持自动化工厂、远程手术等可靠性要求极高的业务稳定运行，可以满足自动驾驶、远程控制无人机等业务的低时延需求，可以用于满足电网业务中差动保护、PMU 保护等控制类业务对可靠性的要求。

广连接：5G 技术可支持每平方千米百万终端连接数，相当于以每平方米 1 个连接的密度覆盖，主要针对物联网中的海量连接需求。针对未来新型电力系统中分布式能源、用电信息采集、能耗信息采集终端的广泛应用，5G 广连接特性能够发挥巨大作用。

大带宽：5G 技术相比 4G 技术，下行峰值速率从 10 Gbit/s 进一步提升到 20 Gbit/s。大带宽在现有移动宽带业务的基础上，可进一步提升业务体验，其场景主要还是追求人与人之间极致的通信体验，对应的是虚拟现实、超高清视频等大流量移动宽带业务，可以满足电网业务中视频巡检等移动作业类业务场景对大带宽性能的需求。

5G 通信技术除了在上述通信性能上有大幅提升，还可基于网络切片技术虚拟出多个具有不同性能优势的专用通道，以满足不同业务场景的特定需求，进行更好的业务适配。

对未来的各类电力业务场景而言，控制类业务将主站下沉，就近控制、主网控制联动，时延需求更严格，将达到毫秒级；数据采集类业务的采集频次将大大提升，采集模式趋于双向互动，图像视频采集类业务采集内容更加丰富，并向 4K/8K 高清发展；移动应用类业务将更加自主化、精益化，与人工智能技术结合。表 4-4 总结了未来电力业务场景特征及需求，包括清洁能源消纳、智慧输电、智慧变电、配电物联网、智慧用电等，分析了对 5G 通信网络的适配需求。

表 4-4 5G 通信与各类业务通信适配

<table>
<tr><th rowspan="2">应用场景</th><th rowspan="2">业务名称</th><th colspan="6">业务需求</th></tr>
<tr><th>带宽</th><th>时延</th><th>连接数/平方千米</th><th>时间同步</th><th>通信可靠性</th><th>安全隔离区</th></tr>
<tr><td rowspan="2">5G+清洁能源消纳</td><td>在线资源评估与光伏群功率预测</td><td>≥4 Mbit/s</td><td>≤1 s</td><td>数十个</td><td>≤100 ms</td><td>≥99.9%</td><td>管理信息区</td></tr>
<tr><td>分布式新能源快速功率群控</td><td>≥2 Mbit/s</td><td>控制类业务时延小于等于 100 ms；
信息采集类业务时延小于等于 500 ms</td><td>数千个</td><td>≤100 ms</td><td>控制类业务的可靠性大于等于 99.9%；
采集类业务的可靠性大于等于 99%</td><td>生产控制区</td></tr>
<tr><td>5G+智慧输电</td><td>输电线路在线监测及无人机巡检</td><td>≥10 Mbit/s</td><td>≤200 ms</td><td>数十个</td><td>≤10 ms</td><td>≥99.9%</td><td>管理信息区</td></tr>
<tr><td>5G+智慧变电</td><td>变电设备状态感知</td><td>≥10 Mbit/s</td><td>≤200 ms</td><td>数十个</td><td>≤10 ms</td><td>≥99.9%</td><td>管理信息区</td></tr>
<tr><td rowspan="8">5G+配电物联网</td><td>智能分布式配电自动化</td><td>≥2 Mbit/s</td><td>≤15 ms</td><td>数十个</td><td>≤10 μs</td><td rowspan="7">≥99.99%</td><td rowspan="7">生产控制区</td></tr>
<tr><td>精准负控</td><td>≤2 Mbit/s</td><td>≤50 ms</td><td>数十个</td><td>≤10 ms</td></tr>
<tr><td>配网保护</td><td>≥10 Mbit/s</td><td>≤15 ms</td><td>数十个</td><td>≤10 μs</td></tr>
<tr><td>分布式能源调控</td><td>≥2 Mbit/s</td><td>控制类业务时延小于等于 1 s；
信息采集类业务时延小于等于 3 s</td><td>数千个</td><td>≤100 ms</td></tr>
<tr><td>配电房视频综合监控</td><td rowspan="2">≥10 Mbit/s</td><td>≤200 ms</td><td rowspan="2">数个</td><td>≤100 ms</td></tr>
<tr><td>机器人及无人机智能巡检</td><td>≤200 ms</td><td>≤10 ms</td></tr>
<tr><td>移动现场施工作业管控</td><td>≤100 Mbit/s</td><td>≤200 ms</td><td>数十个</td><td>≤100 ms</td></tr>
<tr><td>应急现场自组网综合应用</td><td>≤100 Mbit/s</td><td>≤200 ms</td><td>数十个</td><td>≤100 ms</td><td></td><td></td></tr>
<tr><td rowspan="2">5G+智慧用电</td><td>高级量测</td><td rowspan="2">≤2 Mbit/s</td><td rowspan="2">≤500 ms</td><td>集抄模式数百个</td><td rowspan="2">≤1 s</td><td rowspan="2">≥99.9%</td><td rowspan="2">管理信息区</td></tr>
<tr><td>电动汽车充电</td><td>数百个</td></tr>
</table>

4.2 5G 电力虚拟专网切片技术

5G 电力虚拟专网指利用运营商的 5G 网络，在公网中基于网络切片、MEC

（Mobile Edge Computing，移动边缘计算）等技术，构建出一个面向电网的虚拟专用网，并能够与电力通信专网融合，实现电力业务端到端的承载。

4.2.1 5G 网络行业应用模式

目前全国拥有 5G 建网许可和频谱的运营商有中国电信、中国移动、中国联通和广电四家。以浙江省为例，截至 2021 年年底，中国移动主要基于 2.6 GHz 频段开展 5G SA（Stand-Alone，独立接入）网络建设，已开通近 4 万座基站，实现了浙江百强城镇覆盖，同时与广电探索 700 MHz 5G 网络的合建模式。中国联通和中国电信主要采用共建共享模式，该模式基于 3.5 GHz 频段开展 5G SA 网络建设，已开通近 3 万座基站，目前市区覆盖率达到 95%，县城覆盖率达到 65%。未来几年，运营商将继续向乡村推进 5G 建设，并随着 5G 标准的演进，进一步完善网络能力。

因国家频谱资源和建网许可的限制，行业用户想要利用 5G 不同的通信性能开展自主化的应用，需要借助运营商网络。运营商在为行业提供 5G 网络服务时，有 3 种网络建设模式：公网模式，运营商基于公网向各个行业用户提供服务；合作模式，复用部分公网资源，并根据行业诉求，由行业用户独享部分网络资源；专网模式，采用行业专用频率，为行业建立与公网完全物理隔离的行业专网。现有公网的运营支撑模式，主要采用公网模式和专网模式，以此通过 5G 公网为行业企业提供相对独占的 5G 虚拟网络资源。

5G 行业虚拟专网基于 5G 标准的网络架构实现，包含边缘计算、网络切片、运维管理等能力。从应用场景、地理位置、服务范围等角度，5G 行业虚拟专网可以分为局域虚拟专网和广域虚拟专网两大类。

（1）局域虚拟专网

局域虚拟专网适用于业务限定在特定地理区域的场景，基于特定区域的 5G 网络实现业务闭环，保障行业核心业务不出园区的需求，主要应用场景包括电力、制造、钢铁、石化、港口、教育、医疗等。

（2）广域虚拟专网

广域虚拟专网可以不限定地理区域，通常可基于运营商的端到端公网资源，通过网络虚拟或物理切片等方式实现不同行业、不同业务的安全承载，主要应用场景包括交通、电力、车联网以及跨域经营的特大型企业等，面向广域场景下的业务接入应用。

电力是一个典型的广域虚拟专网与局域虚拟专网结合的行业场景。5G 电力虚拟专网是 5G 公网+电力专网的跨域融合网络，其中，局域虚拟专网适用于发电厂、变电站、生产园区等需要基于特定区域实现业务闭环的场合；广域虚拟专网则不限定地理区域，通过网络虚拟或物理切片等方式实现不同业务的承载，输、配、用电环节的特征是点多面广，用于需要全程、全域、全覆盖的广域专网场景。

网络切片是实现 5G 电力虚拟专网的重要支撑技术，通过网络切片能力，可以构建端到端的 5G 虚拟网络，并且可以实现跨地域的虚拟专网形式，保障虚拟专网和公网的逻辑隔离甚至物理隔离。

4.2.2 5G 网络切片的实现

网络切片技术是 5G 通信技术体系中最为关键的技术之一，是实现不同业务独立组网最根本的保障，更是 5G 技术服务于垂直行业的基础。作为一种按需组网的方式，该技术可以让运营商在统一的基础设施上分离出多个虚拟的端到端网络。但是网络切片的复杂度比较高，涉及无线通信网络三个组成部分中的各个方面，下面从 5G 无线接入网网络切片、5G 承载网网络切片以及 5G 核心网网络切片进行分析。

1. 5G 无线接入网网络切片

无线空口接入切片方案主要包括切片级的优先级调度［QoS（Quality of Service，服务质量）］、RB（Radio Bearer，无线承载）资源预留、独立频段和独立基站四种。由于频谱资源和网络运营牌照的限制关系，现阶段最可行的是前两种。QoS 切片通常只提供相对优先保障，用户仅能看到 SLA（Service Level Agreement，服务等级协定）的结果，实时过程不可见；RB 资源预留则提供有绝对资源规划的精准保障，将 5G 的空口频谱资源按频域维度划分为不同的资源块，将不同用户的 DRB（Data Radio Bearer，数据无线承载）映射到不同的资源块上，业务间彼此正交，互不影响，接近物理隔离的强度，且实时资源占用情况对用户可见。目前 5G 网络主要是以 TDD（Time-Division Duplex，时分双工）方式为主，典型带宽为 100 MHz，可划分为 273 个频域独立的 RB。RB 资源预留技术的最小颗粒度已经达到 1%，即达到 1 MHz 的固定带宽。未来，5G FDD（Frequency-Division Duplex，频分双工）频段的规模商用会给 RB 资源预留技术带来新的技术进步。

图 4-1 呈现了 RB 资源预留切片的优势：在其他用户网络的使用高峰期，RB 资源预留切片能够有效避免网络拥塞对电网业务造成的影响，通过保证物理带宽来保障网络质量。因此，对于网络可靠性要求更高的控制类业务，推荐

采用 RB 资源预留切片。

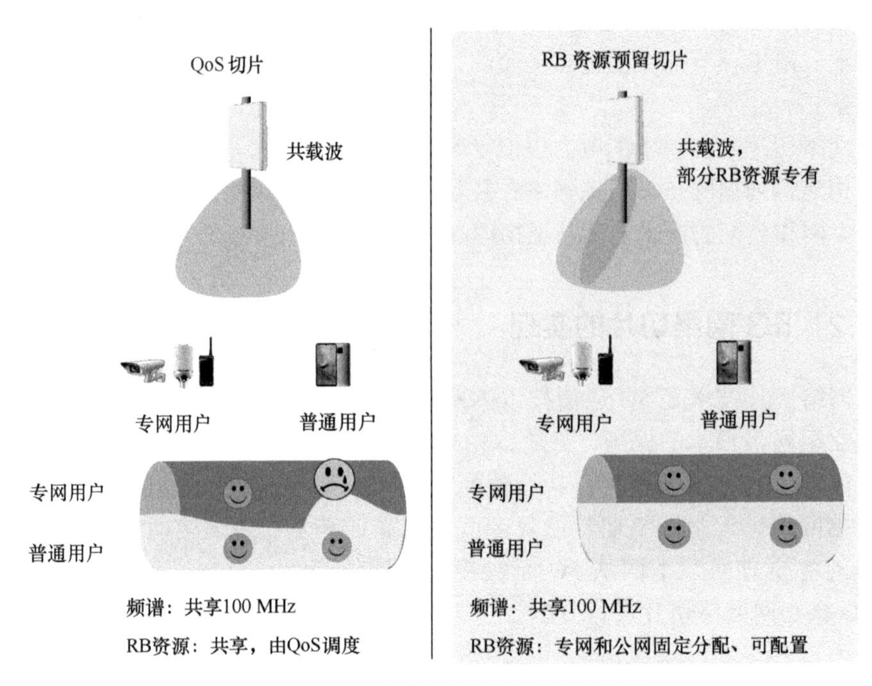

图 4-1　5G 无线接入网网络切片技术实现

2. 5G 承载网网络切片

5G 承载网网络切片方案包括软隔离和硬隔离两种。

软隔离是指基于统计复用的切片技术，主要针对二层以上传输端口带宽资源进行逻辑隔离。它采用不同的逻辑通道承载不同的电力 5G 网络切片，有 IP/MPLS（Multi-Protocol Label Switching，多协议标签交换）伪线技术、VPN 及 VLAN（Virtual Local Area Network，虚拟局域网）技术等。承载网和无线及核心网之间通过 VLAN 传递端到端切片标识的传递；不同业务规划不同的 5QI（5G QoS Identifier，5G QoS 标识），在核心网上映射到不同的 DSCP（Differentiated Services Code Point，差分服务代码点）值，在承载网上实现不同的优先级调度。

硬隔离是基于物理管道的刚性切片技术，主要针对物理底层（光层）管道资源，代表技术有 OTN 技术、FlexE（Flex Ethernet，灵活以太网）技术等。以 FlexE 技术为例，通过在 MAC（Media Access Control，媒体存取控制）层和 PHY（物理层）之间加入 FlexEShim（Flex Ethernet Shim，灵活以太网层），实现 MAC

层与 PHY 层的分离，从而提升以太网组网的灵活性。同时，FlexEShim 基于时分复用机制，在时域上将以太端口划分为多个独立子信道，每个子信道具有独立的时隙和 MAC，提供端到端隔离。目前承载网硬隔离切片的最小带宽为 5 Gbit/s，其颗粒度还有待进一步细化。

另外，承载网物理组网需要具备双路由，结合双归属保护功能，实现链路、节点故障 50 ms 恢复能力。同时，对于低时延业务关联的电力设备，在承载网规划阶段，要求接入同一区域的承载网设备，实现业务就近转发，避免传输跨区域业务调度无法满足时延要求（每 100 km 传输距离会产生 0.5 ms 的传输时延）。因此在评估承载网时，还需要综合评估无线设备到电力核心网设备的光纤的长度所带来的时延影响。

3. 5G 核心网网络切片

核心网网络切片方案主要采用基于虚拟化技术的用户面和控制平面分离的部署方式。相比 4G EPC（Evolved Packet Core network，演进分组核心网）架构，5G 核心网利用 NFV（Network Function Virtualization，网络功能虚拟化）技术，来支撑网络切片的灵活构建。通过将网络功能抽象为网络服务以及定义各服务间统一接口的方式，实现集中式部署，而直接面向终端侧提供业务服务的核心网功能 UPF（User Plane Function，用户面功能），则会根据不同业务场景相应的时延要求，结合 MEC 技术，下沉至更靠近用户的网络边缘层进行分布式部署，从而最大限度减小数据在传输过程中的损耗，5G 核心网网络切片技术突破传统 4G 核心网中网元［如 S-GW（Serving GateWay，服务网关）和 P-GW（Packet Data Network GateWay，分组数据网网关）］只能集中式部署的限制，使得业务承载架构更加扁平化。

4.3 5G 电力虚拟专网建设

通过无线接入网、承载网、核心网三部分的网络切片技术，从运营商公用网络中规划出相对确定的通信资源专门供电力企业使用，构建 5G 电力虚拟专网。电力业务涵盖发、输、变、配、用以及综合管理等多个环节，涉及业务众多。从业务分布区域的属性来看，可以分为广域业务和局域业务两大类。

广域业务属于开放场景，其特点是位置分布区域广，与运营商大网重合度较高，业务管理上需要实现广域协同。用传统的电力有线专网来承载广域业务，建设难度高。这类业务主要集中在配电和用电环节。局域业务属于封闭场景，其特点是业务位置在限定的区域，比如变电站、蓄能型水电站、电力工地等，基本没有运营商大网的覆盖。同时，业务需要本地管理，比如无人化的本地运维，因此有边缘计算的需求。两种场景均可以通过不同的网络切片模式打造 5G 电力虚拟专网来满足需求。

5G 电力虚拟专网的架构如图 4-2 所示，分为硬切片和软切片。硬切片用于安全Ⅰ、Ⅱ区业务，如精准负荷控制、配网自动化等业务，实现无线接入网频域隔离专用、承载网时域隔离专用以及核心网的数据隔离，具体的建设原则和建设方案参见 4.3.1 节和 4.3.2 节。软切片用于安全Ⅲ、Ⅳ区业务，如巡检、用电集抄、智能充电桩等，只提供逻辑隔离能力，不提供物理资源隔离；在网络拥塞场景下，其也与普通用户共同基于优先级排队。

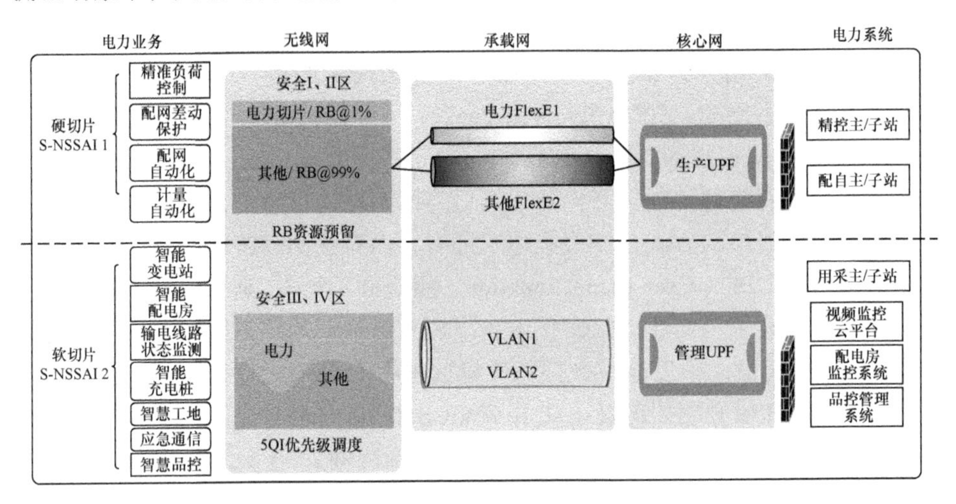

图 4-2　5G 电力虚拟专网的架构

4.3.1　建设原则

当前运营商针对 5G 网络端到端（无线接入网、承载网、核心网）的切片隔离保障手段，主要给出了三种不同的解决方案：针对广域专网场景，分为可提供传输链路物理隔离的硬切片解决方案和可提供逻辑隔离的软切片解决方案；针对局域专网场景，提供专用的 5G 网络，适用于变电站等局域场景。三种解决方案与 5G 网络端到端切片方案的对应关系如表 4-5 所示。

表 4-5 三种解决方案与 5G 网络端到端切片方案的对应关系

5G 网络	硬切片（广域）	软切片（广域）	专用 5G 网络（局域）
无线接入网	5QI 高优先级+RB 资源预留	5QI 优先级保障	载频独享的专用基站或小区
承载网	FlexE 接口隔离+VPN 隔离	VPN 隔离+QoS 调度	FlexE 接口+FlexE 交叉
核心网	UPF 网元资源独占专享	与其他行业用户共用运营商 to B 核心网	UPF 网元资源独占专享

电力核心网 UPF 网元负责电力业务的路由转发、策略实施、流量报告、QoS 处理等。对 5G 硬切片和局域 5G 网络来说，从差异化、确定性业务体验保障视角出发，考虑到传输距离对时延的影响，需要根据时延要求，选择电力核心网用户面设备的下沉位置。电力核心网用户面设备部署位置应尽量和电力主站或子站等业务系统的部署原则对齐，避免路由迂回。例如，可在各省集中部署省级电力核心网用户面设备，卸载省集中的业务流量；在各地市分别集中部署地市级电力核心网用户面设备，卸载本市流量。对于变电站特殊场景，可考虑区级部署电力核心网用户面设备，如以若干个变电站为一个区域，共用电力核心网用户面设备。另外，需考虑一定的容灾备份方案。

5G 电力虚拟专网的建设范围包括：无线公网（无线接入网、承载网、核心网、运营管理平台）和电力专网（UPF 网元）等、电力内部网络、电力专网综合管理平台、主子站业务系统等。在上述建设范围内，无线接入网、承载网、核心网、运营管理平台原则上均由运营商负责建设；电力内部网络、电力专网综合管理平台、主子站业务系统等由电力企业负责建设；电力专网由运营商建设运维，以服务租赁形式提供给电力企业使用。

4.3.2 建设方案

为保证不同电力业务的安全性，电力企业往往会对电力业务进行分区管控，普遍遵循电力安全“业务分区、网络专用、横向隔离、纵向认证”的要求，不同区域业务需采用不同级别的安全隔离手段。在采用 5G 电力虚拟专网承载电力业务时，需要结合不同安全隔离要求来制定网络切片的方案。电力业务目前被分为生产控制区（安全Ⅰ、Ⅱ区）、生产管理区（安全Ⅲ区）、管理信息区（安全Ⅳ区），以及互联网区（安全Ⅴ区）。电力业务各分区的典型业务如表 4-6 所示。

表 4-6 电力业务各分区的典型业务

电力业务分区	典型业务
安全 I 区	生产控制类（配网差动、PMU、自动化、“三遥”）
安全 II 区	生产非控制类（计量自动化等）
安全 III 区	工地、监控、机器人、无人机、智能配电房等
安全 IV 区	用电采集、配网采集等信息采集类业务为主
安全 V 区	各类监控、移动办公及其他互联网业务

因此，5G 电力虚拟专网的网络切片方案主要结合安全分区来规划。结合安全性、可靠性、经济性、可操作性等方面的考虑，以下对电力切片隔离给出 3 种建议方案。

（1）方案 1

在所管辖的区域内（主要指省或市）划分 4 个电力切片，分别对应安全 I～IV 区。一个切片可对应多个业务，为每个业务分配一个专用网络通道，根据切片标识和通道标识选择切片及电力专用核心网设备。

针对安全Ⅰ、Ⅱ区：无线接入网侧采用 RB 资源预留实现硬隔离，并采用不同的优先级调度，实现安全Ⅰ、Ⅱ区之间的逻辑隔离；承载网侧进行硬隔离，并划分不同的网络专区，实现安全Ⅰ、Ⅱ区之间的逻辑隔离；核心网侧，每个省份/地市为生产控制区部署物理独立的电力专用核心网设备，并划分两个逻辑独立的电力专用核心网设备租户，分别承载安全Ⅰ、Ⅱ区的业务。

针对安全Ⅲ、Ⅳ区：无线接入网侧采用不同的优先级调度实现逻辑隔离；承载网侧采用网络专区实现逻辑隔离；核心网侧，共用运营商行业专用核心网设备，负责承载安全Ⅲ、Ⅳ区的业务，并与其他业务进行逻辑隔离，需额外开通专线至电力企业。

（2）方案 2

在所管辖的区域内（主要指省或市）划分 4 个电力切片，分别对应安全Ⅰ～Ⅳ区。

针对安全Ⅰ、Ⅱ区：同方案 1。

针对安全Ⅲ、Ⅳ区：无线接入网侧采用不同的优先级调度实现逻辑隔离；承载网侧进行硬隔离，并划分不同的网络专区，实现安全Ⅲ、Ⅳ区之间的逻辑隔离；核心网侧，部署物理独立的核心网设备，并分别划分两个逻辑独立的电力专用核心网设备租户，分别承载安全Ⅲ、Ⅳ区的业务。其他业务复用运营商行业专用核心网资源，并与其他业务进行逻辑隔离，需额外开通专线至电力企业。

（3）方案 3

在所管辖的区域内（主要指省或市）以电力业务为颗粒度划分多个电力切片，针对安全Ⅰ～Ⅳ区的切片隔离原则同方案 2，只是切片 ID（Identity Document，身份标识号）的颗粒度实现了基于业务粒度的精细化划分，以实现差异化的业务体验保障，以及更加精细化的切片全生命周期管理。

上述 3 种方案都具有对安全Ⅰ、Ⅱ区业务的保障能力，在对安全Ⅲ、Ⅳ区乃至其他业务方面则有差异，具体对比如表 4-7 所示。另外，针对互联网区（安全Ⅴ区），可根据情况设置切片或不采用切片方式。

表 4-7　5G 电力虚拟专网切片方案比较

<table>
<tr><th colspan="2">电力业务分区</th><th>方案 1</th><th>方案 2</th><th>方案 3</th></tr>
<tr><td rowspan="2">安全隔离性</td><td>安全Ⅰ、Ⅱ区</td><td colspan="3">3 种方案一致，无线接入网、承载网采用专属服务，核心网采用专用网</td></tr>
<tr><td>安全Ⅲ、Ⅳ区</td><td>无线接入网、承载网采用“QoS 保障”，核心网采用“专属服务”共用 to B 资源，与 to B 业务逻辑隔离</td><td colspan="2">无线接入网“QoS”保障、承载网“专属服务”、核心网“专用网络”</td></tr>
<tr><td rowspan="2">业务可靠保障性</td><td>安全Ⅰ、Ⅱ区</td><td colspan="3">3 种方案一致，无线接入网、承载网采用“专属服务”、核心网采用“专用网络”</td></tr>
<tr><td>安全Ⅲ、Ⅳ区</td><td>如果能够预留足够的冗余通道带宽和核心网处理能力，则体验差异不大</td><td colspan="2">专用刚性管道、专用核心网用户面、可靠性保障更高</td></tr>
<tr><td rowspan="2">运维管理</td><td>运营商</td><td>安全Ⅲ、Ⅳ区可集约运维管理</td><td>相对方案 1，增加了电力专属 UPF 的网元管理</td><td>相对方案 2，增加管理从安全分区至电力业务类型的颗粒度划分，运维管理最复杂</td></tr>
<tr><td>电网</td><td colspan="2">对 5G 切片的规划、申请、管理相对简单（仅到分区维度），但需要做好内部业务的 IP 地址规划，并根据 IP 地址开展业务关联及更精细化的分析</td><td>对 5G 切片的规划、申请、管理相对复杂（按业务维度），但对 IP 地址的管理可更为灵活简单</td></tr>
</table>

下面以国网浙江电力为例，具体说明网络切片隔离的方案是如何落地实施的。国网浙江电力自 2020 年起，着手开展 5G 电力虚拟专网的建设和试点应用工作，至 2021 年年底已基本建成了省域覆盖的 5G 电力虚拟专网，并在 7 个地市开展了 14 类电力业务应用，接入 5G 终端 2000 余个。如图 4-3 所示，国网浙江电力结合电力业务安全分区以及目前实际业务需要和经济成本，共设置 3 个切片：安全 I、II 区业务共用一个硬切片，安全 III、IV 区业务共用一个软切片，安全 V 区业务设置一个软切片，采用的技术方案与以上介绍的方案 1 近似。

需要说明的是，在实际操作中，安全Ⅲ区和安全Ⅳ区未做明确区分，下文中所讨论的管理信息区（安全Ⅳ区）实际包括了生产管理区（安全Ⅲ区）。

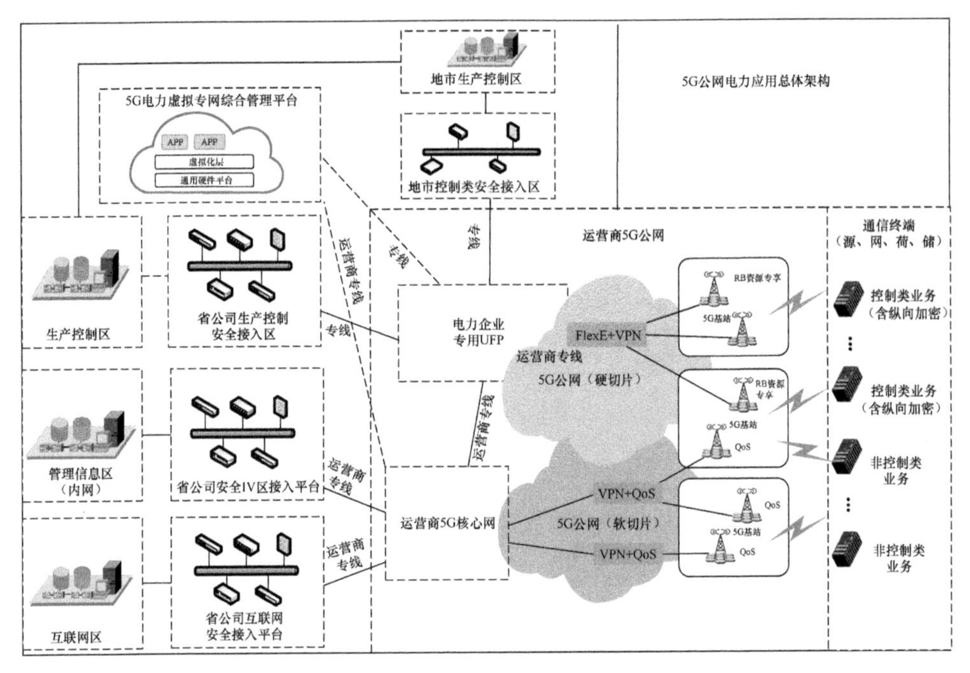

图 4-3　国网浙江电力 5G 电力虚拟专网切片方案

1. 5G 硬切片技术方案

5G 硬切片用于承载电网控制类业务，采用 5G SA 模式，并基于无线接入网侧 RB 资源预留、承载网侧 FlexE 技术及核心网侧电力电网控制类业务专用的、UPF 下沉的端到端硬切片构建，硬切片内不同的控制业务通过 5QI、VPN 等方式实现逻辑隔离，即软隔离。切片内单向通信时延（通信终端至安全接入区入口）宜小于 20 ms，故障倒换时延宜小于 50 ms，单向时延抖动宜小于 50 ms，可靠性应大于 99.99%。

终端侧：通信终端支持且仅接入一个电力硬切片，支持上下行速率大于 10 Mbit/s，实际速率根据业务的需要开通。

无线接入网侧：通信终端接入区域信号覆盖强度满足 RSRP（Reference Signal Receiving Power，参考信号接收功率）≥−95dBm 且 SINR（Signal to Interference plus Noise Ratio，信号与干扰加噪声比）≥−3dB，基站采用电信运营商 RB 资源预留（1%～5%）切片实现与其他公网业务间的硬隔离，确保满足业务开通上下行速率的要求，并采用 5QI 保障切片内各生产控制类业务的优先级。

承载网侧：采用电信运营商提供的 FlexE 通道进行硬隔离，并在内部采用不同的 SR（Segment Routing，分段路由）+L3 VPN（Layer 3 Virtual Private Network，三层虚拟专用网），实现不同控制类业务间的软隔离。

核心网侧：在地市公司所管辖区域部署生产控制区独立专用 UPF，划分一个硬切片（分配切片标识），一个切片对应多个控制类业务，每个业务分配一个 DNN（Data Network Name，数据网络名称），业务根据切片标识和 DNN 选择专用切片和专用 UPF。DNN 采用“运营商业务标识+地市名+电网业务缩写+运营商管理区域标识”的规则命名。

2. 5G 软切片技术方案

5G 软切片用于承载安全Ⅲ、Ⅳ区和互联网区业务。切片统一采用运营商规划的行业切片，保证与一般商用业务之间的业务隔离，与切片内其他公网业务通过 DNN 和 VPN 进行逻辑隔离；核心网采用运营商行业专用 UPF，通过专用链路进行业务数据接入。

终端侧，通信终端接入指配切片；无线接入网侧，通信终端接入区域信号覆盖强度满足 RSRP≥−95dBm 且 SINR≥−3dB，基站采用不同的 5QI 优先级调度确保业务质量；承载网侧，采用 SR+VPN 实现与其他公网业务的逻辑隔离；核心网侧，共享运营商行业专用 UPF，业务切片按照运营商行业应用业务规划，采用专用 DNN 与其他行业通道进行逻辑隔离。

3. 边界链路技术方案

边界链路指 5G UPF 至电力企业各类业务网络边界之间、电力企业部署的专用 UPF 与运营商控制平面网元之间，以及电力专网综合管理系统与电力企业专用 UPF 和运营商核心网之间的承载链路。

其中，5G UPF 与调度数据网、配电自动化业务系统的网络边界为生产控制区的安全接入区设备，与信息内网的网络边界为管理信息区的安全接入平台，与互联网区的网络边界为互联网区的安全接入平台。

生产控制区的安全接入区设备与 UPF 之间的链路，按照线路距离，可采用电力裸纤或通信专线方式承载，已部署 OTN 且具备接入条件的，优先采用 OTN 方式承载。

管理信息区、互联网区的安全接入平台与运营商共享 UPF 之间的链路，采用租用运营商专线方式承载。

管理支撑平台与公司专用 UPF 之间的链路，按照传输距离选用裸纤或通信专线方式承载，管理支撑平台与运营商核心网之间的链路，采用租用运营商专

线方式承载。

4.4 5G 电力虚拟专网关键技术

5G 除了利用网络切片技术为行业用户提供专用通信通道外，还在协议层面对通信性能进行了多项优化，使专用通道的性能参数更加贴合于不同业务的需求，这些优化涉及低时延技术、精准授时技术、局域网技术和边缘计算等。同时，5G 还大幅提升了网络开放能力，能够开放更多数字化接口供行业用户调用，助力行业用户对虚拟专网的自运维和自管理，从而有助于构筑更好、更开放的网络共建共享生态。

4.4.1 低时延

URLLC 是具有超低时延和超高可靠性的通信技术，可以满足一些对时间敏感和可靠性要求高的业务需求。从传输角度来看，URLLC 是个端到端的概念，包含了核心网侧、承载网侧和无线接入网侧；从网络架构角度来看，URLLC 有多种网络部署方案，以适应不同的行业和应用；从电力系统应用来看，生产控制区（安全Ⅰ、Ⅱ区）的控制类业务需要 URLLC 来保障控制指令、稳定低时延。如可中断负荷控制业务中，秒级可中断负荷控制业务，通信时延要求低于 100 ms，以保障电力调度系统的高可靠性要求；毫秒级可中断负荷控制业务则要求通信时延低于 10 ms，需要在后续协议中，继续增强 5G 网络能力，不断与电力控制系统进行深度融合。

5G 从系统设计之初就考虑了网络时延和可靠性，对系统网络的各层都做了一定的优化，以保障端到端的低时延特性，如表 4-8 所示。

表 4-8　5G 低时延保障技术

网络层分层	技术
物理层	自包含时隙
	Mini-slot
	系统参数
	DMRS（DeModulation Reference Signal，解调参考信号）前置
	性能更好的信道编码

续表

网络层分层	技术
MAC 层	上行免调度传输
	下行抢占性调度
	HARQ（Hybrid Automatic Repeat reQuest，混合式自动重传请求）
	HARQ 增强
RLC（Radio Link Control，无线链路控制）层/PDCP（Packet Data Convergence Protocol，分组数据汇聚协议）层	PDCP 乱序提交

同时，从电力系统 5G 应用实践经验看，时延的稳定性也具有非常关键的作用。时延稳定性主要受到误码引起的重传影响，因此，通过增加资源、提升传输冗余度，可以明显改善复杂环境下的解调正确率，提升时延稳定性，主要技术如表 4-9 所示。

表 4-9　5G 时延稳定性技术

用户面协议层	技术
物理层	PUSCH（Physical Uplink Shared Channel，物理上行共享信道）时隙内或时隙间重复发送
	附加 DMRS
	DCI（Downlink Control Information，下行链路控制信息）
	控制信道增强
	低码率传输
RLC 层/PDCP 层	PDCP 层数据复制

4.4.2　精准授时与时间敏感网络技术

电力通信系统从有线网络的现场控制规约（如 IEC 60870-5-104、IEC 61850 等）发展而来，通过标准化的通信接口解决了电力控制系统内传感器以及电力开关等设备的互联问题，实现了各类电力信号的传输。随着通信系统规模的扩大，在系统通信的过程中，时间同步成为必需的技术要求，时间敏感网络应运而生。传统的时间敏感网络通过有线网络，将时间同步服务器的时间同步信号发送给系统的电力终端。它的时间同步精度满足电力需求，但受限于有线网络

部署慢、成本高、维护难等问题，加上时间同步服务器需额外部署，目前已经难以适应新型电力系统建设的需要。

5G 技术实现了室内室外全场景的无线网络授时技术，授时精度已经可以达到 1 μs。5G 授时作为一种无线授时技术，在施工周期、部署难度、建设成本和维护等方面都具有明显的优势，对于电力系统来说，非常适合配电网等有线网络铺设不便的场景。电力同步 PMU 和差动保护业务对授时精度要求很高，通过增强型的 5G 终端和基站配合，终端可以获得微秒级的高精度时钟。随着技术演进，终端有望保持高稳态时钟，使得授时精度每 24 小时内随时间的漂移控制在百纳秒级，达成更高精度的时间同步能力，更好地满足 PMU 等业务需求。5G 授时原理及后续演进如图 4-4 所示，主要包括 3 个流程。

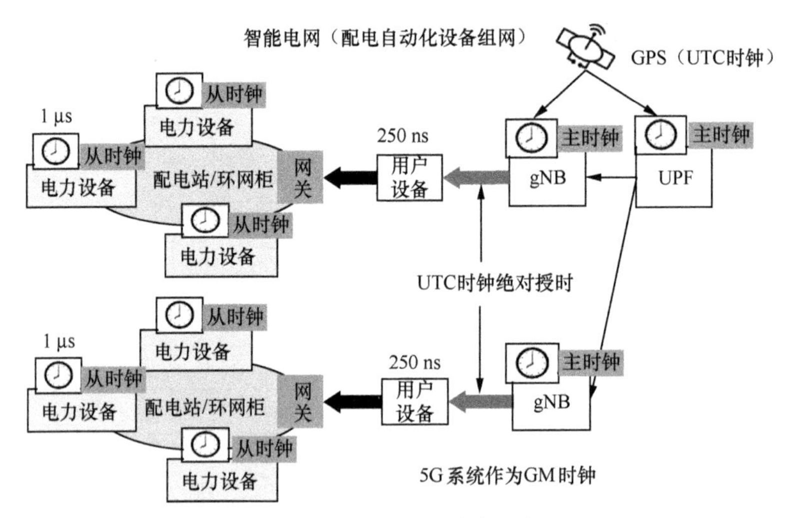

注：UTC 即 Universal Time Coordinated，世界协调时。

图 4-4　5G 授时原理及后续演进

首先，由 5G 基站获取时钟源。5G 基站可以通过自身 GPS（Global Positioning System，全球定位系统）天线或北斗天线获取时钟源，也可以通过 1588 协议从承载网获取时钟源，或者采用 GPS 北斗+1588 协议异构组网的方式，实现两种时钟同步方法的互备，提高网络授时的安全可靠性。

其次，5G 通信终端同步 5G 基站的时钟。5G 基站将时钟信息通过空口广播或单播方式传递给 5G 通信终端，5G 通信终端完成与基站的高精度帧定时，并利用传播时延估计值来补偿从基站获取到的绝对时钟。

最后，电力终端同步 5G 通信终端的时钟。5G 通信终端将时钟信息通过 IRIG-B

码（Inter-Range Instrumentation Group B）接口方式传递给电力终端，最终实现电力终端间微秒级的高精时钟同步需求。

4.4.3 5G-LAN

在当前 3GPP（3rd Generation Partnership Project，第三代合作伙伴计划）标准 5G R16 版本中有一个新特性，即 5G LAN（Local Area Network，局域网）技术，该技术主要用来解决 5G 只支持三层网络交换协议的问题。该技术支持二、三层网络交换的互通，并且能够支持组播和广播，支持电力核心网 UPF 的本地转发，从而进一步缩短用户面路径，降低时延。5G LAN 的特性非常丰富，在电网业务场景中，适合使用 5G LAN 技术简化组网、降低运维难度的典型应用场景包括差动保护和智能分布式 FA（Feeder Automation，馈线自动化）。

配电差动保护主要实现对配电网的保护控制，通过继电保护自动装置检测配电网线路或设备状态信息，实现配网线路区段或设备故障快速判断及准确定位，快速隔离配网故障区段，及时恢复正常区域供电。因为布线困难，部分企业会选择使用 5G 替代原有的有线方式。从通信角度来说，差动保护是广域网的二层组播场景，为了限制组播的传播范围，还需要使用多个 VLAN 进行隔离。在较早的协议版本中，5G 是不支持二层完整网络交换协议的，需要叠加路由器，将二层报文转换为三层报文才可以实现互通。这不仅增加了设备成本，也增加了方案的复杂度。5G LAN 很好地解决了这个问题，可以直接实现设备间的二层互通，不用增加路由器设备。同时，5G LAN 还支撑在同一个 UPF 下划分多个 5G LAN 组，大大简化了电网 5G 差动保护方案。

智能分布式 FA 业务的功能是实现配电网线路保护，如果配网某点发生故障，故障点之前的开关控制器产生 GOOSE（Generic Object Oriented Substation Event，面向通用对象的变电站事件）信号，并向上下游配电自动化终端传递，每台配电自动化终端通过 GOOSE 信号和本级过流信号的比对，就地确定并执行故障区间隔离策略、非故障区域自愈复电策略。采用 5G-LAN 技术，利用其广播和组播特性，可以实现故障节点的 GOOSE 信号向多个配电自动化终端传递，同时有效简化三层通信网络带来的复杂性，其通信拓扑图如图 4-5 所示。

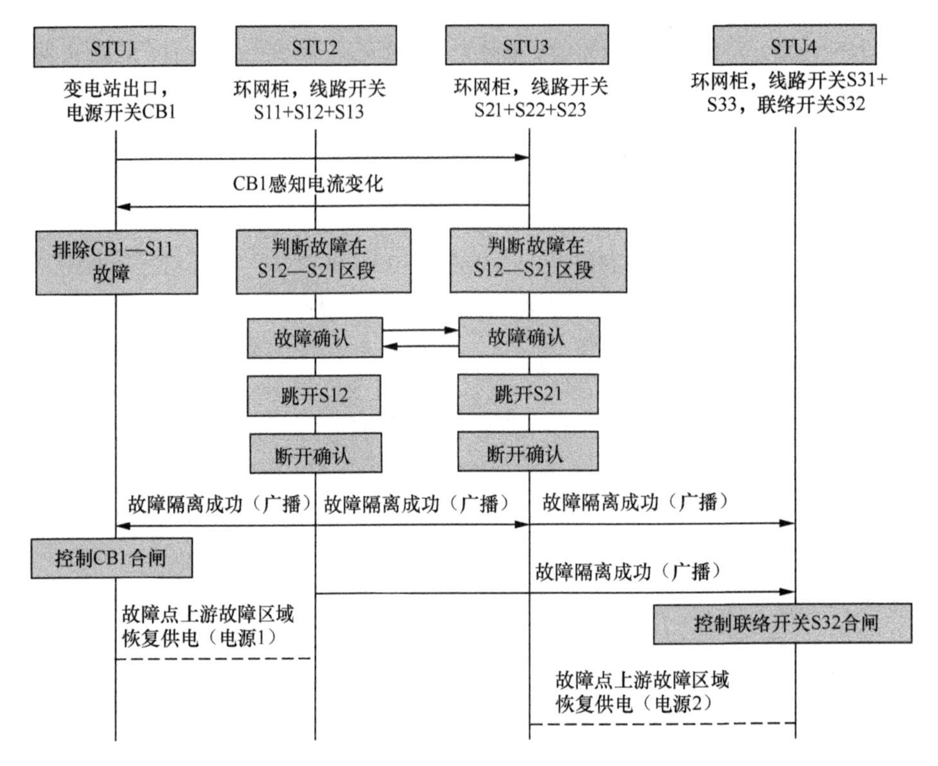

注：STU 即 Smart Terminal Unit，配电智能终端。

图 4-5　智能分布式 FA 通信拓扑

4.4.4　5G 网络边缘计算

随着电网数字化、智能化转型的深入，通过 5G 电力虚拟专网，大量电力终端将产生海量的实时数据，而这些数据需要进行处理和分析才能得以使用。5G 提供了就近开展边缘计算的方案，针对时间敏感的数据和大带宽的数据，如输电线路智能巡检业务等，可以先通过边缘计算进行处理，再接入电力内网服务器，以进一步达到降低延迟、提升数据处理效率、节省数据传输带宽的目的。

我国目前拥有超过百万千米的高压输电线路，开展高压输电线路的巡检是电力企业非常重要的日常维护工作。高压输电线属于高空架空线缆，传统巡检方式是工作人员爬到塔上沿线缆进行目检，这种方式存在检测效率低、耗时长、易漏检、安全风险大等问题。因此，电力企业积极探索基于 5G 技术的无人机巡检，免去了巡检工作人员爬塔巡检的繁重工作，大幅提升了巡检效率。为了更好地满足无人机巡检的常态化工作模式，适应不断增长的巡检线路长度和频次，该巡检方式通过 5G 网络回传视频数据，在邻近边缘计算节点开展智能计算。这样的网络架构兼顾了无人机成本和功耗，有效提升了无人机执行巡检任务的工作时长和工作效率。输电线的巡检视频数据并非敏感数据，按照传统的网络拓扑，需要先通过安全接入区后，再进入电网内网进行处理，这就增加了业务处理的时延，降低了智能巡检的时效性。采用边缘计算方案，将巡检视频的预处理放到安全接入区外部的边缘计算平台上，可以有效节省处理时延。处理后得到的关键信息，以及重要节点的备份数据，如故障节点的地理信息、故障留证等数据，属于非时间敏感信息，这些信息通过安全接入区进入电力内网，可以兼顾数据的安全性要求。

4.4.5 5G 能力开放

电网是关系国计民生的关键基础设施，对网络质量的要求很高。随着 5G 在电网场景的深入应用，终端数量呈现快速增长态势。因此，对网络质量、终端状态等的监控提出了以下更高的需求。传统的依靠运营商运维网络的方式，已经不适应未来业务的发展，面对更高的自运维、自管理需求，需要搭建 5G 电力虚拟专网运维管理平台。

首先是透明计费需求。电网生产控制区业务需要将网络隔离，5G 网络传输链路硬切片解决方案，为电网提供了端到端的电力虚拟专网能力，是满足电网广域需求的核心技术。基于硬切片解决方案的计费功能，电网需要清晰准确地核算费用，这就需要和运营商一起，在电力 5G 运维系统中，搭建透明计费的模块功能。另外，5G 通信等无线通信方式所采用的 SIM（Subscriber Identification Module，用户识别模块）卡流量资费也是电力企业通信成本支出的主要组成部分。以国网浙江电力为例，全省当前 SIM 卡的年租赁费用达到上亿元。在 5G 时代以前，由于缺少必要的数字化接口，资费核对仅能通过线下账单核对的方式进行。

其次是 5G 网络性能监控需求。随着越来越多的配电网生产控制类业务由 5G 网络承载，5G 网络的性能也会对电网业务产生影响。因此，电网需要对 5G 网络中已签约的基站等进行性能监控，与运营商共同做好网络性能的监控和保障。

再次是对终端状态的远程监控、运维需求。5G 终端是电网业务端到端网络中重要的一环，同样影响电网业务运行状态。电网终端分布广泛且数量庞大，需要具备远程监控、远程运维的能力，才能更好地支撑电网业务的发展。

最后是端到端故障的快速隔离和修复能力需求。对于电网故障，要求电网

具备快速隔离和恢复的功能，同样，对于 5G 电力虚拟专网，也需要具备快速隔离故障节点以及快速恢复的能力。这就要求电力 5G 运维系统具备 5G 网络终端、无线接入网、承载网、核心网、安全接入区、电力内网的端到端定界定位的能力，确保故障发生后，能够快速隔离故障节点，并做到故障的快速恢复。

能力开放是 5G 网络一个突出的能力体现。运营商依托 5G 技术进一步完善和开放行业用户网络参数的数字化接口，旨在满足行业用户自管理、自运维的需求。如图 4-6 所示，国网浙江电力与浙江三大运营商共同推进 5G 能力开放，打造了国内首个面向 5G 电力虚拟专网的无线通信综合管理服务平台，规范全省 5G 终端接入规范，打通与运营商物联网卡管理平台、5G 能力开放平台等的多个接口，实现对 5G 电力虚拟专网各类通信资源的可视、可管，为 5G 行业专网的自运维、自管理提供了可供落地参考的典型范本。

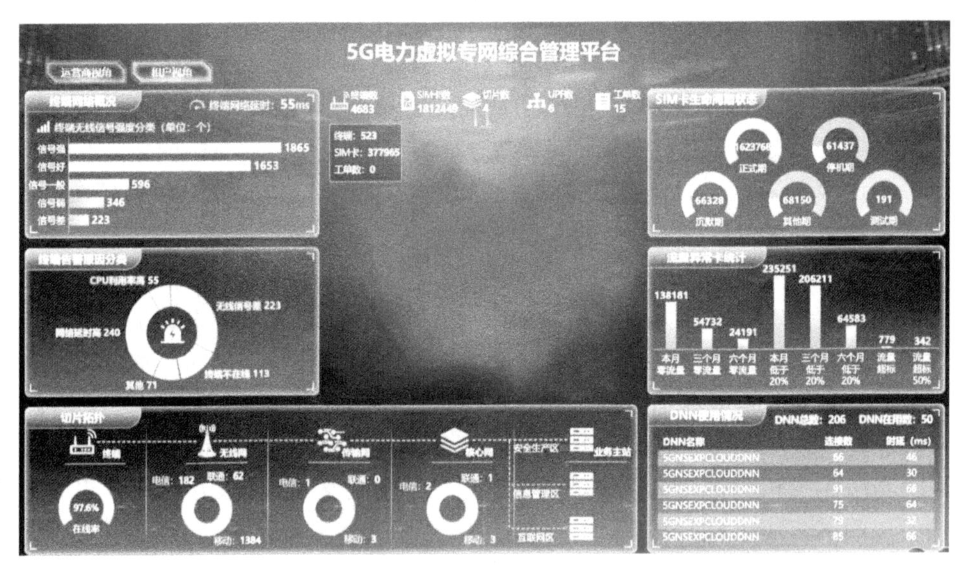

图 4-6　国网浙江电力无线通信综合管理平台

通过电力行业专网运维管理平台的建设，一是能够稳定支撑 5G 电力虚拟专网中各类通信资源的实时状态监控。在各类电力业务指令执行过程中，能够对 5G 终端网络状态、SIM 卡状态、5G 核心网状态进行实时监控和分析，保障电力业务的正常运行。二是能够有效支撑电力企业 SIM 卡在线申领和资费治理。三是能够实现对 5G 电力虚拟专网各网络切片台账信息的实时管理，实时掌握电力企业租赁的运营商 5G 公网的资源状态，督促运营商提供相应的网络质量保障。

4.5 5G 电力业务典型应用

随着光伏、风电等新能源并网，目前电网面临源荷缺乏互动、安全依赖冗余、平衡能力缩水、提效手段匮乏等四大问题，急需探索安全、高效的无线通信手段连接海量沉睡资源，解决通信“最后一公里”问题，赋能源、网、荷、储全环节电力业务接入。本节将阐述 5G 在负荷控制、配电自动化、智能巡检、分布式源储、信息采集类业务领域的应用。

4.5.1 5G+负荷控制业务

负荷控制业务旨在汇聚社会上各层级的海量可中断负荷资源，为电力企业提供负荷可观、可测和可调功能的基础支撑，推进电网从“源随荷动”转变为“源荷互动”，实现海量资源被唤醒、“源、网、荷、储”全交互、安全效率双提升的电网。电力公司依托供电能力拉限电序位表和事故限电序位表，在用户侧开展秒级可中断负荷接入功能建设，在电网供需出现较大缺额、需要立即降低负荷需求时，可中断负荷快速响应系统，并且可以根据电网需求，直接针对预先选定的可中断负荷签约用户下发负荷调节指令，实现秒级负荷调节，确保快速恢复电网供需平衡，保障电网稳定运行。

负荷控制业务需要快速恢复大电网供需平衡、确保电网频率在直流闭锁故障发生后约 650 ms 内恢复至正常值 50 Hz，因此主站至终端的切负荷指令通信通道传输时延不能超过 100 ms。整组动作时延越小，电网故障恢复就越快，所以通信的时延越小越好。对通信的需求中，重点强调时延、可用性、安全性、可靠性。具体通信技术要求如下：带宽为 50 kbit/s ~ 2 Mbit/s；控制主（子）站到终端时延小于 100 ms；通信可靠性大于 99.99%；网络切片为端到端硬切片，独享切片资源；强安全需求，要求资源独享，物理隔离；授时精度低于 10 μs。

通信采用主从方式，永久在线，连续高频通信。

如图 4-7 所示，在 5G 通信方案中，负荷控制属于电网生产控制类业务场景，应采用硬切片技术方案。核心网侧采用下沉式部署的电力专用用户面 UPF 网元，并通过分配特定的 DNN，在专用 UPF 网元内划分独立的逻辑租户，实现与其他配电网生产控制类业务的逻辑隔离；承载网侧采用 FlexE 技术进行硬隔离，并通过分配专属 VPN 实现与其他配电网生产控制类业务的逻辑隔离；无线接入网侧采用 RB 资源预留实现硬隔离，并通过特定级别的 5QI 优先级调度，实现与其他配电网生产控制类业务的逻辑隔离。

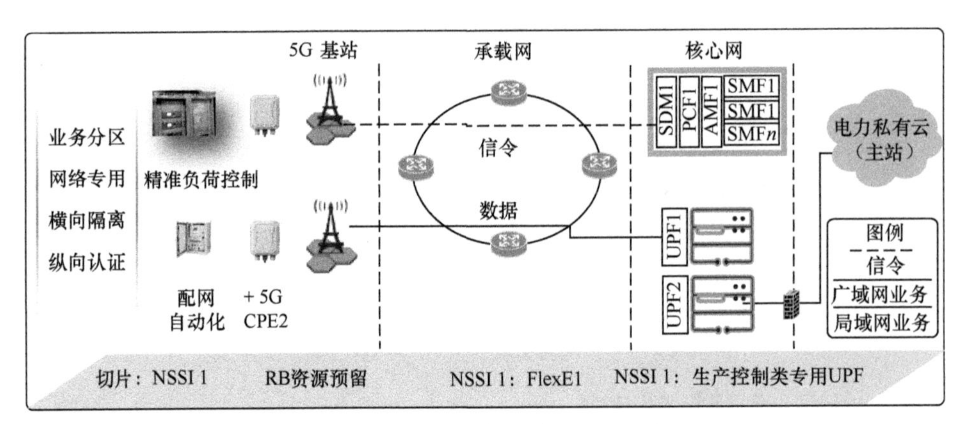

注：NSSI 即 Network Slice Subnet Instance，网络切片子网实例；SDM 即 Space Division Mutiplexing，空分复用；AMF 即 Access and Mobility Management Function，接入和移动性管理功能。

图 4-7　5G+负荷控制业务组网

4.5.2　5G+配电自动化业务

配电自动化主要实现对配电网的保护控制，通过继电保护自动装置检测配电网线路或设备状态信息，快速实现配网线路区段或配网设备的故障判断及准确定位，快速隔离配网线路故障区段或故障设备，随后恢复正常区域供电。配电自动化终端集成“三遥”（即遥测、遥信、遥控）、配网差动保护等功能。配电自动化系统主站与配电自动化终端通过通信网络进行数据传输，数据传输采用有线通信方式时，在变电站汇聚，再由变电站骨干通信传输网上传至地市配电自动化系统主站；采用无线通信方式时，数据直接在地市公司汇聚，再传输至配电自动化系统主站。

对通信的需求中，重点强调时延、可用性、安全性、可靠性。具体通信技术要求包括：差动保护要求带宽为 2 Mbit/s；配电网差动保护要求时延小于 10 ms，主备用通道时延抖动要求为±50 μs。同时，为达到精准控制，在信息交互时，相邻智能分布式配电自动化终端间必须携带高精度时间戳；授时精度要求低于 10 μs；可靠性要求大于 99.99%；配电自动化属于生产控制区业务，要求和管理信息区业务完全隔离；连接数量要求为每平方千米 X×1000 个；采用端到端硬切片，独享切片资源。

配电自动化主站系统部署在地市生产控制区安全 I 区。业务数据流使用 5G

硬切片通道，通过地市 UPF 数据转发至地市无线安全接入区，再进入地市安全 I 区。地市公司 5G 切片规划及配置方案由省公司整体统筹，硬切片原则上在无线接入网侧采用 RB 资源预留+5QI 优先级的方案，在承载网侧采用 FlexE 接口隔离+VPN 隔离的方案，在核心网侧采用地市电力专用 UPF 网元的技术方案。

RB 资源预留切片中，不同业务进入电力专用 UPF 后，应采用不同通信进行通道承载与传输，可采用专用传输通道或通信网 VPN 通道，不同业务之间不得互通。实施纵向通信安全防护时，使用基于非对称加密算法的认证加密技术对控制指令与参数设置指令进行安全防护，实现配网终端和主站之间的双向身份鉴别和数据加密，确保报文的机密性、完整性。

4.5.3 5G+智能巡检业务

智能巡检主要应用高清成像和图像识别处理技术，在特定区域或线路由智能巡检设备开展自主巡检和视频图像信息高速回传，实现“以机代人”的智慧巡检模式，提升大电网安全运行水平和巡检效率。特高压廊道无人机巡检作业，利用激光点云数据合理规划无人机航线，实现“一键操作”式无人机自主巡检，包括线路本体巡检、故障巡检和其他精细化巡检，巡检高清图像实时回传至监控指挥中心。地线机器人巡检系统由智能巡检机器人、太阳能充电基站、自动上下线装置和后台管理系统等组成。地线机器人搭载全高清可见光云台摄像机、红外云台热像仪、激光雷达扫描系统等传感器，沿地线自动行驶，在各种障碍物中穿梭，自动对巡检线路进行巡检和储存定位，自动识别机器人行走打滑并消除打滑，自动对剩余电量进行监控和管理。

5G+智能巡检业务对通信带宽和时延均有较高的要求，具体需求包括：带宽范围为 4 ~ 100 Mbit/s；时延要求小于 200 ms；可靠性要求大于 99.9%；部分智能巡检需远程控制，控制类信息时延要求小于 100 ms，可靠性要求大于 99.99%。

智能巡检业务归属互联网区（安全 V 区），参照 5G 总体技术方案，采用软切片方式，在无线接入网侧采用 5QI 优先级方案，在承载网侧采用 VPN 隔离+QoS 调度方案，在核心网侧采用运营商行业数据转发网元的技术方案，共享三大运营商行业 UPF 网元，不单独设置独立的专用 UPF，业务数据由三大运营商“省集中”后，直接通过运营商专线送至省公司互联网部安全接入平台外侧。

应为智能巡检的不同业务分配不同的 IP 地址段，并设置合理的防火墙策略；不同业务进入 UPF 后，应采用不同通信进行通道承载与传输，可采用专用传输通道或通信网 VPN 通道，不同业务之间不互通。使用基于非对称加密算法的认证加密技术对远程控制指令进行安全防护，实现巡检终端和主站之间的双向身份鉴别和数据加密，确保报文的机密性、完整性，如图 4-8 所示。

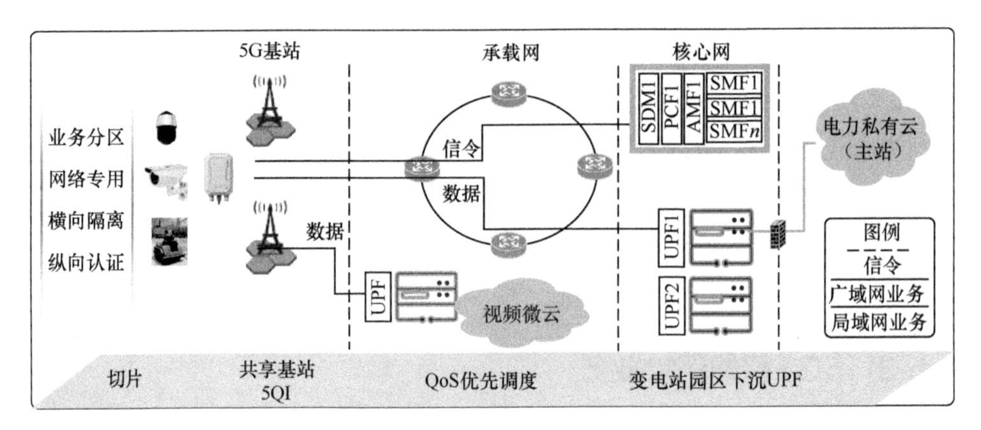

图 4-8　5G+智能巡检业务组网

4.5.4　5G+分布式源储

近年来，以光伏、风电、水电为代表的新能源产业正积极发展。浙江省内的风电、水电资源较为丰富，大量分布式光伏站、水电、风电站在近年并网发电。由于各类分布式清洁能源电站分布较为分散，少部分甚至位于偏远山区，各类源储信息采集较为困难。为快速完成分布式小水电、分布式光伏、分布式储能等多种绿色能源的快速接入及应用，实现分布式能源出力直采，做到实时出力可观测，需使用一种便捷、可靠的通信方式来传输业务数据。

分布式源储业务场景分为光伏、水电、风电三类，对通信网安全性、可靠性要求较为突出。具体需求包括：带宽综合在 2 Mbit/s 以上；时延小于 1 s；可靠性大于 99.9%；连接数量为每平方千米 X×1000 个；需要进行控制的分布式源储场景归属生产控制区业务，采用端到端硬切片，独享切片资源；对仅涉及状态采集的分布式源储场景，属于安全Ⅲ、Ⅳ区业务，采用软切片，共享切片资源。

分布式源储业务应用属于管理信息类业务的软切片应用时，考虑到业务流向和业务系统的省级集中部署现状，采用共享三大运营商行业 UPF 网元的方式，不单独设置独立的专用 UPF，业务数据由三大运营商“省集中”后，直接通过运营商专线送至省公司互联网部安全接入平台外侧。在分布式源储业务软切片方案中，无线接入网侧采用不同的 5QI 优先级调度实现逻辑隔离，承载网侧采用 VPN 实现逻辑隔离，核心网侧采用共享运营商行业专用 UPF，与其他 to B 业务进行逻辑隔离。

分布式源储业务应用属于生产控制类业务的硬切片应用时，采用独立 UPF 方式，可根据业务应用系统部署情况就近选择地市或省侧安全接入区及专用 UPF，在无线接入网侧采用 RB 资源预留+5QI 优先级的方案，在承载网侧采用 FlexE 接口隔离+VPN 隔离的方案，在核心网侧采用地市电力专用 UPF 网元的技术方案。

4.5.5　5G+信息采集类业务

当前主要通过低压集抄方式进行计量采集。目前多以配变台区为基本单元进行集中抄表，集中器通过运营商无线公网回传至电力计量主站系统，一般以天、小时为频次，采集上报用户基本用电数据，数据以上行为主，单集中器带宽为 10 kbit/s 级，月流量为 3 ~ 5 MB。随着智能电网的发展，近期主要呈现出采集频次提升、采集内容丰富、双向互动三大趋势，计量间隔将从现在的小时级提升到分钟级，达到准实时的数据信息反馈，采集范围逐步扩大至分布式电源、电动汽车、储能装置等用户侧设备，通过智能交互终端，辅助用户实现对家用电器的控制。同时给用户提供实时电价和用电信息，并通过 APP（Application，应用软件）的方式，实现对用户室内用电装置的负荷控制，达到需求侧管理的目的。

在通信性能需求上，对于带宽，近期带宽要求低于 100 kbit/s，远期带宽综合在 2 Mbit/s 以上；时延小于 3 s；可靠性大于 99.9%；连接数量为每平方千米 X×10000 个。

信息采集类业务近期主要采集用户侧功率、电能质量等计量信息，对通信网络时延、带宽要求不高，安全性、可靠性要求也比控制类业务低，目前 4G 无线公网也能满足通信要求。远期随着采集范围和频次的提升及智能控制功能的增加，对带宽、时延、可靠性的要求会越来越高，可采用基于 5G 切片网络的通信承载方式，根据业务所属安全区，使用对应的切片方案。使用基于非对称加密算法的认证加密技术对远程控制指令进行安全防护，实现采集终端和主站之间的双向身份鉴别和数据加密，确保报文的机密性、完整性保护。

第 5 章
电力光网络

光纤专用网作为电力骨干网络的主要组成部分，一直是电力企业实现业务承载和数据传输最重要的通信手段。随着新型电力系统的建设，源、网、荷、储各环节都对通信性能提出了更高的要求。2020 年 4 月，国家发展改革委首次明确新基建范围，提出将从四方面促进新基建建设，要“加快推动 5G 网络部署，促进光纤宽带网络的优化升级”，其中既涉及 5G，又涉及 F5G，它们共同构成了智能时代通信网络的基础设施。将 F5G 技术融入电力有线光纤通信网络，从而为新型电力系统全业务提供更大带宽、更高可靠、更易运维的骨干承载网，是电力有线通信网络未来的演进方向。

5.1　电力有线通信网概述

第 4 章介绍了无线通信及 5G 技术在电力领域的应用，实际上，电力通信网的主体还是由有线通信技术组成的。电力通信通常指利用电缆、光、无线电或其他电磁系统，对电力系统运行、经营和管理等活动中需要的各种性质的信息进行传输与交换，满足电力系统要求的专用通信。按通信区域范围，它可分为系统通信和厂站通信两大类。系统通信也称站间通信，主要为发电厂、变电站、调度所、电力公司办公场所等单位间提供通信连接，满足生产和管理等方面的通信要求。厂站通信又称站内通信，其范围为发电厂或变电站内，与系统通信之间有互联接口，主要任务是满足厂站内部生产活动的各种通信要求，对这类通信的抗干扰能力、覆盖能力、系统可靠性等有一些特殊的要求。

5.1.1　电力有线通信网的发展历程

在我国，电力通信已有 60 多年的历史。早期的电力系统规模不大，采用电力线载波、架空明线或电缆等通信方式，即可满足调度指挥和事故处理的需要。随着电力负荷的不断增长，小而分散的电力系统逐步连接成较大的电力系统，单靠电话指挥运行已不能满足安全供电的要求。20 世纪 60 年代，电力系统远动技术有了新的发展并开始大规模应用，对通信的通道容量、传输质量和可靠性提出了更高的要求，因此开始采用微波、特高频、同轴电缆多路载波等多种通信方式，连同原有的电力线载波和其他有线通信，组成了适应电力系统范围和要求的专用通信网，网络规模和通道容量均有了很大发展。

20 世纪 70 年代中期，电力线载波质量、可靠性及提供的调度电话数量超过了架空明线，到 1978 年年中，电力线载波通信已经成为省级电网调度电话通信的主要方式。

20 世纪 80 年代，我国电力系统规模不断扩大，调度管理更加复杂，迫切要求实现以电子计算机为基础的调度自动化，对通信提出了新的要求，全国电力系统掀起了数字微波建设的高潮。与此同时，通信技术的发展突飞猛进，光纤通信、卫星通信、程控交换等现代通信技术相继引入并得到广泛应用。

从世界范围看，各国电力系统通信的发展过程基本相似，传输技术的发展大致都经历了电力线载波、微波、光纤等几个阶段。以国网浙江电力为例，电力线载波通信的研究和应用始于 20 世纪 60 年代，80 年代进入微波通信时代，到 2000 年进入光传输时代，通信方式也从点对点专线发展为交换式网络。

进入 21 世纪，电力通信得到史无前例的大发展，主要呈现两大特征：一是电力专用通信技术装备水平和服务质量大幅度提高，为电力系统安全、稳定、经济运行提供了更加可靠的保障；二是随着传输技术的快速发展，现代电力通信网向着低时延、高速率及数字化、智能化方向发展。在此基础上，充分利用电力资源优势和电力通信富余能力，参与社会电信市场竞争，这已经成为国际上电力公司通信网络发展的普遍趋势。

5.1.2 电力光纤通信技术

我国电力通信发展迅猛，尤其是在光纤通信方面实现了高速发展。以国网浙江电力为例，1987 年，全国首条电力光纤通信电路在浙江省电力工业局至 500 kV 瓶窑变电站之间建成投运；1997 年，宁波电业局大楼至中山变电站架设 OPGW 光缆，填补了 OPGW 光缆建设的空白。经过数十年的发展，截至 2022 年，浙江省电力骨干光通信网线路已达到 81 256.9 km，其中 OPGW 光缆长 31 994.1 km，占光缆总长 39.37%。坚强的电力网架为夯实通信网发展奠定了基础。

OPGW 是一种用于高压输电系统通信线路的新型结构的地线，如图 5-1 所示。OPGW 由一个或多个光单元和一层或多层绞合单线组成，一般应采用松套不锈钢管层绞式结构。当工程要求的 OPGW 外径较小，采用松套不锈钢管层绞式结构难以满足要求时，可考虑采用松套不锈钢管中心管式结构。

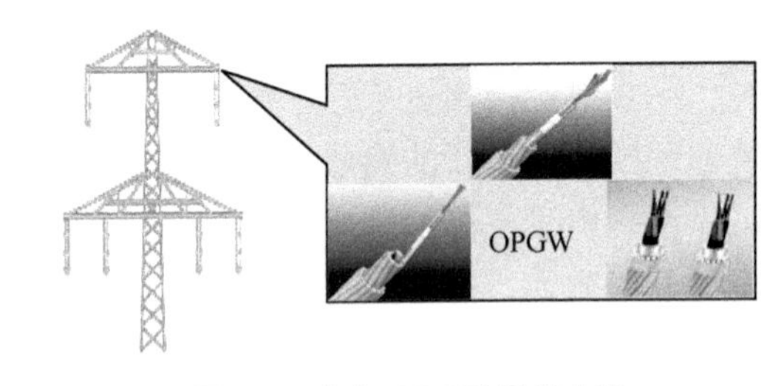

图 5-1　电力 OPGW 承载方案

OPGW 兼具传统架空地线与通信光缆的双重功能，能够避免重复施工，通常在杆塔顶部架设，可靠性高，适应各种气象条件，具有避免相导线遭受雷击的功能。大带宽、高可靠、与电力线缆同步建设的 OPGW 光缆光纤通信方式已成为电网建设主流。光纤是承载新型电力系统骨干通信业务的最佳选择，新型电力系统的发展势必进一步带动光纤的全面部署。

在输电线路上架设光缆主要有两种方式：架空地线内含光纤，即架设架空地线复合光缆；利用输电杆塔直接加挂 ADSS （All-Dielectric Self-Supporting，全介质自承式）光缆。

ADSS 的优点包括重量轻、外径小、安装跨距长、抗雷击、可完全避免雷击和两端电位差而引起的故障、不受电磁干扰、易于敷设施工等，在低电压等级或老线路改造中被广泛应用，它能满足电力输电电路跨度大、垂度大的要求。

电力 OPGW 及 ADSS 多用于 110 kV 以上电压等级线路，经历发、输、变、配、用五个阶段，经历长距离传输，配合通用的传输体系，例如 WDM（Wavelength Division Multiplexing，波分复用）、OTN、SDH，以及 MSTP（Multi-Service Transport Platform，多业务传送平台）和路由器等设备，形成输变电通信解决方案。电力 OPGW 承载方案如图 5-2 所示。

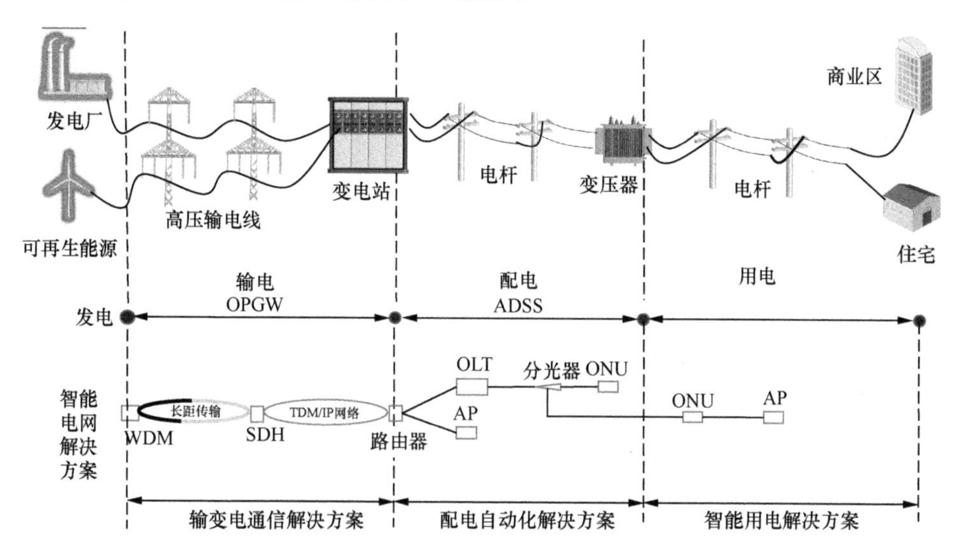

注：TDM 即 Time-Division Multiplexing，时分复用；AP 即 Access Point，接入点；OLT 即 Optical Line Terminal，光线路终端；ONU 即 Optical Network Unit，光网络单元。

图 5-2 电力 OPGW 承载方案

5.1.3 电力通信传输技术

1. SDH 技术及其在电网的应用

SDH 是一种将复接、线路传输及交换功能融为一体，并由统一网络管理系统操作的综合信息传输网。SDH 网络由 SDH 网元设备通过光缆互联而成，网络节点和传输线路的几何排列构成了网络拓扑结构，基本结构有链形、星形、

环形、网孔形。SDH 规定了比特率的分级、信号的标准格式、复用方式及网络节点接口参数等，它可实现网络有效管理、实时业务监控、动态网络维护，大大提高网络资源利用率，实现高效可靠的网络运行维护。

基于上述 SDH 的性能特点，SDH 技术体制在电力系统中得到了广泛应用。电力系统骨干传输网采用 SDH 技术体制，主要用于电网生产实时控制类业务的可靠传送。目前，220 kV 及以上变电站内承载生产控制类业务的 SDH 传输系统采用双设备、双路由、双电源的方式。在传输网结构规划上，SDH 平面按照核心层、汇聚层和接入层两层进行规划，向提高成环率、缩小网格方向发展。核心层和汇聚层形成网状结构，进一步提升网络可靠性及带宽容量；接入层节点应根据业务可靠性的要求提升成环率或双归率。在带宽要求方面，对于光传输平台，SDH 的带宽容量主要包括 155 Mbit/s、622 Mbit/s、2.5 Gbit/s、10 Gbit/s。核心层、汇聚层的带宽容量为 10 Gbit/s，接入层的带宽容量为 2.5 Gbit/s。但受技术体制限制，现有的电力光纤传输网 SDH 系统的传输容量最高可扩充至 10 Gbit/s，带宽瓶颈问题非常突出，其容量已经远远不能满足业务迅猛增长的需求。

2. OTN 技术及其在电网的应用

传输网发展至多波长光网络阶段，结合光域和电域的处理优势，可承载巨大的传送容量，同时做到端至端保护完全透明，可为电力数据业务提供较高的网络保护。作为下一代传输网发展方向之一的 OTN 技术，将 SDH 的可运营和可管理能力应用到 WDM 系统中，同时具备了 SDH 和 WDM 的优势，更大程度地满足了多业务、大容量、高可靠、高质量的传送需求，具有更优的调度能力、组网能力和保护能力。

目前在 OTN 技术的应用方面，以国网浙江电力为例，建成了采用 40 波×10 Gbit/s 的系统，网络传输平面以环状+链状网络结构运行，OTN 传输平面主要用于满足电网生产 IP 化数据业务及管理业务大带宽传送需求。OTN 主要带宽包括 8×10 Gbit/s、16×10 Gbit/s、40×10 Gbit/s、40×100 Gbit/s、80×100 Gbit/s。

3. EPON 技术及其在电网的应用

以太网 EPON（Ethernet Passive Optical Network，无源光网络）是一个组建在无源光网络基础上的完善的宽带连接技术，把以太网与快速传送技术联系在一起，完成业务、信息的整体连接，增强接入侧的网络管理能力。依照电力体系对网络架构、安全级别、可维护性以及接口种类的独特需求，EPON 运用点至多点的拓扑架构，通常下行运用广播形式、上行运用时分多址形式进行双向的信息传送。EPON 基准为 IEEE 802.3ah。EPON 是由 OLT、ODU（Optical

Distribution Network，光分配网络）及 ONU 构成的树形拓扑结构，运用上行 1310 nm 与下行 1490 nm 波长传输信息。OLT 处在核心的位置，配置、管控信道之间的连接，同时有实施监控、管控和维护的作用。

EPON 作为有线通信手段，是电力系统终端通信接入网的重要通信方式，与无线虚拟专网通信互补，主要用于 10 kV 以下具备有线光缆敷设条件的场景，或用于实现具有较高业务通信需求的配用电业务终端与电力系统间的信息交互。

5.1.4 电力有线通信网的发展趋势

随着能源互联网的网络建设和快速发展，网络承载的业务种类和数量不断增加，对传输网络的综合承载能力、服务质量也提出了越来越高的要求，具体如下。

一是增加光纤通信无中继距离，以提升通信可靠性。特高压变电站间站址长，尤其是特高压直流输电，变电站间跨度长达数千千米。特高压输电线沿山川、河流部署，穿过人烟稀少的区域，建设通信机房困难，尤其是通信低压供电与运维难度大。当前光纤速率为 2.5 Gbit/s 的光通信距离可达 400 ~ 500 km，随着通信的发展，光纤速率逐步提高，10 Gbit/s 乃至 100 Gbit/s 光通信逐步取代 2.5 Gbit/s，成为主流。根据通信原理，调制速率越高，信噪比越低，传输距离越短。因此，需要在光层技术上进一步发展新的技术，持续增加单跨无中继光传输距离。

二是通过数据云化驱动骨干通信网带宽增长。随着数据集中化趋势的加剧，大数据、人工智能等技术的逐步成熟，数据中心不仅仅作为灾备设施；数据中心云化之后，可以提供各种云服务，支撑智能电网信息服务。网络架构从简单的通信连接向云服务架构转变。对于干线通信网，需要更大的带宽、更低的时延、灵活的调度以及云网协同等。

三是进一步提升业务 IP 化和并发接入能力。随着电力企业的数字化转型，骨干通信网所承载的业务基本以 IP 为主，通信需求急剧增长。目前，骨干网的主流组网方式 SDH/MSTP、光传送网络的 OTN、OTN+SDH 或 OTN+IP，均未能很好地解决时分复用高实时性业务与不同大小颗粒分组业务高效共同承载的问题。

四是通过 SDH 设备退网及 5G 移动通信等驱动光传输技术的变革。现如今 SDH 产业已不能满足电力行业对带宽的需求。随着 5G 移动通信的发展，为了支撑 5G 的前传、回传等网络，其承载网部分也依赖于光传输技术的进一步发展。随着配网自动化的深入覆盖，光伏、风电等可再生新能源并入电网，新能

源电动车触发充电桩等新兴用电服务兴起，连接通信网的通信终端数量呈爆炸式增长，终端与通道连接数达到百万级，驱动光纤通信逐步从骨干网向终端、传感末梢延伸。作为电力光网络下一代通信技术，F5G 具备低于 10 μs 级的时延、2 Mbit/s 的业务接入速率以及物理隔离、带宽可灵活调整等优点，作为 SDH 的未来演进技术，值得进一步探索。

5.2 电力光网络下一代通信技术

随着数字电网建设在发、输、变、配、用各环节的深入开展，现有电力光网络已不能满足全业务通信需求，迫切需要一种具备“大带宽、全业务、高可靠、易运维”能力的通信网络。基于对 F5G 技术的探索和应用，建设面向未来的新型电力光网络已迫在眉睫：在光接入层面，发展 Wi-Fi 6，GPON（Gigabit Passive Optical Network，吉比特无源光网络）和 10GPON 的大带宽接入；在光传输层面，发展基于硬管道物理隔离的 Liquid OTN 技术，推进 MS-OTN（Multi-Service Optical Transport Network，多业务光传送网络）发展。

5.2.1 F5G 技术概述

F5G 是 ETSI（European Telecommunications Standards Institute，欧洲电信标准学会）主导定义的固定网络代际划分标准，它参考了移动通信的代际划分理念，将固定网络划分成五代，从 F1G 到 F5G。

F1G 以 POTS（Plain Old Telephone Service，普通传统电话业务）和 PDH（Plesiochronous Digital Hierarchy，准同步数字系列）为代表，接入速率低于 2 Mbit/s，主要用于普通窄带电话业务，对数据业务仅能提供 128 kbit/s 的 ISDN（Integrated Services Digital Network，综合业务数字网）接入。

F2G 以 ADSL（Asymmetric Digital Subscriber Line，非对称数字用户线）和 SDH 为代表，接入速率为 10 Mbit/s，在用于电话接入的同时，开始有宽带数据业务的接入。

F3G 以 VDSL（Very high-bit-rate Digital Subscriber line，甚高比特率数字用户线）和 MSTP 为代表，在 SDH 的基础上增加了数据传输功能，并将接入速率提高到 30 Mbit/s。

F4G 以 PON 和 OTN 为代表，从铜线接入演进到光纤接入，接入速率提高到

100 Mbit/s，传输层采用 OTN 提升带宽能力，将 SDH 的电层调度、支线路分离技术和 DWDM（Dense Wavelength Division Multiplexing，密集型光波复用）的光层技术相融合，既支持形成可扩展的多波长传输能力，又能通过设备进行电层调度。

F5G 是在前四代固定网络技术的基础上，为适应业务 IP 化、分组化的发展需求，以及适配 5G 等宽带无线通信技术的发展方向而发展出的固定网络制式。它包括新一代 OTN、10GPON、Wi-Fi 6 等新技术，实现有线和无线的全连接。在电力行业中，F5G 技术主要包含 F5G 干线通信技术和 F5G 生产业务承载技术。F5G 干线通信技术基于更大带宽、灵活调度的干线技术，包括 120 波 100 Gbit/s 大带宽技术、高集成度智能波长调度的 OXC（Optical Cross-Connect，光交叉连接）调度技术。F5G 生产业务承载技术是基于新一代硬管道物理隔离的全业务承载技术，包括 Liquid OTN 承载技术和 MS-OTN 融合技术。

当前的电力传输网络以 SDH 和传统 OTN 技术为主，SDH 主要满足电网生产实时控制类业务的可靠传输，OTN 主要满足电网生产 IP 化数据业务及管理业务大带宽传送需求，电力配网采用的主流技术为 EPON 技术，因此总体仍旧处于 F4G 阶段。

5.2.2 电力 F5G 干线通信技术

1. 光接口技术的发展

在光接口速率方面，从 PDH 的 2 Mbit/s、34 Mbit/s、144 Mbit/s 发展到 SDH 的 155 Mbit/s、622 Mbit/s、2.5 Gbit/s、10 Gbit/s，以及 OTN 的 2.5 Gbit/s、10 Gbit/s。在传统的光直调技术方面，10 Gbit/s 速率已经达到速率瓶颈，超过 10 Gbit/s 时，光的非线性将影响光的长距离传送。

在超 10 Gbit/s 的光接口速率发展中，短暂出现过 40 Gbit/s 的光接口速率。由于当时的芯片集成能力不够，ODSP（Optical Digital Signal Processing，光数字信号处理）技术不够成熟；偏振复用+相干检测技术不成熟，采用硬判决技术取代光直调成本高、性能低，相对于 10 Gbit/s 直调技术没有建立优势。直到 2012 年，大规模集成电路芯片技术、算法技术得到全面的发展，ODSP 技术才得以发展成熟。随着 PDM-QPSK（Polarization Division Multiplexing-Quadrature Phase Shift Keying，偏振复用-正交相移键控）相干光系统的快速发展，单波光接口速率从 10 Gbit/s 直接跳过 40 Gbit/s，达到 100 Gbit/s。

2013 年，相干 100G 波分系统建设骨干网络开始应用，当前相干 200G 波分系统在通信行业具有大量应用，400G、800G 波分系统已经逐步开始试点使

用。当前电力系统对大带宽 IP 业务类的需求越来越多，从 10G 波分系统衍生到 100G 波分系统，可以满足技术的成熟度以及电力对大带宽的需求。

2. 光频宽技术的发展

目前电力行业的 OTN 波分系统，主流采用 4 THz 的频宽，采用 100 GHz 的波道间隔，只能使用 40 波。当前最新的波分技术，在 C 波段，频宽可以扩展到 6 THz，同时采用 50 GHz 的波道间隔，可以做到 120 波，频谱带宽利用效率是原来波分系统的 3 倍。同时，最新的柔性网格（Flexgrid）技术可匹配光接口带宽，灵活划分波道间隔，实现频宽使用效率的最大化。电力 F5G 承载的波分系统采用 48 nm 的频宽、50 GHz 间隔、120 波 100G 波分系统，相对于传统的 40 波 10G 波分系统，单纤带宽容量提升 30 倍，以适配未来 10 年的带宽增长需求。

3. 光交换技术的发展

针对光通信组网形态发展而言，波分干线通信光交换技术发展经历了 5 个阶段，其对应的系统依次为 OTM（Optical Terminal Multiplexer，光终端复用器）/光分插复用器（Optical Add-Drop Multiplexer，OADM）、ROADM（Reconfigurable Optical Add-Drop Multiplexer，可重构光分插复用器）、CD-ROADM（Colorless Directionless Reconfigurable Optical Add-Drop Multiplexer，波长方向无关可重构光分插复用器）、CDC-ROADM（Colorless Directionless Contentionless Reconfigurable Optical Add-Drop Multiplexer，波长方向波长冲突无关不可重构光分插复用器），最终发展成为全 OXC。干线通信光交换技术的发展如图 5-3 所示，具体如下。

OTM/OADM：DWDM 系统中，OTM 只做点到点的波长复用，无波长调度能力，光层在 DWDM 系统中仅提供两点间的长距拉远及增加单纤容量的功能，适用于长途干线一跳直达的网络架构。从 OTM 发展而来的 OADM 系统，可实现部分波长穿通及部分波长上下的能力，但由于结构简单，存在很大的局限性：穿通的波长必须解复用后跳纤，导致连纤数量增加；存在上下波道频率与端口强绑定、上下波道与光方向强绑定、波长冲突等问题，导致波长调度灵活性极差。因此，OADM 仅仅适用于两个光方向的波长调度，超过两个光方向时，就会出现连纤复杂且无法灵活调度的情况，很难在实际组网中推广商用。

ROADM：ROADM 是在 OADM 的基础上，通过配置 1:4/1:9/1:20 的 WSS（Wavelength Selective Switching，波长选择开关），实现 4 个光方向、9 个光方向、20 个光方向的波长调度，穿通波长也不需要进行解复用后跳纤，大大减少了连纤数量。ROADM 虽然具备了多个光方向的调度能力，但没有解决波长无关和方向无关的问题，调度灵活性还有待提升。

CD-ROADM：为了解决 ROADM 的波长调度灵活性问题，在 ROADM 的基础上增加支路侧 WSS，实现了波长无关、方向无关的 CD-ROADM 技术，但未解决波长冲突的问题。

CDC-ROADM：在支路 OADM 单板上，进一步提升集成度，在 CD-ROADM 的基础上解决了波长冲突的问题。

全 OXC：OXC 系统的核心组件是光交叉连接矩阵模块，该模块实现了光交叉在任意端口两两互联，真正实现了光交叉灵活调度。OXC 设备由光线路板、光背板及光支路板组成，光背板是 OXC 和 ROADM 的重要区别，它相当于把很多根光纤印刷在一张纸（光背板）上，实现了光路连接。

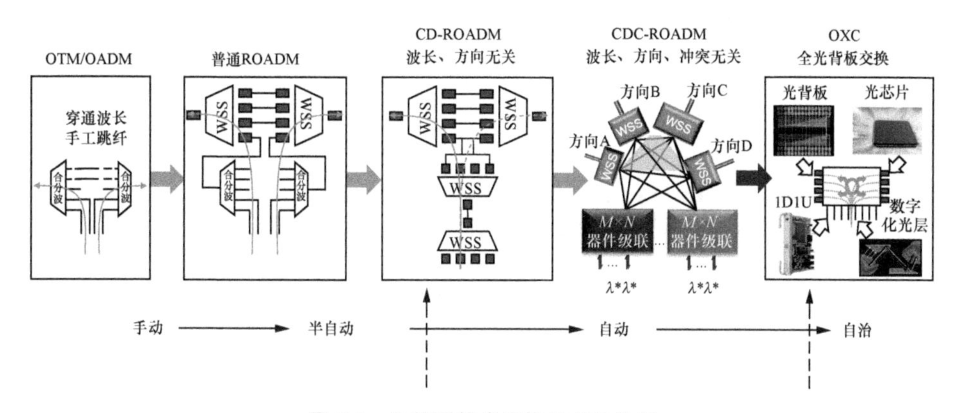

图 5-3 干线通信光交换技术的发展

4. F5G 干线通信技术 OXC

当前电力企业的通信干线建网较早，随着云化网络的到来，以 10 Gbit/s 为主的干线波分带宽已经无法满足电力业务的发展。以 100 Gbit/s 带宽为主的波分干线，如果仍然以 OTM 光层组网，需要大幅度增加电层调度容量和 100 GE 光模块应用，在性价比、组网灵活性、时延性能等方面均无法满足云化网络的业务应用。因此，电力企业引入 F5G 干线通信技术，采用 120 波 100G OXC DWDM 网络架构，能更好地适配未来 10 年的带宽增长需求。

基于 OXC 的电力通信干线网络具备以下优势。

简化光层网络：依托全光背板和光交叉连接矩阵，OXC 设备可支持“0”连纤、32 维调度，站点连纤减少 90%；光层集成度是传统 ROADM 方案的 8 倍，一块光线路板即可承载一个光方向，大大节省了设备安装空间。

可靠性高：全光背板将光纤“印刷”到单板上，解决复杂连纤问题的同时，

降低了手工连纤出错的概率，减少了插损；应用创新的多级防尘技术和光接口对准技术大大提高了插拔的可靠性，增加了插拔次数。

丰富的网络级保护：OXC 子架支持东西向分离部署；实现链路、波长和子波长的 1+1 网络保护，光层 ASON（Automatic Switched Optical Network，自动交换光网络）重路由保护，提高了业务可靠性。

全光交换 OXC 设备的主要技术特点如下。

全光背板：采用全光互联、免连接光纤、低插损方式；应用创新的多级防尘技术与光接口对准技术，实现连接高可靠。

高纬度 WSS：实现 32 维无阻塞任意调度；免光放，高可靠，上下波效率较传统单板提升 300%。

数字化光层：利用 OFDM（Orthogonal Frequency Division Multiplexing，正交频分复用）技术调顶，高精度波长监控，实现 OXC 系统的光纤质量、波长资源和性能可视化，实现数字化运维。

OXC 采用以下四级可靠性防护设计，实现设备的高可靠。

器件集可靠性：LCOS（Liquid Crystal on Silicon，硅基液晶）产业链成熟，单个像素失效对波长交换无影响。

光背板可靠性：纳米聚合材料结合自动光路印刷技术，光背板低插损、高可靠，可保证 20 年稳定运行；应用创新的防尘技术和光接口对准技术，插拔次数远超业界水平。

子架级可靠性：子架电源、主控、风扇均备份配置；监控单元实时监控运行状态，隐患提前预警，对故障实现分钟级定位。

网络级可靠性：小型化 OXC 子架支持东西向分离部署；链路、波长和子波长的 1+1 网络保护、光层 ASON 重路由保护，可提升业务可靠性。

5.2.3 电力 F5G 生产业务光通信技术

1. 生产业务光通信技术的发展

电力生产业务光通信承载技术上经历了从 PDH、SDH、MSTP 向 MS-OTN 演进的过程，如图 5-4 所示。MS-OTN 演进过程中存在两代技术，第一代 MS-OTN 集成了 SDH、PTN（Packet Transport Network，分组传送网）、OTN；第二代 MS-OTN 集成了全新的 Liquid OTN 技术。Liquid OTN 在 OTN 架构的基础上，增加了 2 Mbit/s ~ 1.25 Gbit/s 的硬管道，它作为 SDH 技术的演进技术，可承载高品质、窄带宽的生产业务。

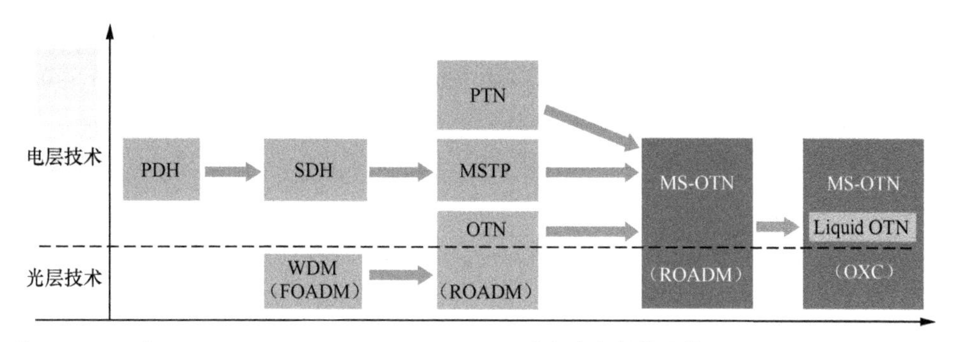

注：FOADM 即 Fixed Optical Add-Drop Multiplexer，固定光分插复用器。

图 5-4 生产业务——光通信技术演进过程

（1）第一代 MS-OTN 系统架构

MS-OTN 不是一种承载技术，而是一种综合承载的设备架构，是对当前主流业务承载技术的集成。当前的承载技术 OTN、PTN、SDH 各有优劣，适用于不同的业务承载。过去，不同的业务需要不同的设备独立承载，而随着电子工业的高速发展，芯片集成度越来越高，将 OTN/PTN/SDH 技术与交换平面集成到一款设备上成为可能。利用 OTN 时隙复用物理隔离的技术特点，可将 SDH、PTN、OTN 承载的业务按时隙复用到一个物理端口，可灵活分配带宽，构成智能化的线路板卡。

MS-OTN 系统架构由全业务支路板卡，OTN、PTN、SDH 三种承载技术交换平面及智能线卡组成，如图 5-5 所示，可实现的功能介绍如下。

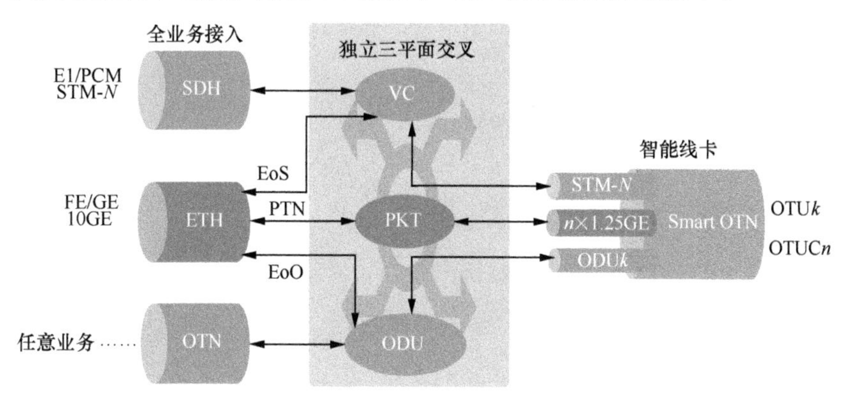

注：EoO 即 Ethernet over OTN，基于光传送网络的以太网；EoS 即 Ethernet over SDH，基于 SDH 的以太网。

图 5-5 MS-OTN 系统架构

全业务接入。即集成了传统 SDH 设备、PTN 设备、OTN 设备承载的软硬管道业务。其中，SDH 设备承载 1 Gbit/s 以下（含）的硬管道业务，包括 PCM

业务、PDH、SDH、ETH；OTN 承载 1 Gbit/s 以上的硬管道全部类型业务，包括 ETH[如 GE(Gigabit Ethernet，千兆以太网)、10GE 等]、SDH(如 STM-*N*)、视频（如数字视频广播异步串行接口、串行数字接口等）、存储等业务接口；PTN 承载弹性管道统计复用的业务，包括 ETH，如 FE（Fast Ethernet，快速以太网）、GE、10GE 等业务接口。

独立三平面交叉。MS-OTN 仅对传统 SDH、PTN、OTN 三种技术及其对应的 VC(Virtual Circuit，虚拟电路)、PKT(Packet，分组)、ODU*k*(Optical channel Data Unit of level *k*，*k* 阶光信道数据单元）三个交换平面进行物理集成，模块和总线设计均保持与原技术的物理隔离。

智能线卡。智能线卡实现三个交换平面的业务在一条大的 ODU*k* 管道上统一承载，实现一对光纤、一张网络承载三个平面的全业务。如图 5-6 所示，SDH 业务经过 VC 平面交换后，进入智能线卡的 SDH 模块独立处理后，封装到 STM-*N* 的端口；STM-*N* 映射到低阶 ODU*k* 后，统一封装到高阶 ODU*k*，通过端口 OTU*k*（Optical channel Transmission Unit of level k，*k* 阶光信道传输单元）输出。PTN 业务经过 PKT 包交换后，进入智能线卡的 PTN 模块处理后，封装到通道化的 ETH 接口；ETH 接口映射到低阶 ODUflex（flexible Optical channel Data Unit，灵活光通道数据单元）后，统一封装到高阶 ODU*k*，通过端口 OTU*k* 输出。同样，OTN 业务经过 ODU*k* 交换后，直接封装到高阶 ODU*k*，通过端口 OTU*k* 输出。通过低阶 ODU*k* 时隙复用及物理隔离特性，实现 SDH、PTN、OTN 管道的物理隔离；同时，通过选择映射低阶 ODU*k* 的带宽，实现 SDH、PTN、OTN 带宽的灵活调整。

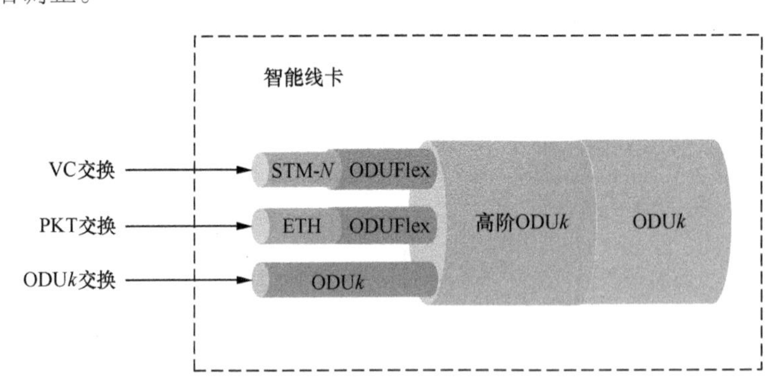

图 5-6　智能线卡系统架构

（2）第二代 MS-OTN 系统架构

第一代 MS-OTN 承载 1 Gbit/s 以下颗粒的硬管道业务时，集成了 SDH 技术。由于 2007 年以来，SDH 技术标准不再演进，商业芯片厂商也不再生产新的 SDH 芯片，芯片的业务总线的传输速率仅停留在 622 Mbit/s、2.5 Gbit/s 的水平，芯片工业停留在十几年前，随时可能因为更换产线导致无法供应芯片。持续使用 SDH 的技术，有两种技术路线：一种是采用融合的技术路线，在 OTN 芯片中集成 SDH；另一种是采用通用的逻辑编程芯片。但是电力企业始终存在大量 1 Gbit/s 以下颗粒的业务，具有低时延、硬管道隔离、高可靠、高安全的要求，因此需要一种新的硬管道隔离技术来承接。于是，Liquid OTN 应运而生，在当前主流的 OTN 技术架构基础上，业务颗粒延展到 1 Gbit/s 以下，实现窄带宽的硬管道承载。

第二代 MS-OTN 系统架构中，融入了 Liquid OTN 技术。如图 5-7 所示，Liquid OTN 的交换颗粒是 OSUflex（flexible Optical Service Unit，灵活光业务单元），支持 n×2.4 Mbit/s 带宽，可灵活承载 2 Mbit/s 到 100 Gbit/s 颗粒的业务。Liquid OTN 的 OSU 与 OTN 的 ODU 是同一个调度平面中不同的调度颗粒（类似 SDH 的调度颗粒分为高阶颗粒 VC4 和低阶颗粒 VC12、VC3），Liquid OTN 能够完全兼容 OTN 的能力。在电力通信网中，存在大量的 SDH 设备，为满足 Liquid OTN 新设备与存量 SDH 设备混合组网的场景需求，在第二代 MS-OTN 系统架构中，仍然保留了 SDH 调度平面，以支持传统 SDH 网络逐步向 Liquid OTN 平滑演进。

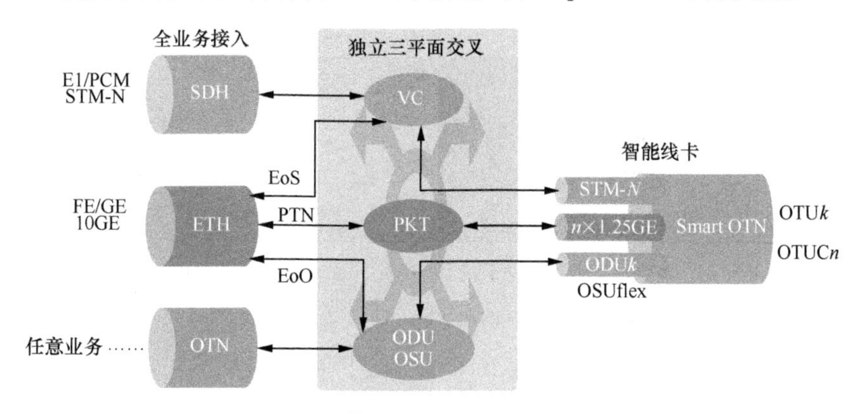

图 5-7　第二代 MS-OTN 系统架构

2. F5G 通信承载技术 Liquid OTN

OTN 的帧结构是固定帧长度，通过调整帧速率来匹配用户侧业务带宽，实现任意业务的透明传送。OTN 的帧结构如图 5-8 所示。OTN 的帧包括 4 行 4080 列，其中前 16 列为帧标识、OTUk/ODUk/OPUk（Optical channel Payload Unit of level k，k 阶光信道净荷单元）各级开销，后 256 列为 OTUk 前向纠错字节，净荷空间占 3808 列。

注 1：k 代表速率级别；纵向上，1 代表 2.5GE，2 代表 10GE，3 代表 40GE，4 代表 100GE。
注 2：FEC 即 Forward Error Correction，前向纠错。

图 5-8　OTN 的帧结构

OTN 的高低阶 ODU*k* 的封装映射如图 5-9 所示，低阶 ODU*k* 按照时隙间插后，封装到高阶 ODU*k* 的净荷区域。比如，低阶 ODU1 映射到高阶 ODU*k*，低阶 ODU1 的帧第 4 行第 2324 列 OTN 的帧，按照 4 帧时隙间插后，映射到高阶 ODU2 的第 4 行第 3808 列的净荷区域。OTN 的整映射和复用关系与 SDH 同步映射存在区别。在确定 OTN 的标准时，OTN 主要承载 SDH 业务，因此初期的 OTN 帧速率是根据 SDH 的 STM-*N* 的速率来调整的。OTU1、ODU2、ODU3 分别对应 STM-16、STM-64、STM-256，OTU1 为最小的承载单元，而低阶 ODU*k* 向高阶 ODU*k* 映射时，都需要携带 16 列的开销。

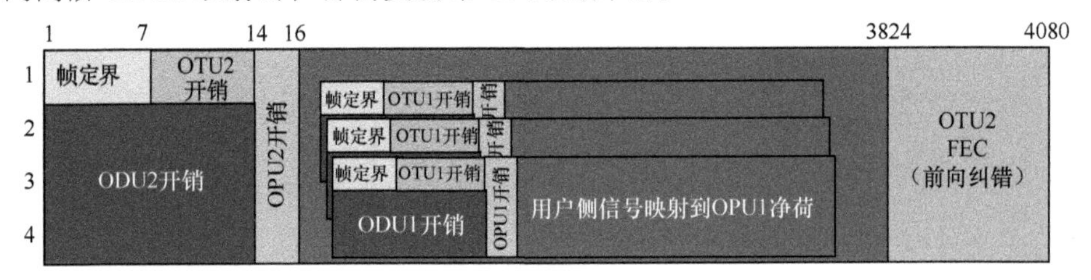

注：k 代表速率级别；纵向上，1 代表 2.5GE，2 代表 10GE，3 代表 40GE，4 代表 100GE。

图 5-9　OTN 的高低阶 ODU*k* 的封装映射

随着业务的发展，OTN 承载 ETH 业务，因此 ODU*k* 又扩展出了 4 种速率 ODU0、ODU2e、ODU4、ODUflex，分别对 GE、10GE、100GE、*n*×1.25GE 的 ETH 业务透明传送。由于 OTN 标准定义的最低速率是 ODU0，灵活带宽承载的 ODUflex 速率是以最低速率 ODU0 的倍速来扩展的，因此承载业务量为 *n*×1.25 Gbit/s。对于低于 1 Gbit/s 的业务承载，使用 MS-OTN 融合的架构，借用 SDH 的 VC 颗粒来承载。Liquid OTN 技术在这个背景下应运而生，在 OTN 系统架构的基础上，定义 1 Gbit/s 以下颗粒的硬管道承载单元为 OSU，最小颗粒对齐 VC12，速率为 2.4 Mbit/s；灵活调整的 OSUflex，承载业务量为 *n*×2.4 Mbit/s。帧结构如图 5-10 所示，将 ODUflex 的净荷划分为 *n* 个码块，每个码块的帧长度为 192 Byte；通过码块的时隙间插复用映射到 ODU*k*。

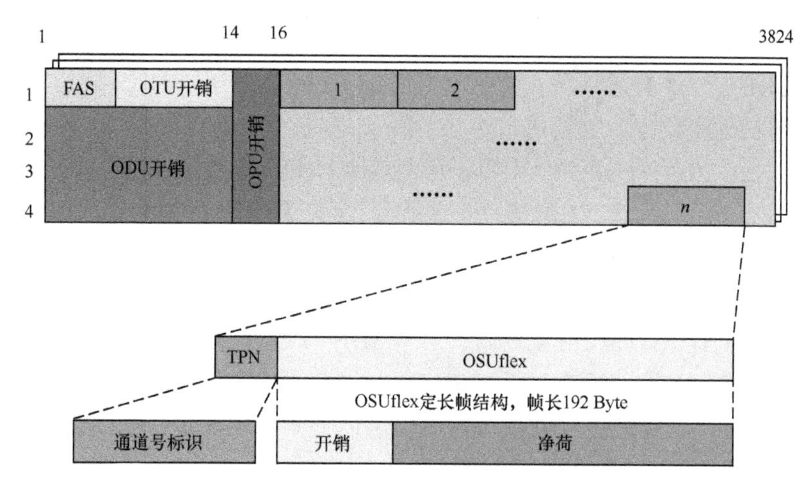

图 5-10　OSUflex 的帧结构

Liquid OTN 的 OSUflex 在 ODU*k* 中的映射有两种模式，一种为高阶映射，即 OSUflex 直接映射到 OTU*k* 中的高阶 ODU*k*；另一种为低阶 ODUflex，即 OSUflex 先映射到低阶的 ODUflex，再由 ODUflex 映射到高阶 ODU*k*，实现 OSU/ODU 两级映射，如图 5-11 所示。

业务映射到 OSUflex 也有两种方式。一种是固定比特率映射，业务速率固定，在解封装后，需要恢复业务时钟。这类业务的典型为 TDM 业务，包括 PDH E1、SDH VC 等。另一种是动态比特率映射，这类业务无固定速率，典型的为 Packet 承载的 ETH 业务。

Liquid OTN 的 OSUflex 管道与 SDH 的 VC 管道，均为时隙复用的硬管道物理隔离，业务承载覆盖范围均为 1 Gbit/s 为主的窄带宽业务。由于 Liquid OTN 基于 OTN 架构扩展，在 MS-OTN 系统架构上承载业务具有如下优势。

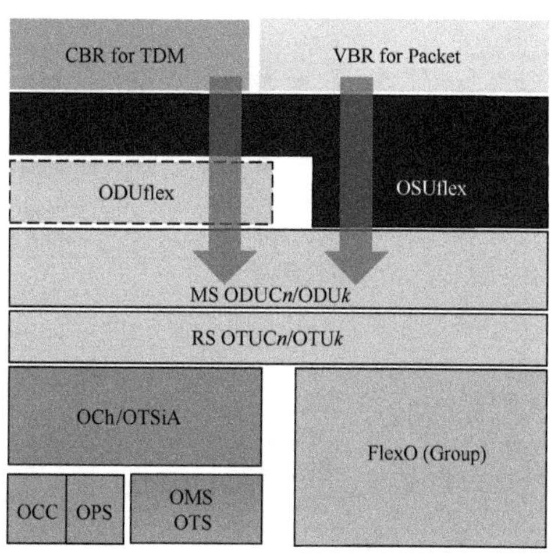

注：CBR 即 Constant Bit Rate，恒定比特率；VBR 即 Variable Bit Rate，可变比特率；OCC 即 Optical Camera Communication，光学成像通信；OPS 即 Optical Packet Switching，光分组交换；OMS 即 Optical Mass Spectroscopy，光学质谱学。OTSiA 是光支路信号组件；FlexO 即 Flexible OTN，灵活光传送网络。
MS ODUC*n*——MS 即 Multi-Service 多业务；C 即罗马数字 100，表示 ITU 定义的 100G 通信标准，*n* 表示 ODU 的数量。
RS OTUC*n*——RS 通信接口类型；C 即罗马数字 100，表示 ITU 定义的 100G 通信标准，*n* 表示 OTU 数量。
OCh 指协议层，实现光波长交换功能，直接对大颗粒业务进行处理，提高网络的效率和吞吐量。

图 5-11　OSUflex 映射模式

第一，业务极简。如图 5-12 所示，Liquid OTN 的 OSUflex 管道承载业务，相对于 SDH VC12 管道承载，大幅度地简化了业务。在 MS-OTN 架构下，采用 VC12 承载 ETH 业务，需要进行 3 步操作（即图 5-12 中的①②③）。首先，需要配置低阶 ODU*k* 服务层路径，用于承载 SDH STM-*N* 业务；其次，再配置 VC4 服务层路径，用于承载 VC12 业务；最后，配置 VC12 业务，绑定 *n*×VC12 管道，将 ETH 映射到 VC12 管道中。同样，在 MS-OTN 架构下，采用 OSUflex 承载 ETH 业务，只需要两步。首先，配置 OSUflex 管道；然后，配置 ETH 映射到 OSUflex 管道，即可完成配置。采用 SDH 承载时，要匹配 ETH 业务带宽，需要绑定多个 VC12 管道；而 OSUflex 的带宽灵活，客户界面仅呈现一条 OSUflex 管道，直接指定业务带宽即可。因此，第二代 MS-OTN 架构的 Liquid OTN 技术实现了一业务一管道极简承载。

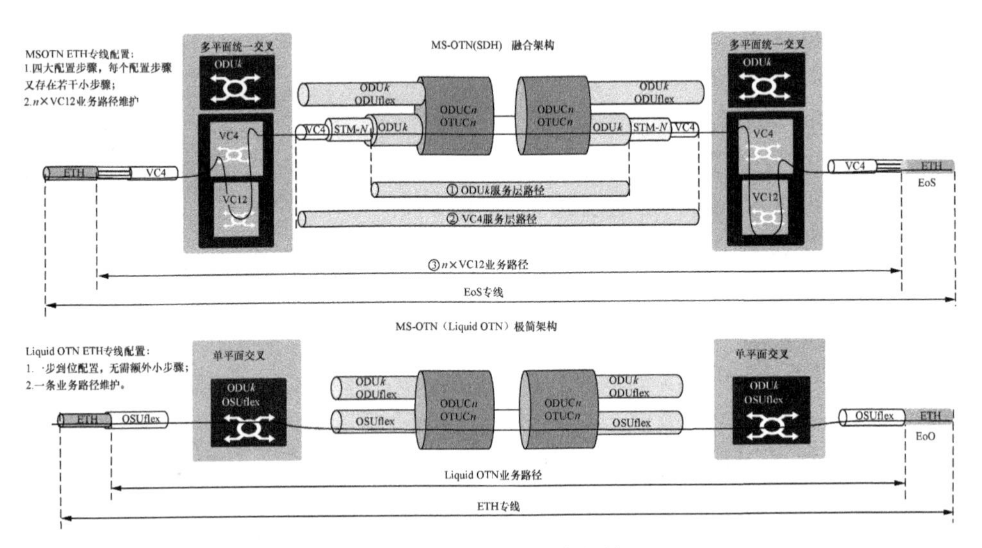

图 5-12 OSUflex 业务极简

第二，架构极简。Liquid OTN 的调度管道 OSUflex 是在 OTN 架构上的延伸。OSU 与 ODU 两种管道是颗粒同属于一个交换平面的两种不同带宽的管道，如同 SDH 的 VC4 与 VC12。因此，在第二代 MS-OTN 架构中，若未来 SDH 全部退市，或在新建网络中，只需要 OTN 一种交换平面即可覆盖全业务的硬管道承载。

第三，物理隔离。Liquid OTN 的 OSUflex 管道，基于 2 Mbit/s 颗粒，延续了 SDH、OTN 时分复用技术，实现了带宽保证、物理硬隔离、确定性低时延等特性。

第四，超低时延。在 MS-OTN（SDH）架构中承载 ETH 业务，映射路径为 ETH—VC12—VC4（STM-*N*）—低阶 ODU*k*—高阶 ODU*k*（OTU*k*），需要 5 步映射；而在第二代 MS-OTN（Liquid OTN）架构中，OSUflex 可以一步映射到高阶 ODU*k*，极大地简化了智能业务板卡的映射路径，可大幅度降低时延，将映射时延降低到微秒级。

第五，灵活高效。在 Liquid OTN 中的 OSUflex 管道，可以灵活调整管道带宽，实现 OSUflex 带宽调整完全无损。

5.2.4 电力 F5G 通信网络架构

当前，以 5G、云数据中心为基础架构的新基建深入各行各业，电力企业的通信网融合 F5G 通信技术，构建了 F5G 全新的网络架构，如图 5-13 所示，具体介绍如下。

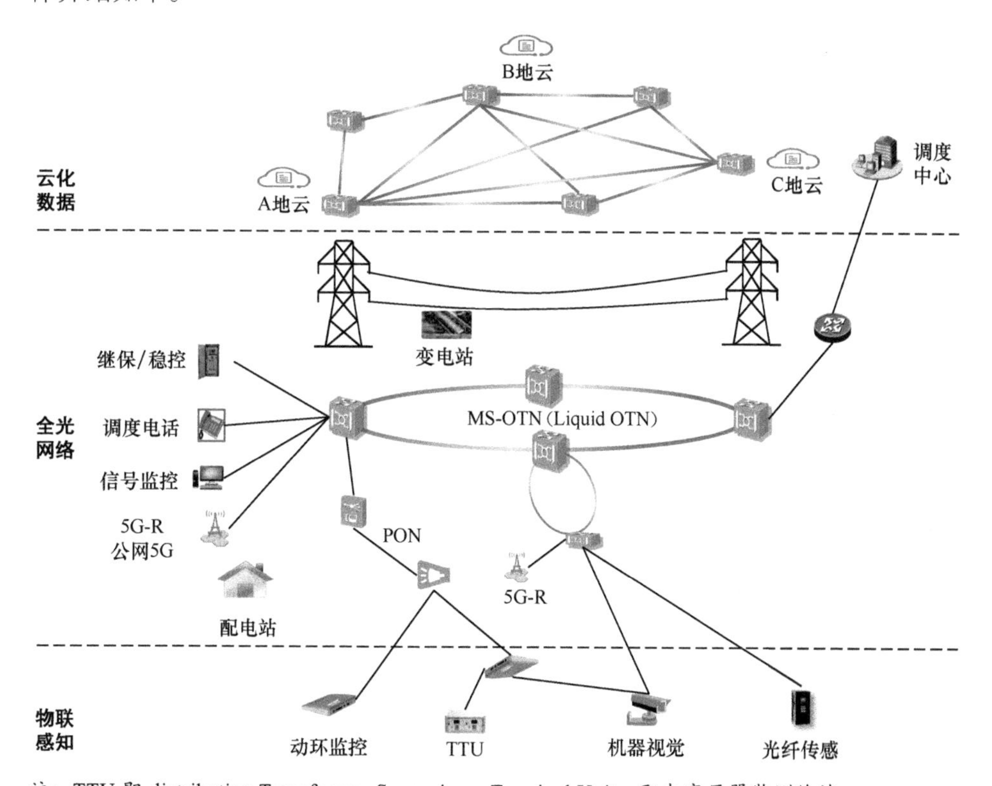

注：TTU 即 distribution Transformer Supervisory Terminal Unit，配电变压器监测终端。

图 5-13 电力 F5G 通信架构

云化数据：采用业界最先进的 OXC 全光交叉调度架构，构建 100 Gbit/s 的 DWDM 网络大带宽，实现 OTN 高速入云专线，数据中心光层一条直达，构建面向未来的大带宽、低时延骨干网，满足云化网络在灵活配置、多线接入和多云服务方面的要求，为电力用户提供更全面和可靠的云网服务。

全光网络：采用第二代 MS-OTN（Liquid OTN）极简融合架构，实现 2 Mbit/s 到 100 Gbit/s 全业务高品质业务承载和物理隔离。Liquid OTN 下沉到接入网后，将直接提供电力终端业务的接入，从而解决以往的多技术组合带来的复杂问题。OSU 方案不仅能够解决 1 Gbit/s 以下客户信号的高效承载，还能够提供简洁、统一的业务映射路径和差异化的业务承载能力，是未来电力传输网的演进方向，能够支撑面向业务的全光网未来十年以上的长远发展。

物联感知：融合光接入技术，例如机器视觉、继保稳控、光纤传感等，将光延伸到感知领域，实现变电站、配电台区、电力后勤等场景中的全光物联感知。

5.3 下一代 Ptmp-PON 接入技术

配电网是连接供电系统与用电系统的关键环节，高可靠配网通信成为重中之重。当前 EPON 技术的配网通信解决方案中，一般 OLT 部署在 35 kV/110 kV 变电站，通过 MSTP 或局域网交换机汇聚到配电主站系统；ONU 部署在 10 kV 配电箱，安装环境为挂杆或环网柜，环境恶劣。另外，在用电信息采集及电力光纤到户集抄解决方案中，一般采用树形结构的网络架构，节点数量多，且没有网络保护，ONU 一般安装在楼道、地下室或者竖井内。随着电力系统运行效率的不断提高，电力在各类园区内的业务同样要求 PON 技术的优化提升。

5.3.1 全光网络是局域网的发展趋势

POL（Passive Optical Local Area Network，无源光局域网）是一种基于 PON（一种点到多点结构的无源光网络）技术的企业类局域网，通过一套光纤网络为用户提供融合的数据、语音、视频及其他弱电类业务接入。OLT 放置在局端，是终结 PON 协议的汇聚设备。ONU 位于客户端，是给用户提供各种接口的用户侧单元或终端。OLT 和 ONU 通过中间的无源 ODN（Optical Distribution Network，光分配网络）进行通信。ODN 由光纤、一个或多个无源分光器等无源光器件组成，在 OLT 和 ONU 间提供光通道，起着连接 OLT 和 ONU 的作用，具有很高的可靠性。POL 的结构如图 5-14 所示。

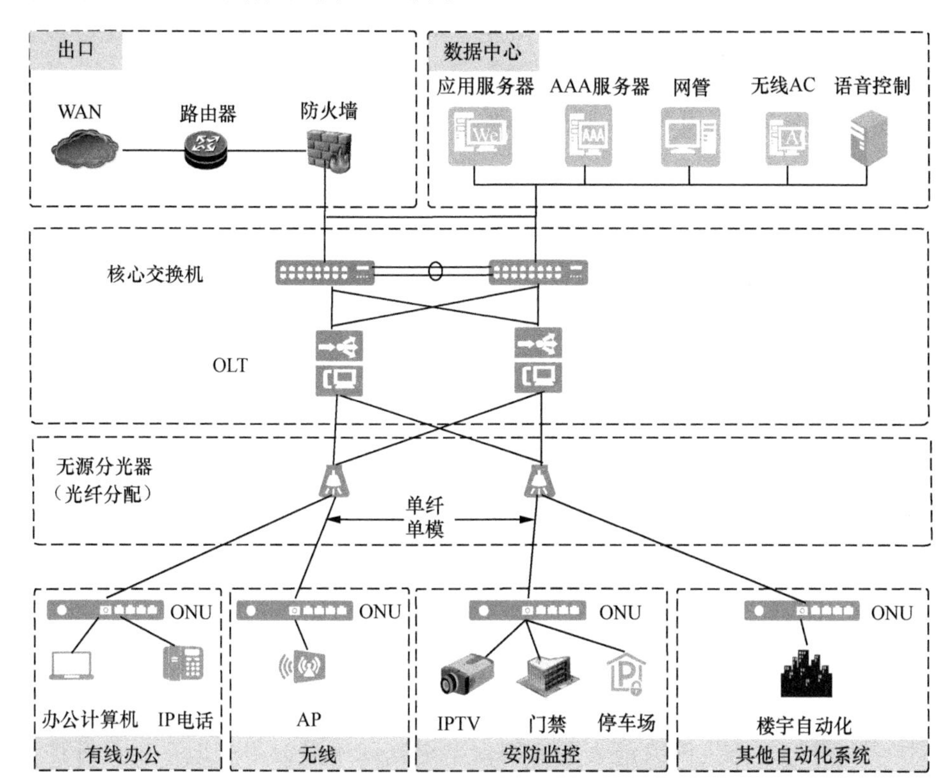

注：WAN 即 Wide Area Network，广域网。

图 5-14 POL 的结构

该架构具有如下几个优点。

架构先进：全光 POL 采用单模光纤，带宽潜力近乎无限；宽带可随需平滑升级。

安全可靠：全光纤传输，防探测，防电磁干扰；PON 设备可提供极强的 DoS（Denial of Service，拒绝服务）防御能力，减少网络攻击。

融合承载：全光 POL 方案可一网承载数据、语音、IPTV（Internet Protocol Television，互联网协议电视）、有线电视等业务，综合布线与弱电网络完美融合。

节省空间：全光 POL 方案超强汇聚，园区只需要提供一个核心机房即可，无须配备楼层机房。

覆盖广泛：覆盖距离超过 20 km（匹配 C++光模块时，该距离可达 40 km），满足超高楼宇、超大园区的覆盖需求。

绿色节能：全光 POL 方案用无源分光器替代传统网络的汇聚设备，且设备间无须配备空调，更节能。

维护方便：全光 POL 技术原生采用集中管理方式，避免了传统方案分散管理的弊端，降低了运维难度。

节省成本：全光方案中，接入终端距离用户更近，节约了大量铜缆资源，使得建设成本大幅降低；光纤寿命长，规避了铜缆老化周期短导致的改造和建设成本高的问题。

5.3.2 全光网络与传统网络的对比

数字化时代，园区网络实现网络化、数字化、个性化，这些已成为数字化时代园区通信发展的重要特征。同时，接入业务的 AR/VR、云计算、物联网等新兴技术应用不断提升，因此，如何建立一张超宽低时延、融合全覆盖和精细化运维的基础网络设施，加快与新兴技术融合创新，成为园区网络面临的挑战。全光园区解决方案基于传输介质演进和网络架构创新，以万兆接入、融合承载、高效运维的优势，实现园区网络基础设施的全面升级，并以业界领先技术助力打造新一代全光园区。

1. 光纤介质更适合未来的网络部署

全光网络与传统网络最大的区别就是全光网络最大限度地采用光纤作为传输介质，而传统网络采用铜线来传输。由于光纤本身抗电磁干扰、抗氧化能力比铜线强，并且光纤体积小，重量轻，不易腐蚀，传输距离远，可覆盖距离达 20 km；带宽大，传输带宽可达到 Tbit/s 级；寿命长，可长达 30 年以上。而铜线容易被氧化，体积大，重量大，传输容量受限，带宽的升级需伴随着铜线的升级迭代，传输距离有限，只有 100 m。所以光进铜退是发展趋势，光纤将逐渐成为解决电力企业需求问题的必然之选。

2. 全光网络架构

在全光 POL 组网中，传统 LAN 中的核心交换机被 OLT 替代，汇聚交换机由无源的分光器替代。网络中需要电力供应的部件大幅减少。ONU 提供所有业务的接入，通过有线或者无线接入用户的数据、语音及视频等业务。全光 POL 方案采用扁平化网络结构，运维简易；减少了业务转发节点的数量，大大降低了时延，提高了传输质量，使局域网结构转变为面向云业务的转发结构，为后期的业务发展奠定了基础。POL 全光园区方案如图 5-15 所示。

全光网络架构中各个线路间所用设备类型的对比如表 5-1 所示。

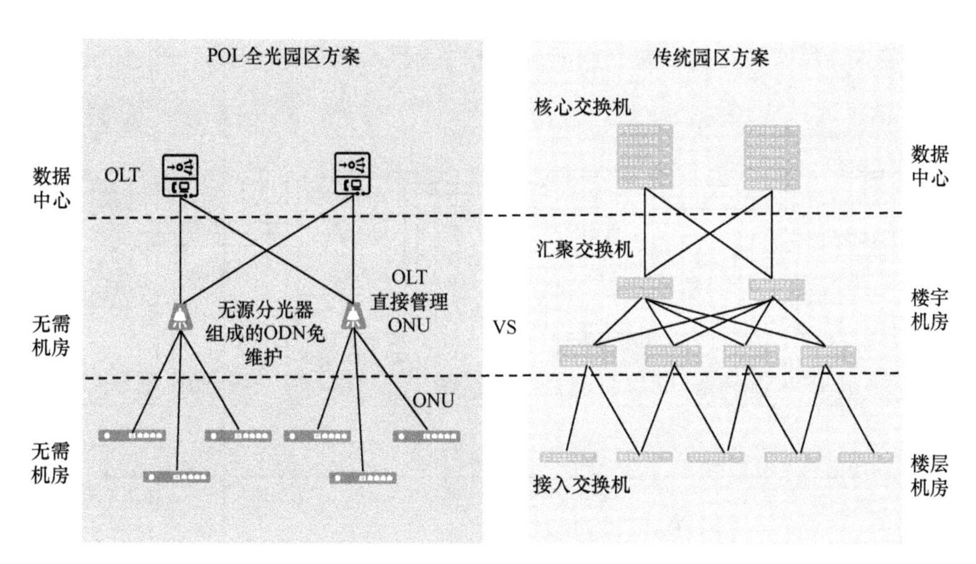

图 5-15 POL 全光园区方案

表 5-1 POL 全光网络与传统网络的设备造型比对

序号	子系统名称	传统方案设备与产品	POL 方案设备与产品
1	设备间/机房子系统	光纤配线架	光纤配线架
		语音配线架	光纤配线架
2	主干布线/垂直布线子系统	大对数铜缆	室内单模光缆
		室内多模光缆	
3	楼层管理/楼层机房子系统	机架/机柜	机架/机柜
		铜缆配线架	光纤配线架
		光缆配线架	分光器
4	水平布线子系统	双绞线	室内单模光缆
		室内多模光缆	
5	工作区子系统	铜缆模块	光纤连接器
		铜缆面板	光纤面板/光纤跳线/ONU 设备
		铜缆跳线	铜缆跳线

3. 全光网络布线

如图 5-16 所示，与传统 LAN 布线架构相比，POL 布线架构的变化主要体现在：POL 系统中更大范围地采用了光纤，在中间段采用无源分光器替代传统 LAN 中的交换机，ONU 进一步下沉到用户端，通过一套终端承载多业务、全

业务接入，所有业务的汇聚交换都统一上移至核心机房 OLT 处。

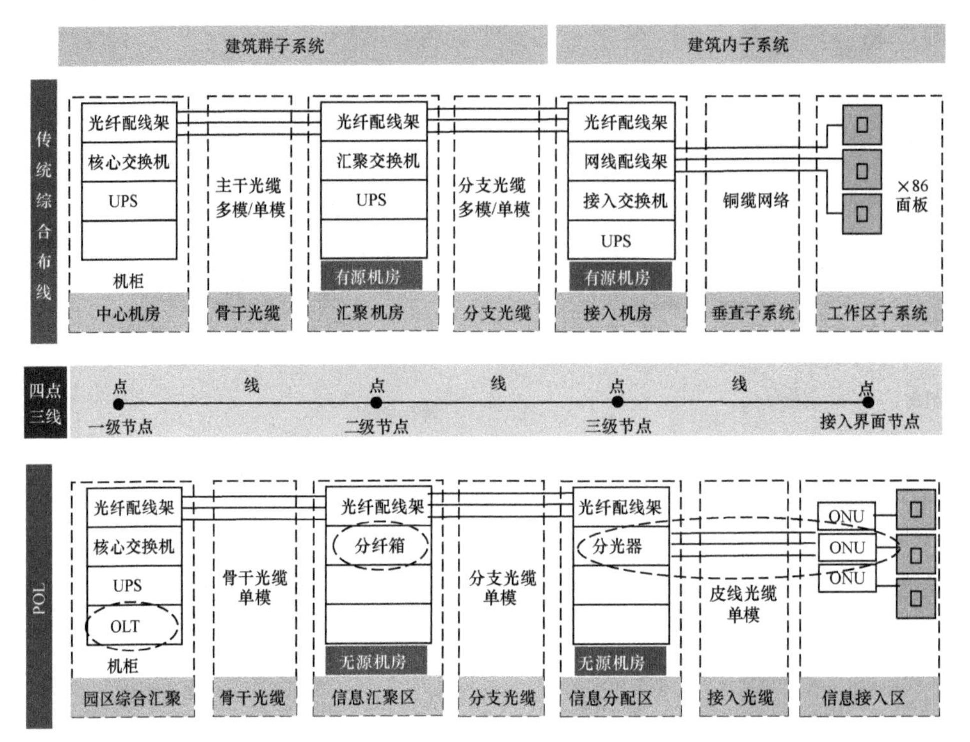

注：UPS 即 Uninterruptible Power Supply，不间断电源。

图 5-16　传统 LAN 综合布线与 POL 布线结构对比

POL 全光网络方案中需要在中心机房增加配置 OLT 设备，原来的汇聚机房和接入机房内，汇聚交换机和接入交换机分别被分纤箱和分光器替代，有源机房变成无源机房，大大降低了设备能耗，减少了系统故障点，提高了系统可靠性。垂直/水平布线子系统的铜缆网线被单模皮线光缆替代，大大节省了机柜占用的空间。

4. 全光网络性能

基于 PON 的 POL 全光网络与基于以太网的传统 LAN 在技术标准上的区别如表 5-2 所示。

表 5-2　POL 全光网络与传统 LAN 的技术标准对比

指标	IEEE 802.3（Ethernet）	ITU-T G.984（GPON）
下行	1000 Mbit/s	2500 Mbit/s
上行	1000 Mbit/s	1250 Mbit/s

续表

指标	IEEE 802.3（Ethernet）	ITU-T G.984（GPON）
分流比	无，采用汇聚交换机	1:32，1:64，（最大为 1:128）
下行效率	最大 97.5%，最小 54.8%（根据帧长变化）；千兆以太网物理层使用 8B/10B 编码，多数实际情况下，以太网效率低于 80%	92%，GPON 采用不归零码（无编码），产生 8%的开销
收益带宽	975 Mbit/s	2300 Mbit/s
运营、维护和预防	循环冗余校验校验	光网络单元管理控制接口
		对光网络终端和服务的全套错误、配置、记账、性能和安全管理
安全性	无	包括 AES（Advanced Encryption Standard，高级加密标准）
网络保护	生成树协议，弹性分组环	可选 50 ms 的切换时间

OLT 和 ONU 的转发原理和交换机类似，内核是基于以太网/IP 的转发，整个 POL 系统的用户侧和网络侧均可提供标准的以太网接口。主要的区别在于汇聚交换机和接入交换机之间采用以太网协议，是一种点对点拓扑结构；而 OLT 和 ONU 之间采用 PON 协议，是一种点对多点拓扑结构。

5. 全光网络部署

全光网络相比较传统网络，在部署、业务发放、运维管理等方面优势明显，表 5-3 给出了二者的部署方式对比。

表 5-3 POL 全光局域网与传统 LAN 部署方式对比

对比项	子项	传统 LAN 交换机	全光网络 POL	总结
安装部署	供电	所有网元需要供电，耗电多	ODN 不需供电，弱电间无有源设备	POL 优
	机房	有源设备机房占用空间大	无源设备不占用机房	POL 优
	布线	消耗铜缆体积大、重量大	消耗光纤少、体积小、重量轻	POL 优
		容易受到 RFI（Radio-Frequency Interference，射频干扰）和 EMI（ElectroMagnetic Interference，电磁干扰）影响	完全消除了 RFI 和 EMI 影响，允许更靠近电力电缆	POL 优
	末端安装	末端不需要网络设备	光纤到桌面场景，需要考虑末端设备的安装位置	交换机优

续表

对比项	子项	传统 LAN 交换机	全光网络 POL	总结
业务开通	业务发放	线路无认证	支持免产品序列号认证	POL 优
		支持媒体终端自动发放[LLDP-MED (Link Layer Discovery Protocol-Media Endpoint Discovery，链路层发现协议-媒体终端发现)]	支持媒体终端自动发放（LLDP-MED）	一样
业务应用	拓扑结构	网络层次多，可逐级交换；适用于本地交换场景	Hub-spoke，网络扁平化，适用于业务云化的场景	POL 优
	可靠性	网元层次多，故障点多	ODN 无源，可靠性高	POL 优
		通过双归+环网协议保护	支持 Type B、Type C 双归保护	一样
	覆盖	铜线覆盖距离 100 m	覆盖范围可达 20 km	POL 优
	安全	IEEE 802.11ae 媒体接入控制安全	GPON 上行 AES 加密，10GPON 双向 AES 加密	POL 优
		IEEE 802.1x 认证	IEEE 802.1x 认证	一样
	多业务	仅能提供管道承载	IAD（Integrated Access Device，综合接入设备）、AP 多业务支持能力强	POL 优
	带宽演进	铜线频带窄，带宽升级需要升级屏蔽技术、更换线缆	光纤频谱宽，带宽升级不需要更换线缆	POL 优
运维管理	管理	每个网元需要独立管理	支持集中管理	POL 优
		企业 IT 人员更习惯于交换机的配置风格	配置命令风格和交换机不一样，有一定的学习成本	交换机优
		网络设备统一网管	网络设备统一网管	一样
	诊断	主要是靠以太网统计	支持以太网操作、管理和维护，支持内置测试仪	POL 优
		拓扑复杂，管理数据分布，定位问题困难	拓扑扁平化，配置数据集中，便于维护	
	升级	升级会中断业务	支持升级不中断业务	POL 优

5.3.3 全光局域网典型解决方案

在变电站、配电房等局域网建设时，需要为处理企业内部事务的信息和各类电力业务数据传输提供统一的网络支撑，网络需要具有高速、稳定、开放、安全等性能，以满足各部门生产实时系统、内部办公、管理、协调、监督和决策等的需要。全光局域网整体方案如图 5-17 所示。

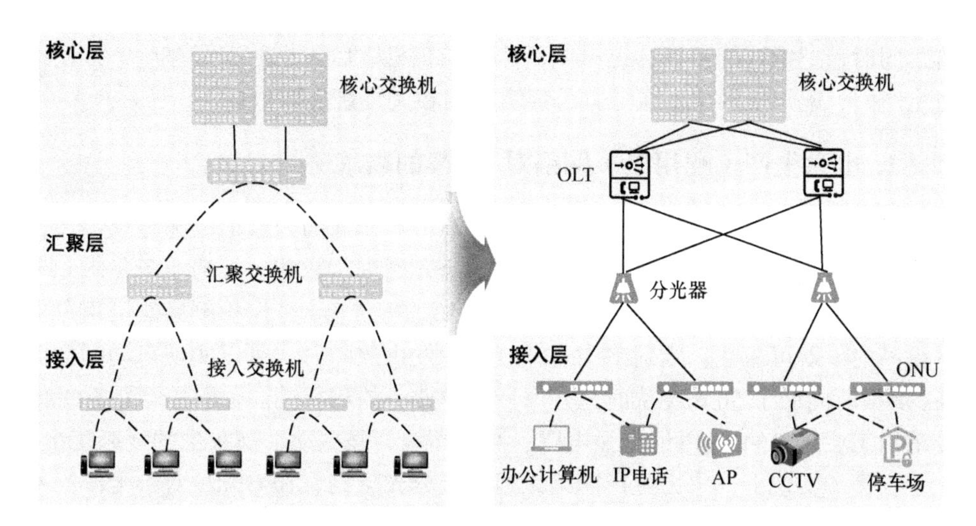

图 5-17 全光局域网整体方案

采用“IP+光”的融合解决方案，核心层增加 OLT 进行业务汇聚，核心层以下则采用 F5G 全光接入网络方案，具体说明如下。

核心层：核心层负责整个网络系统的高速互联，核心网络需要实现带宽的高利用率和网络故障排查的快速收敛。核心层部署两台高性能的数据中心交换机，采用虚拟化集群技术，将两台核心设备虚拟成一台设备，这种部署方式提高了网络的可靠性，任何一台设备出现故障都不会影响网络的正常运行，而且还扩展了网络的性能。

汇聚层：接入层业务通过 OLT 设备进行汇聚，汇聚层采用 PON 技术，OLT 通过 10GE 接口与核心交换机互联，OLT 与核心交换机互联端口可扩容。

接入层：通过合理部署 ONU 设备，采集信息点数据传送至核心 OLT，灵活支持 POTS 语音接口、Wi-Fi AP 功能、PC（Personal Computer，个人计算机）终端、门禁、摄像头接入、POE（Power Over Ethernet，有源以太网）供电等功能。

F5G 全光接入网络方案以 PON 为核心技术，采用的设备包括 OLT 汇聚设备、ONU 多业务接入设备以及无源分光器设备三部分，采用网络云化引擎网管实现统一管理。

在网络系统的架构设计中，采用核心—边缘设计，以核心交换机为中心，其他部分作为边缘处理。局域网整体设计采用双核心、双链路的连接方法，以保证网络的冗余性和高可用性。

在数据中心交换机和核心交换机之间部署防火墙，对数据中心网络进行有效的保护。

在电力生产控制区和管理信息区之间部署网闸，有效地把两张网络安全隔

离，同时，把需要的数据通过网闸两侧的前置机、后置机数据缓存后，方便电力生产网、配用电网络、企业办公经营网络相关系统提取数据。

1. 电力生产（配用电）网络对 PON 的需求

电力生产设备对通信网络的要求非常高，不允许因为通信故障导致停产，因此需要一张高安全、高可靠、高速率的全光网进行承载。根据业务需求和现场实际点位分布情况，采用 Type C 全链路保护。Type C 保护倒换能给用户提供更高的设备可靠性，当网络中光纤或部件发生故障时，可以实现自动保护倒换，倒换时间低于 50 ms，从而充分保证关键业务的可靠性。电力生产网络 ONU 应采用工业级 ONU，以适应强电磁、高温高湿、强振动、高灰尘的复杂工况。

在具体实现上，电力生产网络采用一级分光架构、10 Gbit/s 对称无源光网络业务板（单 PON 口上下行对称 10 Gbit/s 带宽）、最高可靠性的 Type C 双链路保护组网。针对工控机连接，采用 8 口工业款型 ONU，使用 6 个以太网接口连接附近单晶炉和机械加工设备，其余以太网接口可用于扩容或他用；考虑到大上传带宽的需求，ONU 采用“保证带宽+最大带宽”的动态带宽分配方式，利用 PON 带宽自适应能力，确保能随时获得 1 Gbit/s 的上行带宽；针对移动类设备，如自动导引运输车，该类设备通常搭载 Wi-Fi AP 设备，采用 8 口工业款型 ONU、支持 POE++给 AP 供电；每个 ONU 分配带宽 1 Gbit/s，单个 AP 根据 ONU 端口平分带宽。

2. 企业办公网络

企业办公网络主要提供宽带、语音、传真、门禁、Wi-Fi 覆盖等业务，覆盖场景主要包括办公室、会议室和公共区域。办公网络一般采用光纤到桌面的接入方式，小规格 ONU 满足邻近工位的宽带和语音业务需求，少量传真、打印机等考虑单个小规格 ONU 覆盖；公共区域 Wi-Fi 覆盖，根据覆盖密度考虑 AP+高密/低密 ONU 方案，ONU 提供 POE 供电，AP 控制和信道管理则通过核心交换机上连接的 AC（Access Control，接入控制器）实现；视频监控类似 Wi-Fi 覆盖，根据覆盖密度选用不同规格的 ONU 实现，如果视频有建设专网的要求，需要考虑物理隔离。

在具体实现上，办公网络采用一级分光架构，办公网络采用 XGS-PON 业务板（单 PON 口上下行对称 10 Gbit/s 带宽）；采用 Type B 保护组网；针对办公 PC，ONU 到办公桌面，直接接办公计算机；针对监控摄像头连接，ONU 支持 POE 给摄像头供电，每个 ONU 下挂 4 个摄像头，根据摄像头的分布情况，有 3～6 个 ONU 安装在信息箱中；预留接口和接入点位置，方便后续扩展。

第6章 电力智能云网

随着电力企业数字化转型的快速推进，以及云计算产业的不断成熟，电力企业越发重视专用云计算基础设施的建设，越来越多的电力数字化应用由传统服务器集群实现向云化的迁移。IP网络依托通信承载网和网络交换技术实现，是云内组件交换、云间信息互访的基础，为云计算业务的开展提供了网络支撑，而网络资源的调度和优化则需要借助云计算实现。云网融合逐步成为通信网络基础设施和存储、算力基础设施之间高速运行的催化剂，云和网高度协同，是电力企业云计算和网络技术的发展趋势，助力新型电力系统实现状态全面感知、数据融合共享、信息高效处理、业务敏捷创新。

6.1 电力云平台

云计算具有分布式的计算和存储特性，易扩展和管理，特别适合解决智能电网技术带来的一系列新问题。在智能电网技术领域引入云计算，在保证现有电力系统硬件基础设施基本不变的情况下，充分利旧，整合系统内部的计算能力、存储资源、数据资源，从而大幅提高电网的在线分析和实时控制能力。同时，通过充分利用坚强智能电网多元、海量信息的潜在价值，挖掘其背后所蕴含的知识，服务于坚强智能电网生产流程的精细化管理和标准化建设，提高电网调度的智能化和科学决策水平，提升电力系统运行的安全性和经济性。

6.1.1 云计算技术

在过去，电力企业业务部门或个人需要使用 IT（Information Technology，信息技术）资源时，一般需要自行购买相应的物理设备和系统，并需要专人去管理与维护这些设备资源。当 IT 资源规模随业务扩张逐渐增加，管理复杂度随之呈指数级增长，同时将提升维护成本和运营成本。云计算的出现正是为了解决 IT 资源管理的问题。

对云计算的定义有多种说法，NIST（National Institute of Standards and Technology，美国国家标准与技术研究院）定义云计算为一种按使用量付费的模式，这种模式提供可用的、便捷的、按需的网络访问，在可配置的计算资源（包括网络、服务器、存储、应用软件、服务）共享池中，这些资源能够被快速提供，并且以最小的管理代价或者最低的交互复杂度，实现计算资源的快速发布与发放。

总体来讲，云计算是网格计算、分布式计算、并行计算、效用计算、网络存储、虚拟化、负载均衡等传统计算机技术和网络技术发展融合的产物。它旨在通过网络，把多个成本相对较低的计算实体整合成一个具有强大计算能力的系统，并借助先进的服务模式，把这强大的计算能力分配到终端用户手中。云计算的一个核心理念就是通过不断提高“云”的处理能力，进而减少用户终端的处理负担，最终使用户终端简化成一个单纯的输入输出设备，并能按需享受

“云”的强大计算处理能力。“云”使用数据多副本容错、计算节点同构可互换等措施来保障服务的高可靠性，使用云计算比使用本地计算机可靠。

云计算的核心可以用五大基本特征、三种服务模式以及三类部署模式来概括，下面具体介绍。

1. 云计算的特征

一是按需自服务。使用者不需要或很少需要云服务提供方的协助，就可以单方面按需获取云端的计算资源。“云”的自动化集中式管理使大量企业无须负担日益高昂的数据中心管理成本，“云”的通用性使资源的利用率较之传统系统大幅提升，因此用户可以充分享受“云”的低成本优势。

二是泛网络接入。使用者可以随时随地使用任何终端设备接入网络，并使用云计算资源。

三是资源池化。云计算支持用户在任意位置、使用各种终端获取应用服务。所请求的资源来自“云”，而不是固定的有形实体。应用在“云”中某处运行，但实际上用户不用了解也不用担心应用运行的具体位置。只需要一台笔记本计算机或者一个手机，就可以通过网络服务来实现需要的一切，甚至包括完成超级计算这样的任务。

四是快递弹性。“云”的规模可以动态伸缩，从而满足应用和用户规模增长的需要。

五是可度量的服务。使用者使用云计算资源是可被计费的，比如根据某类资源的使用量和时间计费，也可以按照使用次数计费，这类资源如存储、CPU（Central Processing Unit，中央处理器）、内存、网络带宽等。云计算提供商则需要对资源使用情况进行监视和控制，并及时输出各种资源的使用报表。

2. 云计算的服务模式

云计算的服务模式有 IaaS（Infrastructure as a Service，基础设施即服务）、PaaS（Platform as a Service，平台即服务）以及 SaaS（Software as a Service，软件即服务）三种。

IaaS 给用户提供的服务是对所有计算基础设施（包括 CPU、内存、存储、网络和其他的基本计算资源）的利用，用户能够部署和运行任意软件，包括操作系统和应用程序。用户不管理也不控制任何云计算基础设施，但能控制操作系统的选择、存储空间、部署的应用，也有可能控制有限制的网络组件（如路由器、防火墙、负载均衡器等）。

PaaS 某些时候亦称中间件，就是把用户采用的开发语言和工具（如 Java、

Python、.Net等)、开发的或收购的应用程序部署到供应商的云计算基础设施上。用户不需要管理或控制底层的云基础设施，包括网络、服务器、操作系统、存储等，但用户能控制部署的应用程序，也能配置运行应用程序的托管环境。

SaaS提供给用户的服务是运行在云计算基础设施上的应用程序，用户可以在各种设备上通过客户端界面（如浏览器）访问。用户不需要管理或控制任何云计算基础设施，包括网络、服务器、操作系统、存储等。

3. 云计算部署模式

三类部署模式可以分为公有云、私有云以及混合云。

公有云是由若干企业和用户共同使用的云环境，通过互联网，以服务的方式，为广泛的外部用户提供IT业务和功能。用户无须具备该服务在技术层面的知识，无须雇用相关的技术专家，无须拥有或管理所需的IT基础设施。华为、阿里巴巴等都提供公有云服务，用户共享云提供商所拥有的资源，通常公有云的服务器规模在百万台甚至千万台级别。

私有云是由企业独立构建和使用的云环境，通过企业内部网，在防火墙内以服务的形式为企业内部用户提供IT能力。私有云的所有者不与其他企业或组织共享任何资源，例如国网公司独立建设的“国网云”是国网公司内部所专有的云计算环境，国网浙江电力建设有省级统一的云服务平台，服务器规模在1000台左右。其中，用户是这个企业或组织的内部成员，他们共享着该云计算环境所提供的所有资源，公司或组织以外的用户无法获得这个云计算环境提供的服务。

混合云是两个或两个以上云（私有云或公有云）的组合，它们仍然是唯一的实体，但是它们绑定在一起，可提供多种部署模式。混合云还指将配置、托管或专用服务连接到云资源的能力。混合云服务也可认为是一种由不同服务提供商提供的私有云、公有云和社区云服务组合而成的云计算服务，企业内为了满足业务和合规性的要求，通常会把业务分布到不同的云平台之上，这些云平台可能包括公有云、企业自建的私有云，也可能包括来自于不同厂商的私有云。

4. 云计算关键技术

（1）虚拟化技术

虚拟化技术是云计算资源共享和灵活分配的基础，包括服务器虚拟化、存储资源虚拟化、网络虚拟化、操作系统虚拟化等。

服务器虚拟化通过区分资源的优先次序，随时随地将服务器资源分配给最需要它们的工作负载，来简化管理和提高效率，从而减少为单个工作负载峰值而储备的资源。它有两种实现方式，一是把一个物理的服务器虚拟成若干个独立的逻辑服务器，使用户可以在这些看似独立的虚拟服务器上运行不同的操作系统和应用；二是把若干个分散的物理服务器虚拟为一个大的逻辑服务器，使用户可以像使用同一台服务器的资源一样支配这些物理上独立的服务器，从而达到最大化利用资源的目的。

存储虚拟化将存储作为池子，存储空间如同一个池子里流动的水，可以根据需要进行分配。对用户来说，虚拟化的存储资源就像是一个巨大的“存储池”，用户不会看到具体的磁盘、磁带，也不必关心自己的数据经过哪条路径通往哪个具体的存储设备。这样做的好处是把许多零散的存储资源整合起来，从而提高整体利用率，同时降低系统管理成本。与存储虚拟化配套的资源分配功能具有资源分割和分配能力，可以依据 SLA 的要求对整合起来的存储池进行划分，以最高的效率、最低的成本来满足各类不同应用在性能和容量等方面的需求。

网络虚拟化与服务器虚拟化类似，旨在在共享的物理网络资源之上创建多个虚拟网络，同时每个虚拟网络可以独立地部署以及管理。用户可以根据需要定制自己的网络。用户的需求会被一个虚拟网络层接纳，虚拟网络层完成需求到底层资源的映射，再将网络以服务的形式返回给用户。这种模式很好地屏蔽了底层的硬件细节，简化了网络管理的复杂性，提升了网络服务的层次和质量，同时也提高了网络资源的利用率。

容器是虚拟化的具体实现方式，也被称为操作系统虚拟化，这种技术将操作系统内核虚拟化，允许用户空间软件实例被分割成几个独立的单元，在内核中运行，而不是只有一个单一实例运行。此处的空间软件实例也被称为一个容器。对每个实例的拥有者与用户来说，他们使用的服务器程序看起来就像是自己专用的。相对于传统的基于虚拟机的虚拟化技术，容器化的优势在于占用服务器资源空间少，启动非常快，通常只需几秒。

（2）负载均衡技术

云计算对大量用网络连接的计算资源进行统一管理和调度，构成一个计算资源池，向用户提供按需服务。而负载均衡技术则根据这个资源池中各计算资源的负载情况，将用户需求分担到某个资源（如某个服务器）上，保障每个用户的请求都能获得最优的响应质量，极大地提高了对各资源的利用率。负载均衡技术提供了一种有效、透明的方法，来扩展网络设备和服务器的带宽、增加吞吐量、加强网络数据处理能力、提高网络的灵活性和可用性。

（3）自动化部署

自动化部署指的是通过自动安装与部署来实现计算资源由原始状态变成

可用状态。系统资源的部署步骤通常较多，自动化部署主要是利用脚本调用来自动配置、部署与调用各个管理工具，保证在实际调用环节能够采取静默的方式来实现，避免了繁杂的人机交互，让部署过程不再依赖于人工操作。除此之外，数据模型与工作流引擎是自动化部署管理工具的重要组成部分。一般情况下，对于数据模型的管理就是将具体的软硬件定义在数据模型当中，而对于工作流引擎的管理指的是触发、调用工作流，以提高智能化部署为目的，从而将不同的脚本流程应用在较为集中与重复使用率较高的工作流数据库当中，这样有利于减轻服务器的工作量。

（4）资源监控

云计算平台上的资源数据十分庞大，同时资源信息更新速度快，需要精准、可靠地对动态信息进行监控。资源监控作为资源管理的“血液”，对整体系统性能起着关键作用，一旦系统资源监管不到位、信息缺乏可靠性，那么其他子系统引用了错误的信息，必然会对系统资源的分配造成不利影响。在各个云服务器上部署代理程序，便可进行配置与监管活动，比如通过一个监视服务器连接各个云资源服务器，然后周期性地将资源的使用情况发送至数据库，由监视服务器综合数据库的信息，对所有资源进行分析，评估资源的可用性，最大限度提高资源信息的有效性。

（5）大数据

大数据也称巨量数据集合。对于大数据，研究机构 Gartner 给出了定义：“大数据”是需要新处理模式才能具有更强的决策力、洞察发现力和流程优化能力的海量、高增长率和多样化的信息资产。麦肯锡全球研究所对大数据给出的定义是：一种规模大到在获取、存储、管理、分析方面大大超出了传统数据库软件工具能力范围的数据集合，大数据具有海量的数据规模、快速的数据流转、多样的数据类型和价值密度低四大特征。

业界常用“4V”来概括大数据的特征。

Volumes（即数据体量巨大）：大型数据集规模一般在 10 TB 左右，但在实际应用中，很多企业用户把多个数据集放在一起，已经形成了 PB 级的数据量。

Variety（即数据类别多样）：数据来自多种数据源，数据种类和格式日渐丰富，已突破了以前所限定的结构化。数据范畴囊括了半结构化和非结构化数据。现在的数据不仅是文本形式，更多的是图片、视频、音频、地理位置信息等多种类型，个性化数据占绝大多数。

Velocity（即处理速度快）：数据被创建和移动的速度快。在高速网络时代，通过软件性能优化的高速计算机处理器和服务器创建实时数据流，已成为流行趋势。

Value（**即价值真实性高、密度低**）：数据真实性高，企业对社交数据、企业内容、交易与应用数据等新数据源越来越关注，传统数据源的局限被打破，企业越发需要有效的信息治理以确保其真实性及安全性。

（6）微服务

微服务是一种通过一组小服务来构建应用程序的架构风格，它以专注于单一任务与功能的小型功能区块为基础，利用模块化的方式组合出复杂的大型应用程序，各功能区块使用与编程语言无关的 API（Application Program Interface，应用程序接口）集相互通信。每个小服务自己拥有自己的进程，以及轻量化通信机制。每个小服务均围绕业务功能设计，以全自动化的方式进行部署，小服务间采用 HTTP （HyperText Transfer Protocol，超文本传送协议）进行通信，同时小服务之间只有最小限度的集中式治理，每个服务可以用不同的编程语言与数据库组件等技术实现。

6.1.2 电力云价值

当前，全球新一轮科技革命和产业变革加速推进，后疫情时代，数字基础设施战略地位日益凸显。应积极拥抱以 5G、物联网、云计算、大数据、人工智能等为代表的新一代信息技术，并运用新一代信息技术对传统基础设施进行数字化、智慧化改造，构建创新数字基础设施，为经济社会数字化转型和供给侧改革提供关键支撑和创新动能。

电力行业也在发生改变。电力系统作为数字经济时代的主力能源系统，正经历向新型电力系统的转变。云计算是信息技术从产品化向服务化转变的重要产物，也是社会经济集约化发展的必然产物，为电网多业务系统实现统一协同提供了坚实的基础。

电力行业在为整个经济社会绿色低碳高质量发展“充电”之前，自身必须先拥抱创新数字基础设施，进行数字化、智慧化的改造升级，应对分布式、间歇性的高不确定性能源波动，确保新型电力系统源、网、荷、储始终维持平衡，这样才能托起各行各业碳减排目标下的电气化深入应用，助推经济社会迈向绿色低碳高质量发展。

6.1.3 电力云架构

随着能源互联网建设目标的提出，国网公司开展了数字新基建工作，着力打造以云平台为基础的电网数字化平台，以数字化、智能化推动电网向智慧化方向发展，推动企业数字转型、智能升级、融合创新，实现效率效益提升，支撑其建设“具有中国特色国际领先的能源互联网企业”的战略目标落地实施。通过近几年ICT的深入推进，国网公司建成了资源调配弹性灵活、数据利用集中智能、服务集成统一高效、应用开发快速便捷的“国网云”平台（三地数据中心及27家省公司），实现云基础设施、数据、服务、应用等IT资源的一体化管理，开创了能源行业从总部统一构建分布式云架构的新思路，有效支撑了国网公司新型电力系统的建设。本节以“国网云”为例，介绍电力企业的云平台架构，其结构如图6-1所示。

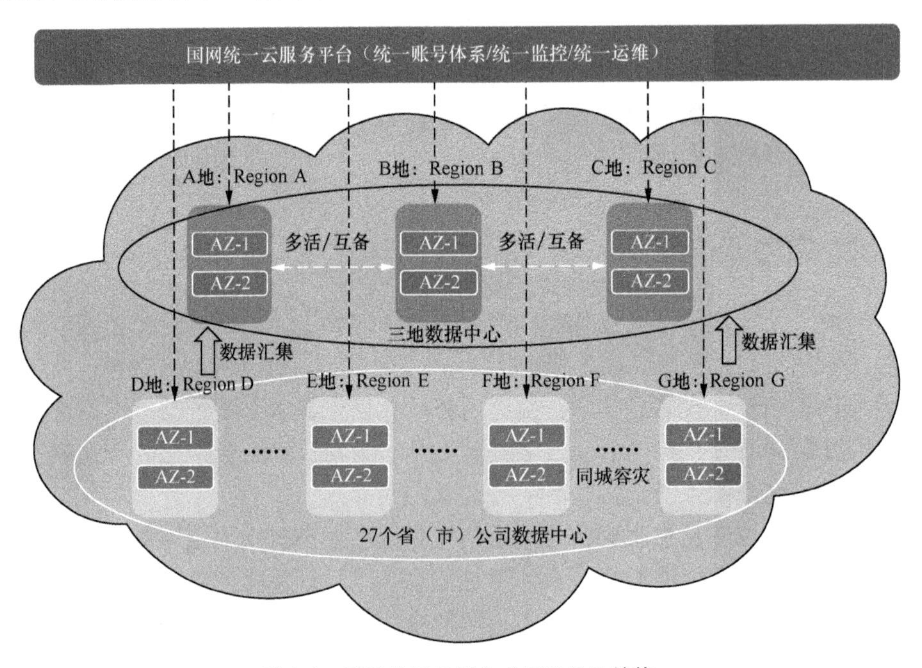

图6-1 国网公司云平台“国网云”结构

在图6-1中，依据电力行业业务应用的特点，“国网云”平台整体遵循互联网行业内典型的云计算整体框架，以“云、网、端”信息技术支撑发展布局，构建了新一代数字化基础架构，其架构如图6-2所示。在该架构中，“国网云”为云上应用提供计算资源、存储资源、网络资源、数据库服务、大数据分析服务、公共技术服务等一体化资源服务和技术承载。具体说明如下。

基础设施：纳管企业内服务器、存储、网络等软硬件资源，按照云计算技术要求进行弹性服务化封装，实现计算（虚拟化服务、弹性伸缩、容器、裸金属服务器）、分布式存储（块存储、文件系统、对象存储）、网络（虚拟防火墙、负载均衡等）等按需定义的资源响应能力，为新型电力系统建设提供统一的平台化资源支撑。

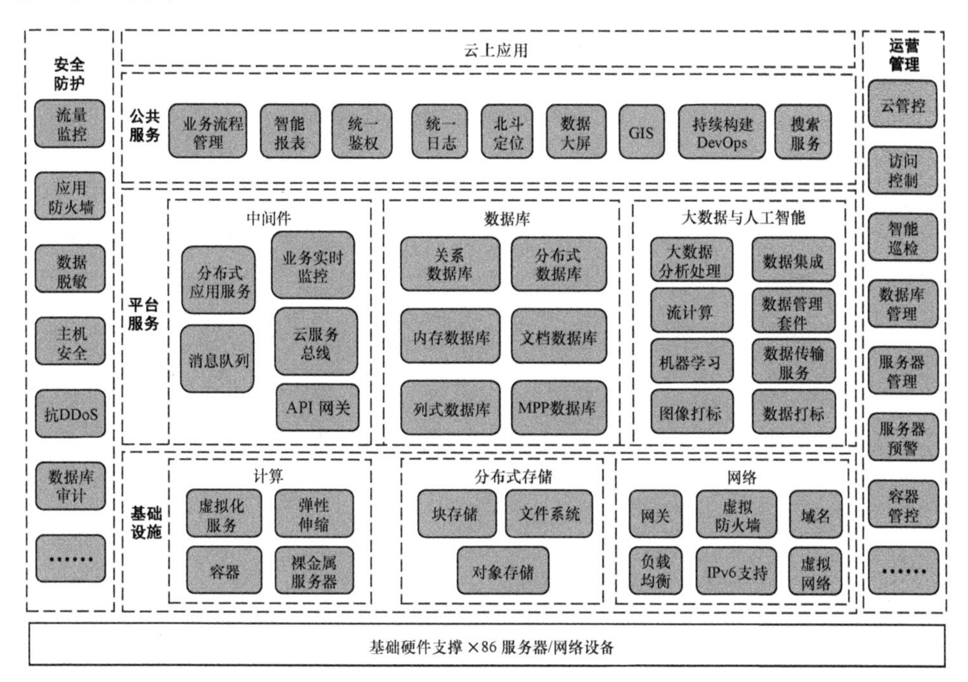

注：MPP 即 Massively Parallel Processing，大规模并行处理。

图 6-2 “国网云”架构

平台服务：云平台基础技术组件按照面向服务架构体系的要求，为各类新型电力系统应用的快速构建和稳定运行提供统一的开发和运行环境，主要包括中间件（分布式应用服务、云服务总线、消息队列、业务实时监控等）、数据库（关系数据库、文档数据库、列式数据库等）、大数据与人工智能（大数据分析处理、数据集成、流计算、数据管理套件、机器学习、数据传输服务、图像打标、数据打标）等引擎和工具组件。

公共服务：结合新型电力系统的建设需求，在云平台上部署通用的、成熟的定制化软件服务，为应用提供必要的公共技术服务（如业务流程管理、统一鉴权、统一日志、数据大屏、GIS 等）；并引入 DevOps（Development Operations，过程、方法与系统的统称）的研发理念，建立从设计、开发到上架运维和持续交付的全过程管理体系，提供项目管理、研发、测试、发布一站式在线服务能力。

运营管理：为保障云平台及云上服务与应用高效、可靠运行，提供统一的云管控、访问控制、智能巡检、数据库管理、服务器管理、服务器预警、容器

管控等高效运营服务工具，实现云平台资源自动化分配管理、云应用全生命周期管理和全方位监控。

安全防护：实现端到端的多层次安全防护能力，提供流量监控、应用防火墙、数据脱敏、主机安全、抗 DDoS（Distributed Denial of Service，分布式拒绝服务）、数据库审计等整套安全服务，构建符合国家等保 2.0 新标准并且涵盖网络层、主机层、应用层和数据层的纵深安全防护体系。

随着技术演进，业界将继续深化应用 IPv6 （Internet Protocol version 6，第 6 版互联网协议）、云网融合等技术，加强云网协同，进一步提升整体业务服务水平和资源利用率。

6.2 电力 IP 网络

电力 IP 网络主要包含电力调度数据网和电力数据通信网（综合数据网）两张网络，由于电力调度数据网主要承载电力传统生产控制类业务，网络要求稳定可靠，业务系统也以非云化为主，因此本节主要介绍电力数据通信网。电力数据通信网承载了电力生产管理和办公信息化等业务，具有业务云化趋势明显、承载业务类型多、数据流量增长迅速等特点，对云网融合有强烈需求。

6.2.1 电力数据通信网

电力光纤专网构成了电力通信网的主网架，是支撑云计算平台应用的基础。在光纤专网之上，通过交换技术构建的电力数据通信网，则是直接用于承载电力企业信息管理、数字化应用的 IP 网络，是用于承载各类数据、文本、视频、语音等业务传输的综合性网络，是电力企业内各种计算机应用系统实现互联的基础，也是电力信息基础设施的重要组成部分。

电力数据通信网是电网企业数据、视频、语音等各类管理信息区业务承载网的统称，是基于 IP 技术构建的数据通信网，主要由路由交换设备构成，通常由 OTN/SDH 网络承载，分为核心层、汇聚层、接入层。数据通信网连接了电网企业各级机构办公、生产区域的局域网。广域网按照承载的业务，分为省际网（原数据通信骨干网）、省内网、地市接入网；按照路由层级，省际网和省内网共同构成广域网骨干域，地市接入网独立成域并与骨干域跨域对接。电力数据通信网采用分布式的控制架构，由管理平面、控制平面、数据平面三个平面组成，网络中的每个网络设备都包含独立的控制平面和数据平面。

管理平面主要实现设备管理功能，分为设备管理系统和业务管理系统。其中，设备管理系统负责网络拓扑、设备接口、设备特性的管理，同时可以给设备下发配置脚本；业务管理系统负责业务的管理，包括业务性能监控、业务告警管理等。管理平面主要采用 SNMP （Simple Network Management Protocol，简单网络管理协议）。

控制平面主要实现路由控制功能，包括路由协议处理和路由计算。电力数据通信网骨干网建立统一的 AS（Autonomous System，自治系统），各省级的数据通信网内部则以专用 AS 的形式建立多个自治系统。骨干网与各省级的数据通信网采用 BGP（Border Gateway Protocol，边界网关协议）作为 EGP（Exterior Gateway Protocol，外部网关协议），实现互联和控制；同一自治系统域内可以采用 OSPF（Open Shortest Path First，开放最短路径优先）协议或 IS-IS（Intermediate System-to-Intermediate System，中间系统到中间系统）协议作为 IGP（Interior Gateway Protocol，内部网关协议）。

数据平面主要实现数据转发功能，包括根据控制平面生成的指令完成用户业务的转发和处理。路由器根据路由协议生成的路由表，将接收的数据包从相应的端口转发出去，或根据分组标记检索分组转发表，将数据包从相应的端口转发出去，这些都由数据平面完成。

电网企业数字化转型正“走深向实”，推动企业大规模利用数字化云平台实现业务流程优化和资源整合，全面支持业务高效运行、持续创新，持续降本增效，这给传统电力数据通信网带来以下挑战。

一是政策及海量物联终端接入驱动电力通信网向 IPv6 演进。2017 年，《推进互联网协议第六版（IPv6）规模部署行动计划》明确提出到 2025 年末，我国 IPv6 网络规模、用户规模、流量规模位居世界第一位，网络、应用、终端全面支持 IPv6。IPv6 为我国网络设施升级、技术产业创新、经济社会发展提供了重大契机，加快推进 IPv6 规模部署是新一代信息基础设施升级的必然要求，也是下一代互联网发展的必由之路。同时，配电物联网、智慧变电站、输电线路智能巡检、“源、网、荷、储”协同、电动汽车充电桩等新型场景和业务，也驱动电力数据通信网向 IPv6 演进，以满足海量物联终端接入电网带来的 IP 地址快速增长需求。

二是网络规模、业务保障需求快速增长，新技术和应用驱动网络管控析向智能化演进。电力数据通信网规模持续增大，网元数量增加，网络架构向扁平化发展。而传统电力数据通信网网管依赖人工手动运维，故障管理基于运维人员经验，存在自动化、智能化水平不足等问题，已难以满足日趋复杂的业务系统对网络运维管理、业务保障、网络服务化的需求。

三是电力业务上云，大数据、人工智能等技术应用需要云网融合实现资源智能化调度。对于电力企业中台建设，各类营销、生产、管理业务在上云过程中出现了集团三地数据中心之间、集团与各省数据中心之间的互联场景，需要快速开通业务，灵活调度算力。对云网融合的需求不断提升，要求实现网络感知业务，快速开通业务，适合算力存储等资源智能调度、网络服务化等多种应用场景，以满足电力行业数字化转型需求。

四是流量路径调整缺乏灵活性。由于网络中的每个网元都包含独立的控制平面和数据平面，需要在具体的网元上配置流量策略来实现流量路径的调整。对大型网络而言，流量的调整过程变得十分烦琐，并且容易引发故障，这将不利于电力数据通信网的安全稳定运行。

为了应对业务需求的变化和挑战，适应电力通信业务的 IP 化发展趋势，亟须采用新一代的网络通信体系架构和网络新技术，对现网的体系架构进行变革。

就 IP 地址稀缺与 VPN 瓶颈问题而言，IPv6 具有庞大的地址空间和更高的安全质量，分阶段从 IPv4（Internet Protocol version 4，第 4 版互联网协议）过渡到 IPv6，是提升业务承载能力、安全保障能力和一体化管控能力的关键。

就网络体系架构存在的问题而言，将网络的控制平面与数据平面分离，并实现可编程化控制的 SDN（Software Defined Network，软件定义网络），具有网络集中控制、网络协议精简、网络路径流量优化、业务自动化、网络设备白牌化等优势。后续智能调度优化将朝着 SDN 的方向演进，从而实现电力数据通信网的优化，提升网络的运行维护效率。

6.2.2 电力通信网需要向 IPv6+技术体系演进

传统的电力通信网是基于 IPv4 网络的，因具有开放、轻量和易于扩展等特点，促进了电力生产管理及办公业务快速发展和繁荣。随着信息和通信技术的不断发展演进，MPLS 等关键技术得以广泛采用，电力通信网已逐步实现从无线接入网侧到核心网侧全线 IP 化，基于 MPLS 的第二代 IP 网络逐步发展成熟。近年来，面向 5G 和云时代的电力行业场景创新需求，IPv6 成为下一代互联网创新的起点。我国互联网产业界首先提出了“IPv6+”的下一代互联网创新体系，旨在探索第三代 IP 网络的发展演进方向，进一步深化和发展 IPv6 技术体系，在其中融入新的协议架构和各种创新技术。

IPv6 是网络层协议的第二代标准协议，是 IPv4 的升级版本。由于 IPv4 最大的问题在于网络地址资源有限，严重制约了互联网的应用和发展。IPv6 的使用，不仅能解决网络地址资源数量的问题，而且能打破了多种接入设备连入互联网的障碍。IPv6 的出现解决了 IPv4 的一些弊端。相比 IPv4，IPv6 有如下优势。一是地址容量大大扩展，由原来的 32 bit 扩充到 128 bit，彻底解决了 IPv4 地址不足的问题。二是 IPv6 使用更小的路由表，IPv6 的地址分配一开始就遵循聚类原则，路由器的路由表用一条记录表示一片子网，大大缩短了路由表的长度，提高了路由器的转发效率；同时 IPv6 的报头格式大大简化，从而减少了路由器对报头的处理开销。三是加强对扩展报头的支持，对未来网络加载新的应用提供了充分的支持。四是 IPv6 把 IPSec（Internet Protocol Security，IP 安全协议）作为必备协议，保证了网络层端到端通信的完整性和机密性。五是 IPv6 增加了增强的组播支持以及对流的支持，这使得网络上的多媒体应用有了长足发展的机会，为服务质量控制提供了良好的基础平台。

万物互联、5G 和电力企业上云应用场景需要承载网具备更高的吞吐能力和更高效的传输策略，对承载网提出了新需求，包括带宽预留保障、时延触发的传输控制、海量连接管控、网络状态感知和分布式网络智能等。当前“不可知、不可管、不可控、不能保证安全、提供尽力而为信息传输能力”的网络，尚不能按照用户要求提供上述能力。在 IPv6 Ready 的基础上，需进一步将 IPv6 与其他技术结合，发展增强型的 IPv6+网络。如 SRv6（即 SR+IPv6）提供业务快速发放；IPv6+5G 实现网络端到端切片，提供差异化的网络服务水平；IPv6+应用感知，提供关键业务的体验保障等，可激发业务创新，改变商业模式，增收提效。

IPv6+包括以 SRv6、网络切片、随流检测、新型组播和 APN6（Application-aware IPv6 Networking，基于 IPv6 的应用感知网络）等内容为代表的协议创新，以及以网络分析、自动调优等网络 AI（Artificial Intelligence，人工智能）为代表的技术创新。

IPv6+是面向 5G 和云时代的智能 IP 网络，IPv6+定义了云网融合最基础的网络协议和网络技术，面向 5G 承载和云网融合灵活组网、业务快速开通、按需服务、差异化保障等需求，实现网络运维的简化和用户体验的优化。

IPv6+产业整体演进分为如下三个发展阶段，如图 6-3 所示。

第一阶段：打造基础能力。重点通过发展 SRv6 实现对传统 MPLS 网络基础特性的替代，业务快速发放，灵活路径控制，利用自身的优势来简化 IPv6 网络的业务部署。

第二阶段：提升 SLA 体验保障。关键技术包括网络切片、随流检测、BIERv6

等，采用大规模网络切片，体验可视，体验最优，重点是发展面向 5G 和云的新应用，如面向 5G to B 的行业使能、云 VR/AR、业务链应用等。这些新应用需要引入一系列新的技术创新，包括但不局限于网络切片、随流检测和新型组播等。

第三阶段：应用驱动网络。随着云网的进一步融合，在云网之间有更多的信息交互，需要更加开放地将网络的能力提供给云来实现应用感知和即时调用，而 IPv6 无疑是最具优势的媒介。云网的深度融合也将给未来的电力行业创新应用带来重要变化。

第一阶段：打造基础能力
2020—2021年
控制器
网络简化，部分自治网络
SRv6 BE、TE、Policy
业务快速发放，灵活路径控制

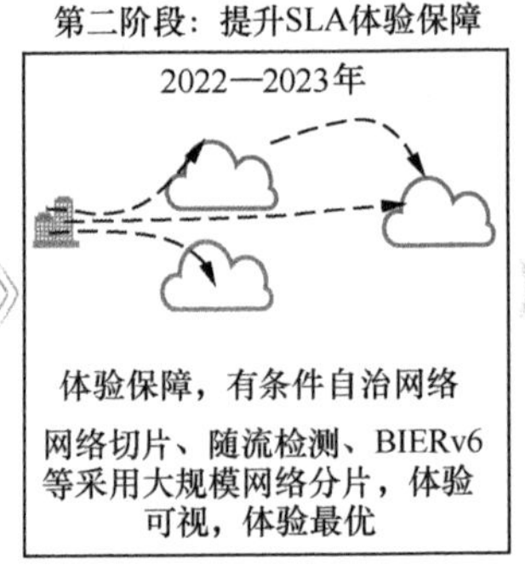

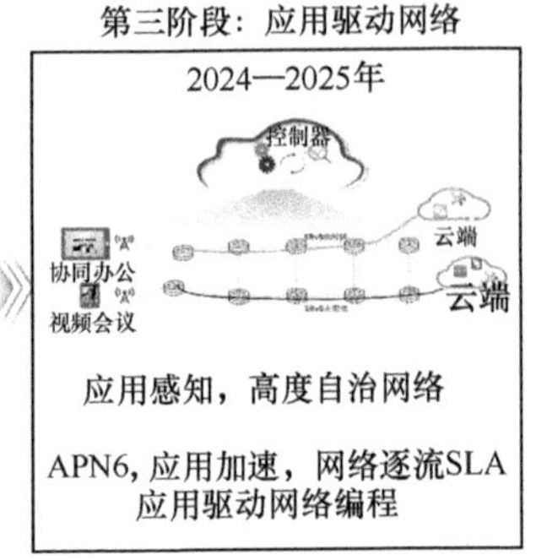

图 6-3　IPv6+产业整体演进的三个发展阶段

6.2.3　网络智能调度

1. 电力通信网向 SDN 升级

SDN 技术是电力通信网向云网融合演进的重要基础，只有云和网都实现了 SDN，才能实现云和网的智能调度。电力通信网的能力和功能模块化，例如能力开放、感知分析、策略控制和流量调度，均需要根据 SDN 技术的特点进行新的设计和使用。使用 SDN 技术对智能型通信网络的好处是可以使网络控制具备更高的可扩展性和灵活性，使网络和业务之间具备可编程和自动的互动能力。基于 SDN 技术的网络架构分为业务层、控制层和基础网络层。业务层的功能由 SDN 技术中的业务编排和业务控制功能组成，将能力开放给包括云平台、第三方应用或者网管等上层应用。控制层的功能由 SDN 控制器完成，包括可视化分析、策略控制和流量调度等。网络层的功能由 SDN 架构中的基础网络层完成，可支持基于 IP 的网络、光或无线传输网和接入网等，在支持现有的承载网协议的基础上，增加对 SDN 技术相关协议的支持，基础网络层同时还完成感知信息采集、策略执行以及流量调度执行的功能。基于 SDN 的网络能很好地实现网络控制和数据转发的分离，业务层、控制层和基础网络层之间的接口必须支持 SDN 技术相关协议。

2. 基于 SRv6 承载协议的 SDN 技术

SRv6 技术是 SDN 事实上唯一的标准应用，兼具全局最优和分布智能的优势，可以实现各种流量工程，根据不同业务提供按需的 SLA 保障。另外，SR 对网络进行分段，并在头节点进行路径组合，中间节点并不感知和维护路径状态，这正是源路由的思想。相比于传统 IP/MPLS 技术，该技术降低了给设备带来的压力，可实现大规模组网。同时，SRv6 技术简化了网络控制协议，统一而简约的协议有助于实现网络的数据化和智能化，是实现 SDN 的良好基础。同时，SRv6 的转发 SID（Segment ID，分段标识）即为 128 bit 的 IPv6 地址，SRv6 SID 不仅可以代表路径，还可以代表不同类型的业务，也可以代表用户自己定义的任何功能，所以 SRv6 具有更强的网络可编程能力，用户可以灵活编程，更好地实现 SDN 的业务价值。除此之外，基于 SRv6 基础协议而发展出来的 APN6、业务链、随流监测以及大规模网络切片等技术，也使得 SRv6 技术作为 SDN 的基础承载技术，可以实现大量新网络功能的灵活调用，更好地实现业务保障和网络监测等。

综上所述，SRv6 将是 SDN 的最佳承载协议，SRv6+SDN 可实现更好的业务调度、灵活保障和智能监测等能力。

3. SDN 关键技术

SDN 技术实现了智能管理、自动部署、按需调优，它高效可靠，为数据通信集中化、控制精细化奠定了基础。因此，SDN 技术的应用与部署对未来网络发展有着重要影响。SDN 应用场景扩展需考虑在数据中心网络虚拟化、广域网流量优化、网络信息全息可视、地市接入网接入和网络安全等场景下，如何应用部署 SDN 技术、如何发挥其优势等。该技术优点如下。

第一，业务自动部署。SDN 技术使能业务场景驱动网络服务，实现全生命周期的网络部署和维护自动化，提升网络和业务的管理效率，支撑业务差异化服务。该技术能更好地服务能源互联网新业务、新业态、新模式快速发展，更自动化、智能化，灵活地部署和管理信息办公业务。

第二，业务流量优化。SDN 技术提供从传统的路由控制平面向基于 SDN 的集中式流量调度控制平面的演进方案，可满足业务流量高质量服务需求，以及管理域级的拥塞控制、利用率优化、流量疏导等业务要求。设计流量调度的主要场景包括链路级、业务级和路径级。

第三，网络和业务信息全息可视。SDN 技术通过精细粒度流量流向、业务流属性、资源拓扑等信息采集，以及人工智能分析挖掘、海量数据智能关联分析，并基于大数据网络信息，精准把控网络和业务动态及状态，打造多维度和多层次的网络拓扑、业务逻辑、故障告警、性能指标全息可视，实现故障快速精准定位定界。

SDN 管控系统和网络路由器等设备是 SDN 技术的基础，各个网络设备应采用南北向接口标准公开的 SDN 管控系统，可实现底层设备与上层系统的快速集成。

6.3 电力云网融合架构

电力企业云网融合是电力业务与网络新技术结合的新型数字基础设施，融合的“云”和“网”承载海量业务数据的交换和共享。充分借鉴云计算的弹性、灵活和服务化等特性理念，实现网络与云的敏捷打通，提升网络资源在供给使用和运维管理上的效率，做到以云服务的形式开通和提供网络服务。

6.3.1 云网融合的概念

云网融合是基于云上业务需求和网络技术创新并行驱动带来的信息基础设施深度变革，是使得云和网高度融合、相互感知、智能调度的一种概念模式。云网融合要求承载网根据各类云服务的需求开放网络能力，实现网络与云的敏捷打通、按需互联，并体现出智能、自动、高速、灵活等特性。云网融合的发展要经过云网协同、云网融合和云网一体化三个阶段，最终使得传统上相对独立的云计算资源和网络设施融合，形成一体化供给、一体化运营、一体化服务的体系。云网融合正逐步成为通信网络基础设施和存储、算力基础设施之间高效运行的催化剂。

云网融合以云为核心，通过云和网的协同、互动提升整体业务服务水平和资源利用率。云网融合最初起源于云内网络，即 DCN（Data Center Network，数据中心网络），通过采用大二层 VXLAN（Virtual eXtensible Local Area Network，虚拟扩展局域网）技术和 Leaf-Spine 的组网架构，实现数据中心内部网络和云能力的一体化敏捷运营、管理，满足云上海量数据快速传输、高频处理的需求。随着数据中心间的流量激增，云间 DCI（Data Center Inter-connect，数据中心互连）也成为云网融合的新领域。云间互联网络通过部署大带宽、低时延和自动化智能调度系统，满足数据中心间东西向流量的快速转发和高质量承载。随着企业上云需求的激增和 SaaS 服务的发展成熟，如何实现企业快速上云成为云网融合关注的重点，通过软件定义网络的方式，可实现简单、灵活、低成本的入云连接。

云网融合已经成为云计算领域的重要发展趋势。随着云计算产业的不断成熟，业务需求和技术创新并行驱动加速网络架构发生深刻变革，云网高度协同，不再各自独立，云计算业务的开展需要强大的网络能力支撑，网络资源的优化同样要借鉴云计算的理念，云网融合的概念应运而生。

随着我国各行业上云进展的不断加快，用户对云网融合的需求日益增强。中国信息通信研究院的云计算发展调查报告显示，2020 年，超过半数的企业对本地数据中心与云资源池之间的互联需求强烈。

各行业上云带动了转型过程中对云网融合需求的不断提升，云网融合提供各种应用场景以满足不同行业的数字化转型需求。2020 年，企业对云网协同的需求排名依次为：本地数据中心与云资源池互联（混合云模式）；国内分支机构互联；云资源池之间互联；数据中心之间互联；跨境机构互联。其中，超过半数的企业对本地数据中心与云资源池互联的场景需求最大。从业务需求来看，伴随着业务实时性和交互性需求的提升，传统中心化的云部署方式难以满足超低时延业务高性能要求和低功耗、低成本的高性能终端要求，需要通过多云协同、云—边协同乃至云、网、边、端协同等方式不断提升云的实时性和可用性。

6.3.2 云网融合发展路线

云网融合涉及云计算、云存储、网络通信三方面。网络要为云及云上的各类应用提供按需连接和服务质量开放能力；云要与网络协同驱动网络连接自动部署，同时还要为上层应用提供开放平台，通过生态不断丰富电力企业对内对外的各类应用，共同打造电力企业云网融合 ICT 基础设施，向更简洁、更敏捷、更智能的新型云网转变。云网融合的发展将是一个长期的演进过程，将历经云网协同、云网融合、云网一体化三个发展阶段，最终将形成层次化分工、无缝协作的融合技术架构。

1. 云网协同

这一阶段，电力企业通过云平台的建设和数据通信网 SDN 改造，逐步实现云和网的智能化、自动化和虚拟化，但两者在资源形态、技术手段、承载方式等方面彼此相对独立，在该阶段，通过云端控制器和网络控制器的接口对接，实现业务的自动化开通、网络协同部署，提供智能便捷的业务体验。云和网可在管理平台上无缝对接，能对异构网元和设备进行统一纳管，初步实现自动化的开通、故障定位和排除能力。云和网形成统一的资源视图，网络的拓扑、带宽、流量和云的计算、存储能力等可实时呈现。网络提供与云业务相匹配的确定性质量保障，面向不同业务提供差异化的质量保证。云和网通过统一的 API 实现能力的初步封装，能够向更高层的业务平台提供原子化服务。

2. 云网融合

这一阶段，云和网在逻辑架构及通用组件方面逐步趋同，在物理层打通的基础上，可实现资源管理和服务调度的深度嵌入。云和网在资源及能力方面，在云网功能层、云网操作系统上实现云网能力的统一发放和调度。

云和网可集中管理，具备统一的公共服务能力模块，实现对物理实体和虚拟实体的统一调度与可视化。发生故障时能够对云网资源进行快速定位，并实现云网负载的自动切换。云和网业务可以统一进行微服务化封装，人工智能、安全、区块链等技术内生形成服务能力，赋能电力企业业务平台。云和网能够通过抽象层虚拟化底层资源，并支持开放 API 向第三方平台输出，能够向更高层的平台提供数量更多、种类更丰富的原子化服务。

3. 云网一体化

这一阶段，将在 ICT 基础设施、底层平台、应用架构、开发手段、运营维护工具等方面彻底打破云和网的技术边界，在硬件资源和业务逻辑层面最终实现计算、存储、网络三位一体。从业务和应用视角，不再会看到计算、存储和网络三大资源的显著差异和彼此隔离，云网资源和服务成为电力企业数字化平台的标准件。

云资源百分之百以云原生方式提供，全面支持以云化服务模式提供网络资源，云网资源及其相关数据可弹性扩展，可基于业务和应用所需全部自动化生成、动态调整、实时优化。云网运营系统演进升级为云网操作系统，实现对所需资源的统一抽象封装、编排管理。云网操作系统内置 AI 能力，业务生命周期内的资源配置、调度等可全自动化进行，无须人工干预。全面提供统一的云网切片能力，安全、AI 等能力在云网服务中内生，内嵌云网切片服务。基于统一的云网资源，提供简化的接口，实现层次化、服务化的全面能力封装，实现云网能力可编程，面向开发者提供基于云原生的云网开发环境。

6.3.3　电力云网融合的目标架构设想

当前电力企业云和网分别独立建设、运维管理，缺乏有效协同机制。云内网络基本能够实现网络自动化开通，但跨区域数据中心之间、多云场景中，云和网尚缺乏有效的协同机制。随着电力企业数字化转型的快速推进，电力业务上云、数据及业务中台建设，电力通信网 IPv6 和 SDN 改造，将推动电力企业向云网融合演进，实现状态全面感知、数据融合共享、信息高效处理、业务敏捷创新。

1. 云网融合技术架构

电力企业的云网融合技术架构如图 6-4 所示，云网管理架构突出“网络与云计算基础设施统一管理、统一运维”的思想，形成涵盖规—建—维—优全生命周期的融合架构，主要包含以下功能。

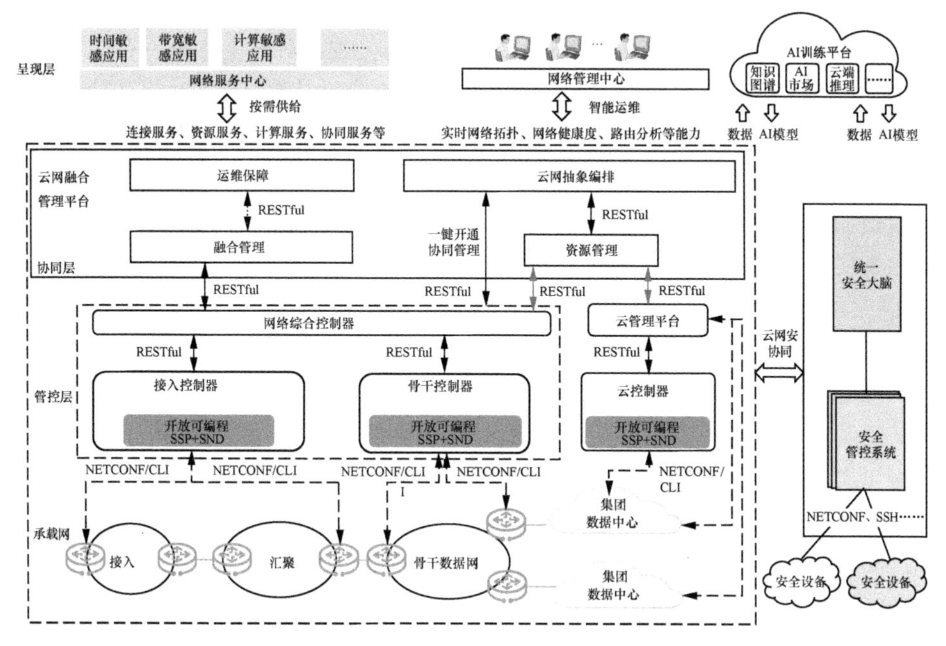

图 6-4　电力企业的云网融合技术架构

协同管理：云网资源通过统一的管控平台，实现云资源（虚拟机、容器、裸金属服务器等）和网资源（端口、链路、带宽、队列等）统一管理、协同分配，对云网资源统一抽象、编排、呈现，实现云网基础设施的灵活高效管理、监测和调配。

一键开通：基于统一的云网管控平台，提供一体化业务开通能力，云网资源基于业务需求统一发放和调度，改变传统网络和云资源独立管理、业务网云

分段开通调试的现状；基于 SRv6 技术，实现网络跨域拉通，并自动协同云资源的配置，从人机交互到机机自动化协同，实现云网业务开通时间从周级、月级缩短到分钟级，满足各种业务"随时、随地、随需"的多样化诉求。

智能运维：基于端到端随流检测技术，直接检测每个业务、每条流、每个报文的丢包、时延、抖动，准确识别 QoS；基于大数据分析，海量告警处理，精准识别故障根因；基于知识图谱和人工智能，以机脑代替人脑，提前识别风险隐患。

按需供给：在云网管控平台上对云网资源统一抽象，对云网的原子能力进行统一的服务化封装，向上层应用提供统一调用接口，屏蔽云网原子能力内部复杂的实现细节，助力新应用开发上线，快速形成新能力。

2. 云网融合管理架构

构建云网融合管理架构，需要四大核心组件：单域控制器、协同管控平台、AI 应用模块和业务编排层。具体说明如下。

单域控制器：云平台控制器通过 SDN 自动化技术对云上计算、存储、网络设备进行统一管理和控制，网络控制器通过 SDN 自动化技术对广域和园区网络、安全设备实现统一管理，并通过 SRv6 实现跨域的拉通管理。云网控制器除了实现单域的闭环管理控制功能外，还能通过服务化接口被协同管控平台集成。

协同管控平台：协同管控平台重点承接资源统一分配管理，跨域拉通管理能力的实现，通过规则引擎、流程引擎和数字孪生等技术，实现云网业务统一编排，同时北向提供开放的 RESTful 接口供业务编排层调用，按照业务需要编排云网协同控制策略，实现云网业务快速快通，统一调度。

AI 应用模块：利用 AI 训练平台，通过数据训练实现 AI 分析模型的持续升级，云网协同管控平台实现云网的智能管控析功能和智能安全大脑。AI 训练平台可以实现网络与安全防御的智能化升级演进。

业务编排层：业务编排层根据各个业务系统需求，通过人机交互与图形化编排实现基于业务需求的云网控制策略统一编排，云网资源按需供给，同时结合智能运维能力持续监测云网资源实时状况，利用人工智能智能调优各环节，实现云网融合架构立体呈现。

3. 云网融合规划原则

云网融合目标是构筑以云为基础、以 AI 为核心、以应用为关键的新一代信息基础设施的核心底座，是产业智能化发展的必然选择。因此云网融合目标架构是实现云、网资源的一体化供给和调度、连接和算力深度融合。从体系运行出发，云网融合应具备一跳入云、一网通达、一键导航、一纤多用、一体安全五个内生能力，具体说明如下。

（1）一跳入云：云路径使能业务分钟级入云

如图 6-5 所示，网络侧基于 SDN+SRv6 实现路径可编程、智能可调优，并通过云网融合实现任意位置接入的一跳入云、多云多网的灵活连接能力。用户通过 SDN+SRv6 实现路径可编程，支持网络路径快速下发、快速调优，解决云网体验不一致的难题，实现业务分钟级一网入云。

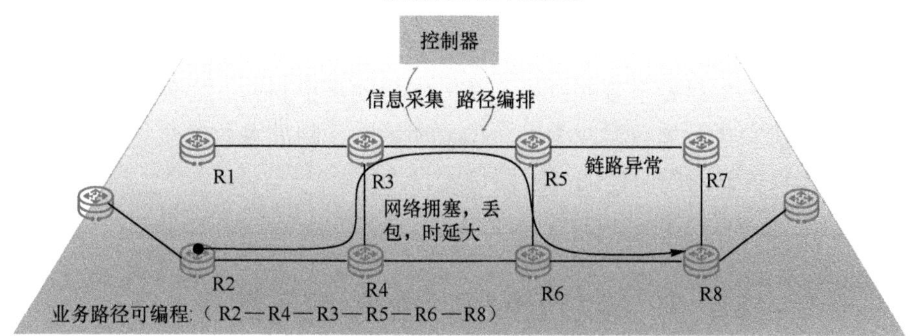

图 6-5 基于 SDN+SRv6 实现云网资源路径可编程智能调优

（2）一网通达：云网服务化，云网资源像用电力一样敏捷

统一的云网资源和服务化架构提供应用级租户级接口，屏蔽网络实现细节，能够根据业务的需求，灵活调度云网资源，实现资源的便捷获取，网络通则算力通。同时，结合网络实时感知与人工智能算法，实现网络状态的全维可视、网络业务的自动发放和动态优化、网络故障的自动定位和快速恢复，构建规划、建设、维护、优化全生命周期的闭环管理。

（3）一键导航：依托智能云图算法实现算力永远在线

智能云图算法结合网因子（时延、带宽、链路可用度等）加云因子（算力、存储、代价等），可以实现云网资源一体调度，包括多云资源自动均衡调度，以及上云路径的最优选择，为用户提供最佳算力体验及确定性保障能力。

（4）一纤多用：层次化切片，为不同业务提供确定性质量保障

云网融合采用 5G 承载的 FlexE 切片技术，其核心功能是划分时隙，以 5GE 颗粒度为例，一个 100GE 端口可划分为 20 个时隙的数据承载通道，其中每个时隙对应的带宽为 5 Gbit/s。原始以太网帧以原子数据块（64B/66B 编码）为单位进行切分，这些原子数据块基于时隙进行发送，每个时隙传输一个数据块。时隙之间完全隔离，不能互相抢占。以此实现类 SDH 的稳定时延和物理隔离的能力，智能云端结合网络侧层次化切片架构，实现语音视频会议、生产管理、

邮件办公、应用数据调用等多种不同 SLA 诉求的业务一根光纤进入网络侧不同的业务切片专网，实现精细化体验保障。依托专网级管理，切片资源可随业务要求灵活组织和调整，随用随切。

（5）一体安全：构建云网安一体的立体防御，体系化内生安全

构建覆盖全网系的统一信任基础设施，并从自主可控、网元安全、接入安全和架构安全等维度共同构建可信基座。构建云网安一体纵深防御，各种安全能力密切配合、环环相扣，形成全网协同、一体联动的联防联控机制，借助大数据、AI 等技术，实现安全态势全感知和云网安联动的威胁近源阻断，安全能力云化部署。在网、云、端内嵌安全传感器，实现安全状态可知；关键节点布设安全执行器，实现安全策略执行；统一部署安全控制器，实现安全策略编排和下发；依托安全大脑，形成全网一体监测感知、精准高效安全管控、迅疾顺畅地响应处置的云网安一体的动态防御安全体系。

6.4 电力云网融合创新应用探索

当前电力云网融合作为新型数字基础设施，不仅需要实现技术上的创新，同时在应用上也需要通过逐步探索，在多个场景中实现创新应用的落地。

6.4.1 客户服务中台云网融合创新应用

电力企业客户服务中台主要建设于三地数据中心外网云上，为支撑众多业务单位外网云业务需求，各业务单位均通过高速互联的外网云专线接入三地数据中心，以实现三地数据中心资源支撑全网使用的公共服务云模式。建设公司统一的客户服务中台，需要云和网大规模协同，满足各单位业务前台大规模数据和算力调用需求。通过云网融合系统的建设为使用公共服务云的单位提供如下能力。

云池推荐。根据单位分支位置信息、云池位置，管控系统按照 CPE（Customer Premises Equipment，用户终端设备，又称用户驻地设备）接入位置，推荐入云业务的时延等，并结合成本、带宽、可靠性等各种约束条件，推荐符合条件的云池资源和网络路径。

云网业务一体供给。管控系统内置多种基础业务模型，可以根据云网产品定义快速构建端到端逻辑业务实现逻辑，但维持对外接口不变。同时管控系统内部提供不同云池的 VPC（Virtual Private Cloud，虚拟私有云）预置接入能力，

可以实现云资源自动匹配和配置分解。

业务调速。在业务一体供给接口的基础上提供租户级业务调速能力。通过此接口，可以自动实现业务限速和网络路径资源调整。

自主运维。云网融合运维的一个重要功能是提供租户业务 SLA 可视、可对账，以及出现问题时可实现用户一键报障。网络管控析一体化智能运维平台如图 6-6 所示。用户可以通过 Portal 查看业务质量，也可以定时收取业务质量报告。当业务产生故障时，可以一键自助申报故障，并实时跟踪故障修复进度。用户仅需对业务进行可视使能，而无须关注诊断技术细节。管控系统可实现业务 SLA 检测自动启停，检测数据自动整理分析，并自动生成报表数据。

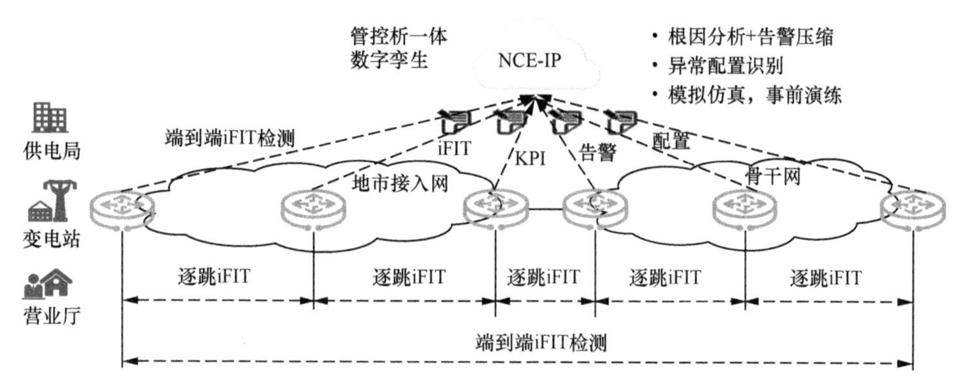

注：NCE 即 Network Cloud Engine，网络云化引擎。

图 6-6 网络管控析一体化智能运维平台

6.4.2 多云多网协同支撑云间或云网资源按需调用

多级云网协同如图 6-7 所示。

1. 场景一：同系统应用与数据库间交互

应用系统多采用 Web 层、应用层、数据库层典型三层部署架构，Web 层和应用层部署在云内，数据库层部署在云外，云内的 Web 层和应用层使用云内的 SDN 控制器完成网络资源的开通和自动化发放，云外的数据库层需建立与云内的应用层的互联关系，需打通网络资源，而云内云外网络资源无法协同工作。因此需协同云内云外的 SDN 控制器，完成同一套应用系统云内云外网络资源的统一分配、统一开通。如在电网中台建设中，通过云网融合实现各个业务前台与各级电力业务资源中台之间的云网资源统一管理、统一分配和开通。

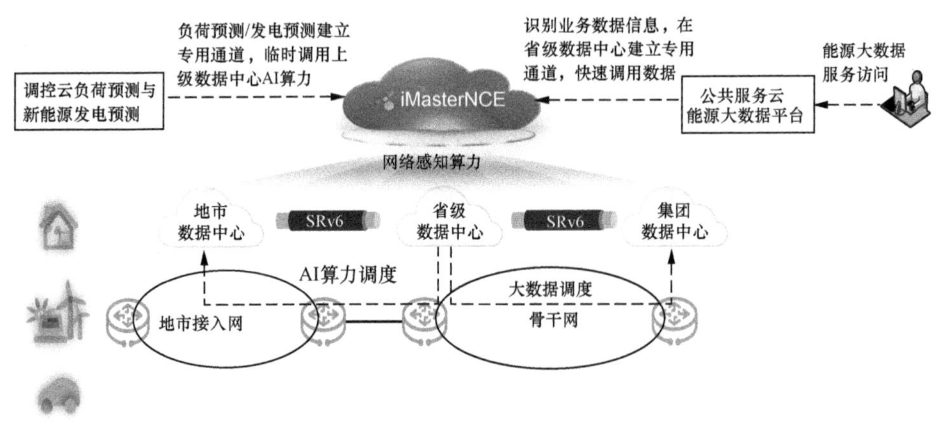

图 6-7 多级云网协同

2. 场景二：同系统模块间数据交互

复杂的应用系统也可能涉及多个子模块，部分子模块部署在云内，部分子模块部署在云外。部署在云内的子模块使用云内的 SDN 控制器完成网络资源的开通和自动化发放，部署在云外的子模块无法使用云内的 SDN 控制器进行网络资源的开通和自动化发放，云内云外网络资源无法协同工作。因此，同样需要协同云内云外的 SDN 控制器完成同一套应用系统云内云外网络资源的统一分配、统一开通。如实现三个总部数据中心之间，以及总部与省级数据中心之间资源中台数据、算力的灵活调度。

3. 场景三：不同系统间数据交互

电力企业涉及应用系统众多，部分应用系统部署在云内，部分应用系统部署在云外，或者部分应用系统部署在云基础设施提供商的资源池平台上。这些应用系统无法进行统一的资源发放和网络自动化连通。因此，需增加协同层，协同云内云外的 SDN 控制器完成不同应用系统云内、云外网络资源，以及异构厂商云资源池网络资源的统一分配、统一开通。如利用云网融合实现资源中台、服务中台、项目中台等中台之间各业务系统的云网资源的统一分配和开通。

6.4.3 视频会议保障、应急视频业务保障

电力企业语音视频业务包含视频会议系统、统一通信系统、调度软交换系统等，随着企业的数字化转型，远程语音视频已成为支撑远程办公、远程专家

支持的重要工具，同时视频会议系统逐步向高清/4K 升级，网络带宽需求快速增长，当前语音视频会议主要通过视频 VPN 承载，重要会议保障难、故障定位难，易出现视频中断、卡顿、画面模糊等现象，视频会议的网络保障已逐步成为网络管理运维的重要需求。

如图 6-8 所示，基于云网融合的视频会议保障方案，采用基于 5G 承载网的网络切片技术，针对普通的语音视频业务，构建一张大带宽、低时延、快速收敛的专用切片通道，相对于传统 VPN 网络切片具有更高的隔离能力，能够有效保障业务带宽和网络时延。针对公司级的重要视频会议，视频业务系统根据视频会议时间、参会单位等相关信息，通过云网协同层实现与网络控制器的信息交互，有网络控制器提供专项保障，通过支持 SRv6 的 SDN 技术实现网络灵活编程，优化网络结构、性能参数，同时采用 Telemetry 协议实现秒级的网络感知随流检测，实现视频会议业务流的实时监测，对出现网络拥塞、性能劣化等异常状况的网络进行智能调优，始终保持视频会议系统的质量和流畅度，为重大视频会议提供 VIP 级的重点保障。从安全上，利用 SRv6 IPSec 对重要视频会议业务流进行加密，保障重大视频会议的信息安全。

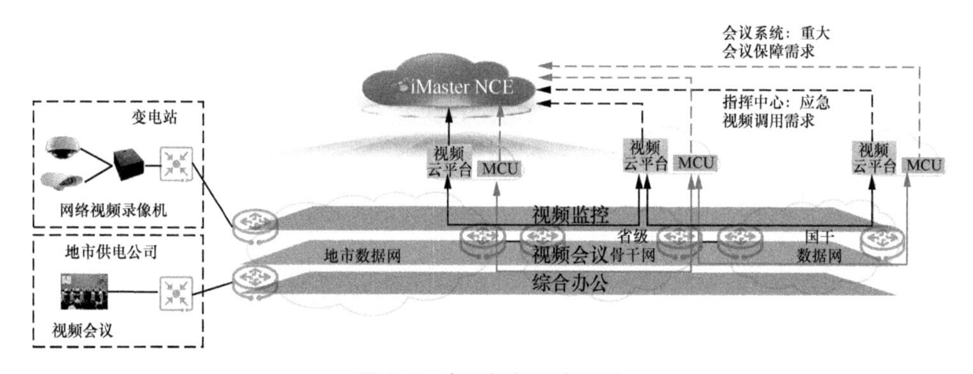

图 6-8 会议视频保障应用

变电站视频监控已在变电站远程监控操作、人员安全管控、现场异常信息确认等方面广泛应用。智能变电站的建设更加突出对变电站的安全监控。随着变电站智能化改造的升级和加速，更多高清摄像头在变电站得到部署。当前视频部署方案采用站内部署 RPU（Remote Processing Unit，远程处理单元），通过综合数据网接入地市、省、网视频云平台，每个变电站预留 8 Mbit/s 带宽，通过流媒体服务方式供各级视频云平台调用站内实时视频或历史数据，只能满足日常巡检、一般倒闸操作等基础业务需求。在应对雷雨大风、台风、龙卷风、冰雹等恶劣天气时，在年度重大集中巡检、检修活动、重大保电活动中，有限的网络带宽难以保障突发流量的网络弹性需求。

基于云网协同变电站视频监控应急保障方案，通过打通视频云平台和各级网络控制器之间的信息交互通道，在云端需要集中调度单个或多个变电站大量视频业务的需求下，在目标变电站、各级视频云平台、各级应急指挥中心之间，快速建立应急通道，保障重要站点视频全部上传至视频云和各级指挥中心，可支撑电网应对重大事件，满足可视化应急指挥需求。

6.4.4 物联终端一跳入云，网络切片业务差异化保障

新型电力系统需要打通源、网、荷、储各个环节，实现多能源网络的友好互动，电网的运维巡检需要大幅提升对输、变、配、用等各环节运行状态感知和隐患防控的能力，电力企业大规模推进智慧物联体系建设，各种新型物联终端取得广泛应用。各型物联终端均通过 4G/5G 公网、无线专网、IP、EPON、GPON 等网络连入云上物联管理平台。通过云网融合实现网络与云端应用系统快速协同，物联终端实现从任意位置一跳入云接入，同时提供多云多网灵活连接的能力，实现业务分钟级一网入云。同时，利用网络切片能力，为视频、数据、控制等不同业务的智能终端提供端到端切片网络。相比传统的 VPN 等逻辑隔离方式，网络切片可为电力业务提供物理隔离的通道，不仅保障多种业务不同的 SLA 诉求，同时还可以满足生产控制区和管理信息区不同业务专网专用横向隔离的要求，实现精细化业务体验保障。

第 7 章
电力物联网

智能电力云网构建起了新型电力系统通信网络和数字化应用的“骨架”和传输通道，那么各类电数据、非电数据和碳数据作为需要传输的内容，其采集和汇聚则依赖于电力物联网技术。新型电力系统的发展要求各类数据的采集更加精细化，对电力设备状态的感知和监测不断向用户侧、边缘侧延伸，电力物联网技术是实现新型电力系统全景感知的基础。同时，电力物联网的手段将广泛的数据收集变为可能，通过标准的物联模型，更有利于减少数据管理成本，提升数据的利用效率，推进电网数字化能力的端侧延伸和变配电云、网、边、端全域智慧化的演进。

7.1 物联网概述

物联网作为 ICT 基础之一，已经成为信息通信发展的新动力。信息通信技术的现代化架构通用方式以云、网、边、端模式规划，物联网技术丰富了运营平台的管理内容，同时也推进了端侧数据的集中治理。在国内，不同物联技术被广泛应用在智慧社区、智慧城市和工业、农业、制造业领域。物联网具有对接数据海量化、连接设备种类多样化、应用终端智能化等特点，其发展依赖于感知与标识技术、信息传输技术、信息处理技术等。

7.1.1 物联网的技术基础

感知技术和标识技术是物联网的基础，负责采集物理世界中发生的物理事件和数据，实现对外部世界信息的感知和识别，主要包括传感器技术和识别技术。传感器是物联网系统中的关键组成部分，具有较强的可靠性、实时性、抗干扰性等特性。在电力场景中，常见的传感器有光传感器、温度传感器、烟雾传感器、气压传感器、湿度传感器等。对物理世界的识别是实现物联网全面感知的基础，常用的识别技术有二维码、RFID、条形码等，涵盖物品识别、位置识别和地理识别。物联网的识别技术以 RFID 为基础，RFID 是通过无线电信号识别特定目标并读写相关数据的无线通信技术。该技术不仅无须识别系统与特定目标之间建立的机械或光学接触，而且使得在许多恶劣的环境下也能进行信息的传输。国网公司就推广应用了基于 RFID 技术的电网“实物 ID”，为每个电力资产加装含有企业唯一身份标识的 RFID 标签。

信息传输技术包含有线传感网络技术、无线传感网络技术和移动通信技术，其中无线传感网络技术应用较为广泛。无线传感网络技术主要又分为远距离无线传输技术和近距离无线传输技术。其中，远距离无线传输技术包括 2G、3G、4G、NB-IoT（Narrow Band Internet of Things，窄带物联网）、LoRa（Long Range Radio，远程无线电），信号覆盖范围一般在几千米到几十千米，主要应用于远程数据的传输，如智能电表、远程设备数据采集等。近距离无线传输技术包括 Wi-Fi、蓝牙、UWB（Ultra WideBand，超宽带）等，信号覆盖范围则一般在几十厘米和几百米之间，主要应用在变电站、配电房、营业厅和办公场所等局域网场景中。

物联网中，通常设备和网络资源是受限的，因此在选择数据通信协议时，需要考虑设备的计算、存储、能耗和带宽不稳定等因素。常见的数据通信协议有 HTTP、CoAP（Constrained Application Protocol，受限应用协议）、MQTT（Message Queuing Telemetry Transport，消息队列遥测传输）。MQTT 是一种轻量级的、灵活的网络协议，可在严重受限的设备硬件和高延迟、带宽有限的网络上实现。MQTT 的灵活性使其为物联网设备和服务的多样化应用场景提供支持成为可能，所以它已成为物联网通信标准。

物联网采集的数据往往具有海量性、时效性、多态性等特点，给数据存储、数据查询、质量控制、智能处理等带来了极大挑战。信息处理技术的目标是将传感器等识别设备采集的数据收集起来，通过信息挖掘等手段发现数据的内在联系，发现新的信息，为用户的下一步操作提供支持。当前的信息处理技术有云计算技术、人工智能技术等。

7.1.2　物联网的技术架构

目前，物联网主流的体系架构分为三层：感知层、网络层、应用层。

感知层是实现物联网全面感知的基础。它以 RFID、传感器、二维码等为主，利用传感器收集设备信息，利用 RFID 技术在一定范围内发现和识别物体等。

网络层主要负责对传感器采集的信息进行安全无误的传输，并将收集到的信息传输给应用层。网络通信技术主要实现对物联网数据信息和控制信息的双向传递、路由以及控制。安置在动物、植物、机器和物品上的电子介质产生的数字信号可随时随地通过无处不在的通信网络传送出去。只有实现各种传感网络的互联、广域的数据交互和多方共享，以及规模性的应用，才能真正建立有效的物联网。

应用层主要解决信息处理和人机界面的问题，通过数据处理及解决方案来提供人们所需的信息服务。应用层针对的是直接用户，为用户提供丰富的服务及功能，用户也可以通过终端在应用层定制自己需要的服务，如查询信息、监视信息、控制信息等。

7.2 电力物联网架构

电力物联网作为物联网技术在电力行业中应用，是信息通信网络在电力领域端侧智慧化实现的手段。电力物联网进行多维度、更广泛的数据收集，并将数据通过 MQTT 等通信协议进行标准化处理。它是以中台大数据或边缘计算方式驱动业务智慧化的基石。现有的电力物联网总体架构参考目前业界较为成熟的实践架构，融入大数据、人工智能、云计算、边缘计算等先进技术，根据电力业务特有的要求，按照“精准感知、边缘智能、统一物联、开放共享”的总体思路，统筹电源侧、电网侧、用户侧、供应链等领域广泛互联和深度感知需求，构建内外部、跨专业共建共享共用的企业级智慧物联体系。统筹新增和存量物联感知需求，因地制宜制定建设演进策略，逐步向智慧物联体系过渡。

电力企业在智能云网设施的建设基础上，目前已经完成基本物联技术的数据接入，但是面对未来数字孪生、数据治理的需求，需要从传统的电力调度系统模型向边缘计算+云网络的架构转化，以“云、管、边、端”的物联网架构，指导未来电力物联网基础设施的发展。下面以国网浙江电力的智慧物联体系总体架构为例进行介绍，其总体架构如图 7-1 所示。

“云”是指部署在云端的物联管理平台及其支撑的上层应用。物联管理平台实现对各类感知层设备及物联 APP 的统一在线管理和远程运维，实现数据的统一接入和规范化，并向企业中台、业务系统开放接口提供标准化数据。

“管”是指各类远程通信网络，主要包含电力光纤、无线专网、无线公网和互联网。监管业务接入管理信息区，具备条件的采用有线网络；无线专网覆盖范围内，优先采用无线专网，其余采用无线公网。非监管业务可采用 APN 加密通道接入互联网区。

“边”是指部署在区域现场，具备边缘计算能力的智能设备。按照边缘物联代理跨专业共享共用的原则，实现一定区域内各类感知数据就地汇聚，并基于物模型实现采集数据的标准化处理及上传，支持业务就地处理和区域能源自治，不同专业的边缘侧应用以 APP 的方式在同一个“边”上实现。

“端”是指采集终端，主要包括电源侧、电网侧、用户侧、供应链等终端装置，通常部署在采集监控对象本体内部或附近，对设备或对象的状态量、电气量和环境量等进行采集量测，具有简单的数据处理、控制和通信功能，一般不配置边缘计算功能。具体包括输电专业的金具温度监测装置、导线弧垂传感器，变电专业的变压器油色谱仪、局放传感器，配电台区的智能电表、分路监测单元、低压带漏掉保护断路器，用户侧的智能插座等。

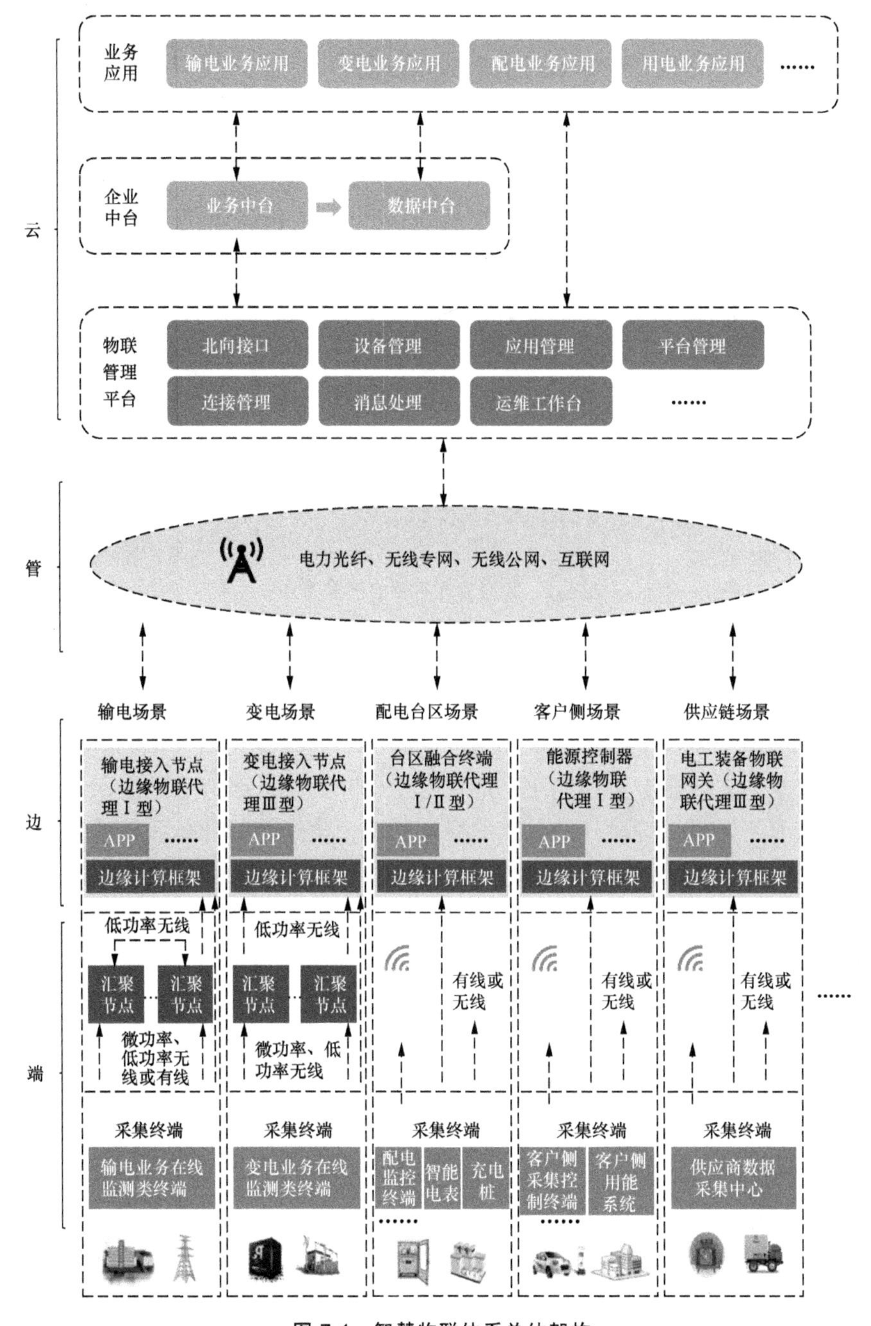

图 7-1　智慧物联体系总体架构

7.2.1 物联管理平台

物联管理平台实现对各型边缘物联代理、采集终端等设备的统一在线管理和远程运维，实现设备标识以及业务数据的共享，向企业中台、业务系统等开放接口提供标准化数据，物联管理平台的技术能力如图 7-2 所示。物联管理平台+物联接入为新型电力系统提供了电力数据的基础支撑。

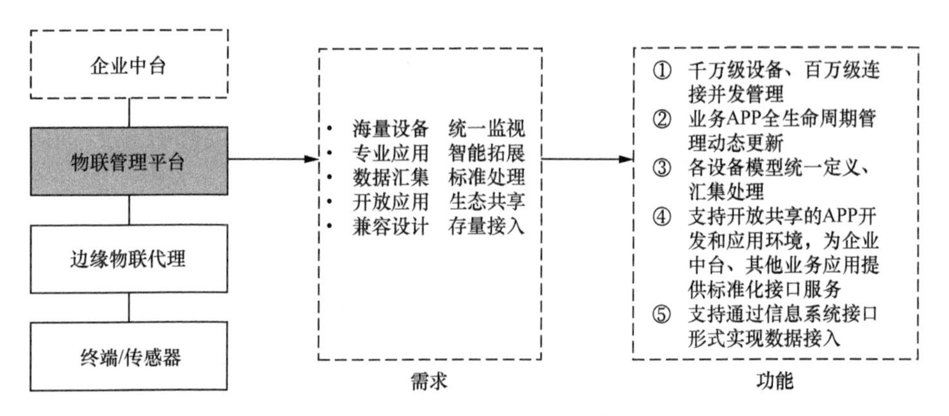

图 7-2 物联管理平台的技术能力

1. 平台能力

物联管理平台需支持对海量接入的采集终端、边缘物联代理的统一监视、配置和管理，支持各专业智能应用的快速迭代和远程升级，汇集海量采集数据并进行标准化处理，构建开放共享的应用生态，支持存量业务系统的数据接入等，如图 7-2 所示。物联管理平台通常具备百万级设备接入和管理能力，能够对部署在边缘物联代理上的业务应用进行上架、部署、启停、下架等全生命周期的管理，可以实现各设备模型的统一定义、采集汇集及标准化处理，并转发至数据中心。支持开放共享的应用开发和应用环境，为数据中心、其他业务应用提供标准化接口服务。

2. 部署架构

以国网公司目前物联管理平台部署架构为例，如图 7-3 所示，在管理信息区，基于企业管理云采用“总部—省级”两级部署模式，在互联网区基于公共服务云一级部署，可采用多租户方式提供服务。其中管理信息区的物联管理平台主要承载输变电、配电台区以及部分涉及调控控制的用户侧物联业务；互联网区物联管理平台主要承载以综合能源服务和智慧供应链等为代表的互联网区新型业务的物联需求。

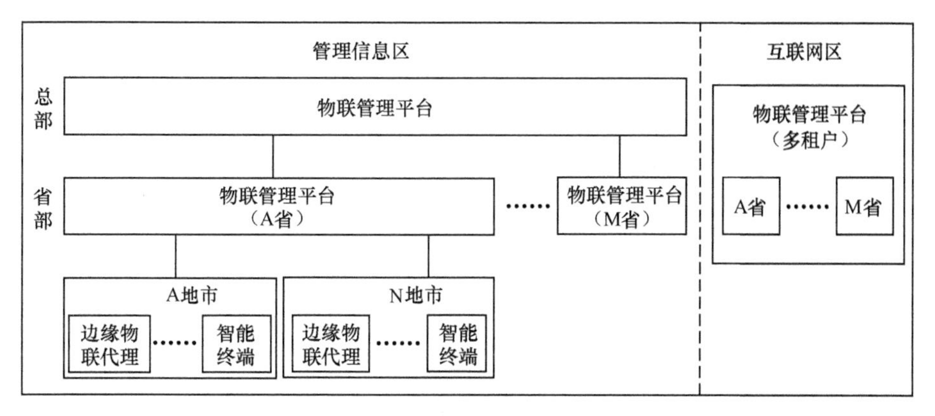

图 7-3　物联管理平台部署架构

3. 信息交互接口

物联管理平台信息交互接口主要包括北向接口、南向接口、消息总线和服务总线，如图 7-4 所示。北向接口实现与企业中台、业务应用系统等的交互，南向接口实现与边缘物联代理、业务终端等的交互，消息总线和服务总线实现平台各功能组件之间的消息和服务交互。北向接口、南向接口采用电力企业统一的物联接口协议，对于存量系统，南向接口也支持业务终端采用电力标准协议接入物联管理平台。

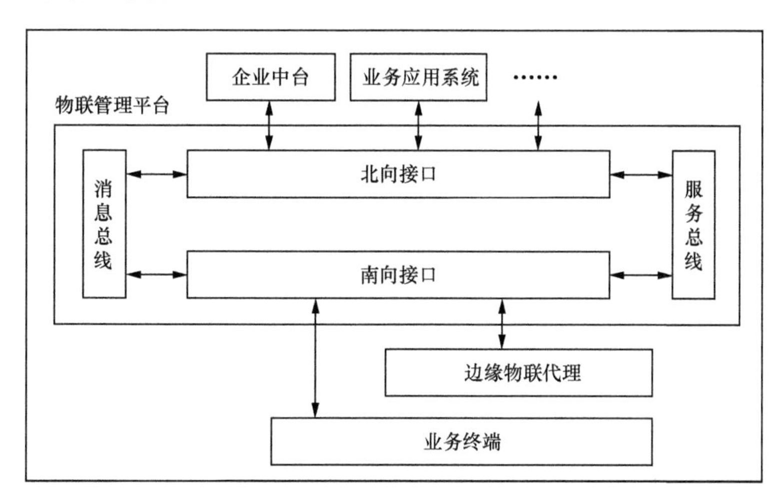

图 7-4　物联管理平台信息交互接口

4. 功能设计

物联管理平台功能主要包括能力开放、平台管理、南向管理等，具体功能架构如图 7-5 所示。

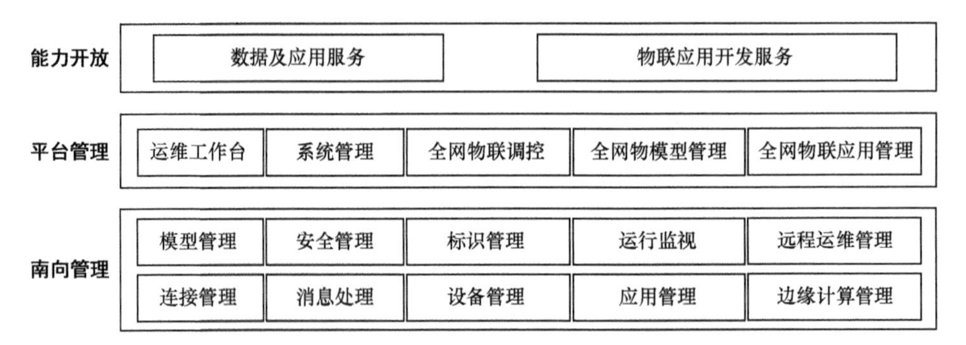

图 7-5 物联管理平台功能架构

能力开放主要包括：数据及应用服务，从而支持向企业中台、业务应用系统等提供标准化服务接口，实现信息和服务交互；物联应用开发服务，向边缘物联代理和终端设备开发方提供 SDK（Software Development Kit，软件开发工具包），实现终端便捷接入物联管理平台。

平台管理主要包括：运维工作台，用以支持展现框架、通用性与个性化相结合的个人工作台以及自定义组件，方便管理人员开展运维工作；系统管理，提供用户管理、权限管理、日志管理等功能；全网物联调控，提供全网的物联状态监视、物联调度管理等功能；全网物模型管理，提供全网物模型标准化管理、物模型版本管理等功能；全网物联应用管理，提供版本监控、使用情况、评价分析等功能，以符合标准化要求。

南向管理主要包括：模型管理，提供模型定义、模型应用等功能；安全管理，提供面向终端的应用安全加固与签名、设备全周期安全管理、安全监测与联动处置、终端安全升级等功能；标识管理，提供标识注册、标识解析、标识查询、标识业务管理、标识数据管理等功能；运行监视，提供对面向终端的物联状态、设备状态、框架状态、安全态势、应用状态等方面的监视功能；远程运维管理，提供面向终端的远程升级管理、维护管理等功能；连接管理，实现物联管理平台与边缘物联代理、业务终端之间的接入认证、协议适配等功能；消息处理，支持对采集信息进行实时计算、数据分发等；设备管理，支持对物联设备的档案信息、工作状态、系统资源（计算资源、存储资源等）等进行管理；应用管理，支持对运行在边缘物联代理、智能业务终端上的 APP 进行管理；

边缘计算管理，提供对边缘物联代理上边缘框架的配置与应用等功能。

7.2.2　边缘物联代理

物联终端类型繁多、通信协议不尽相同，这些终端接入平台采用的是标准化的协议。这些物联终端产生海量的数据，需同时处理，具有时效性的要求，为了适应物联场景，根据电力业务要求，增加了边缘物联代理硬件边缘设备。该设备部署于感知层的网络连接设备，支持各类型采集终端和汇聚终端即插、即连、即用的接入需求，用以实现感知层终端与物联管理平台之间的互联、边缘计算、区域自治等功能，适配各类电网应用场景需求。

边缘物联代理设备在智慧物联体系中部署于边缘侧的装置或软件模块，利用本地通信网络将（智能）传感器、采集控制终端、表计、监测装置等终端进行统一接入，实现对多种通信方式和协议规约的适配，根据统一边缘计算框架对数据进行边缘处理和标准化建模，并通过安全接入平台发送到物联管理平台或主站系统。

根据边缘物联代理设备的智能化和集成化程度，这些设备按功能配置可分为智能型、基本型、轻量型，以适应不同业务场景及应用需求，提高建设的经济性。通过预设或后安装应用程序的方式，可让这些设备具备满足营销、运检、新业务等所需的业务支撑功能。其中智能型主要用于变电站，尤其是视频业务接入、图像处理等需要配置高性能计算能力的场景；标准型主要用于配电站房或台区侧，针对用采、配变、充电桩、分布式储能等营销、运检业务接入场景；轻量型主要用于居民家庭或商业用户，针对综合能源服务和新兴业务接入场景。边缘物联代理功能架构如图 7-6 所示。

1. 边缘物联代理

边缘物联代理依照物联网标准的软硬件架构体系，由硬件层、软件层两层架构组成，其设计架构如图 7-7 所示。硬件层由主控单元、存储单元、通信模块等构成。软件层由驱动程序、系统内核等组成，采用容器技术实现多个容器同时运行，支持容器间的数据通信，实现数据交互共享。通信由远程通信和本地通信构成，远程通信支持以无线公网或专网等通信方式将数据分别上送配电主站和用采主站等；本地通信支持 HPLC（High-speed Power Line carrier Communication，高速电力线载波通信）、RS-485 等多种通信方式与感知单元进行数据交互。

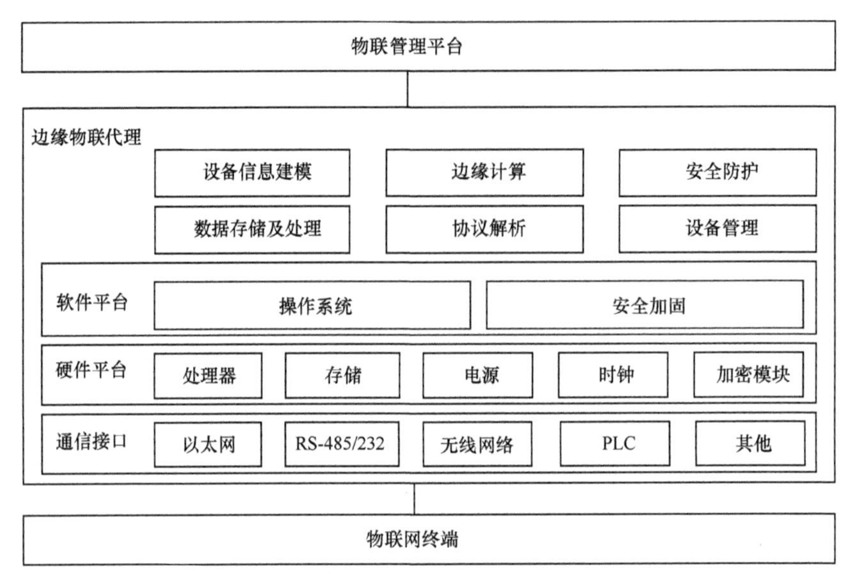

图 7-6 边缘物联代理功能架构

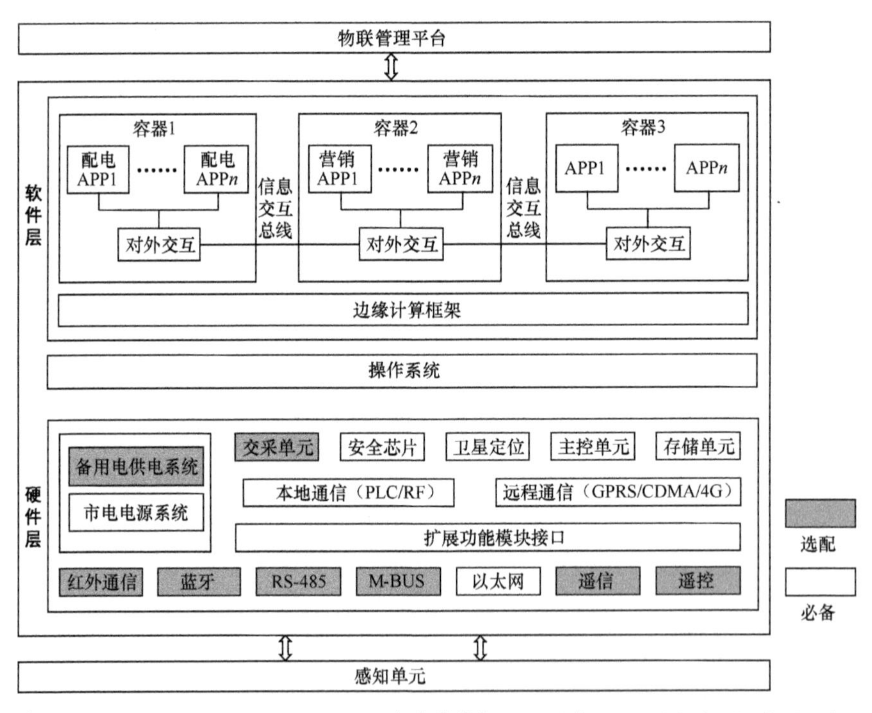

注：PLC 即 Power Line Communication，电力线通信；GPRS 即 General Packet Radio Service，通用分组无线业务；CDMA 即 Code Division Multiple Access，码分多路访问，也称码分多址。

图 7-7 边缘物联代理设计架构

在硬件层，边缘物联代理根据 CPU 主频、内存、闪存大小等配置差异分为不同型号，以适应不同业务场景，同时嵌入使用安全加密芯片，兼容现有业务接入。配置以太网接口作为远程通信接口，并可选配 RS-485、电力线载波通信接口等本地通信接口，各接口之间相互独立。扩展功能模块用以选配无源节点输入、温度采集、USB（Universal Serial Bus，通用串行总线）等扩展接口等。硬件接口采用模块化设计，可根据需求更换和选择，满足互换性要求。

在软件层，首先，边缘物联代理应安装经过安全加固的嵌入式操作系统，并做到版本可控、在线升级。操作系统应能支撑上层应用的独立开发及运行，并提供统一标准的外部及内部资源调用接口，以实现上层应用与底层硬件解耦。嵌入式操作系统应具备进程管理、内存管理、文件系统、网络管理、系统安全配置等功能，支持业务分类标识处理，支持对接口、连接、软件资源、硬件资源的优先级管理。其次，边缘物联代理采用容器技术，容器运行在操作系统之上，提供应用所需的统一标准的虚拟环境，完成应用与操作系统和硬件平台的解耦，实现不同容器中应用的隔离，同时支持容器管理、容器监控等功能。针对边缘侧的各类应用，支持独立开发，采用容器方式部署，支持“一容器、多应用”部署方式，支持应用程序的远程安装、配置、升级、监控。

在通信协议层面，边缘物联代理通信协议遵循“双通道、多协议”原则，兼容现有的集中器、配电终端、新业务及感知单元等设备的各种通信协议，支持多主站接入；同时考虑物联管理平台数据采集和各类设备统一通信协议的需求，边缘物联代理逐步向“单通道、单协议”发展，需满足远程软件升级通信协议的要求，后续无须更换硬件。通信接口主要包括远程对上通信接口和本地对下通信接口，远程对上通信接口包括以太网接口、无线通信模组等通信方式，本地对下通信接口包括 USB 接口，以及 M-Bus（Meter-Bus，仪表总线）、红外等扩展通信方式。通信协议对上采用 MQTT、CoAP 等，对下可适配 HPLC、RS-485、ZigBee、LoRa 等多种本地通信方式。

2. 功能设计

边缘物联代理具有数据采集、数据处理、参数配置、控制、事件上报、数据传输、时钟同步、定位、安全防护及运行维护等基本功能，可以实现台区智能监测、电能质量分析、分布式电源电能信息采集与监控、多元化负荷管理、环境监测数据初步分析、变电设备状态判断、GIS 状态监测分析、楼宇能效控制等业务功能。应满足不同业务场景下运行环境、电磁兼容、电源的适应性要求；应支持对不同业务的优先级管理，对高优先级业务进行优先处理；应支持现有业务（营销、运检、新业务）的透明传输与数据汇集。

3. 边缘计算框架

边缘计算框架是运行在边缘物联代理上的基础平台软件，实现物联管理平台对各类终端的统一管理、应用程序全寿命周期管理。边缘计算框架与业务无关，要求功能可扩展，能实现软硬件功能解耦、软件功能可移植和重构，支撑物联应用程序实现一次开发、处处使用。边缘计算框架具备数据共享库、模型管理、消息总线、端设备管理等基础组件，支持边侧设备、边缘框架、容器、APP 的状态监控、远程运维等功能，具备认证、数据加密、可信计算以及安全基线等功能。边缘计算框架功能架构如图 7-8 所示，可提供的能力具体说明如下。

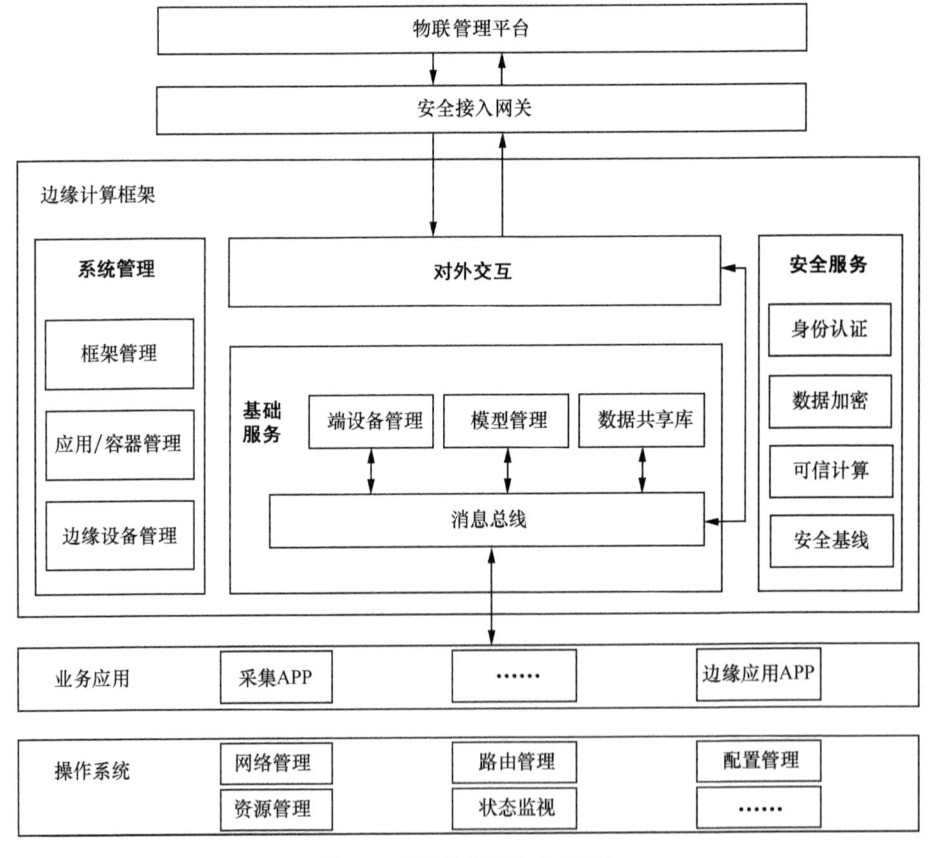

图 7-8　边缘计算框架功能架构

一是对外交互能力。边缘计算框架对外交互模块作为边缘侧与物联管理平台交互的唯一接口，提供边缘计算框架与物联管理平台、应用双向交互功能。边缘计算框架与物联管理平台采用 MQTT、HTTP/HTTPS（Hyper Text Transfer Protocol Secure，超文本传输安全协议）等协议进行交互，在边缘代理设备与物联管理平台的网络连接发生中断重连后，边缘计算框架向物管平台自动补发数据。APP 与边缘计算框架基础功能交互接口采用 MQTT 协议，提供有序、可靠的双向连接。

二是基础服务能力。基础服务模块为边缘计算框架提供数据共享库、模型管理、消息总线、端设备管理等基础功能，包括：数据共享库组件，提供对 APP 数据进行本地化管理的服务；模型管理组件，提供物模型的存储、管理和校验服务，基于物模型实现对采集数据的过滤、校验和标准化处置；消息总线组件，提供边缘计算框架内部各组件及 APP 之间进行标准化交互的通道；端设备管理组件，提供端设备管理服务，包含端设备接入、端设备数据、状态、事件上报等功能，并维护 APP 与端设备的对应关系；上述组件统一支持蓝牙、Wi-Fi 通信模块的适配。

三是系统管理能力。边缘计算框架支持系统管理，能够实现对边侧设备、边缘框架、容器及 APP 的状态监控、远程运维管理。

四是安全服务能力。边缘计算框架安全服务涵盖身份认证、数据加密、可信计算以及安全基线等功能模块，保障“云”“边”“端”之间的安全交互。

7.2.3 物联模型

物联网终端数据往往具有海量性、时效性、多态性等特点，这为这些数据后期存储、传输、处理等环节造成了很大困难，为了解决这些问题，需要制定一个统一的数据标准。物联模型是实现电力物联网数据标准化的基础，物联模型是物理空间中的实体设备（如智能业务终端、智能电表、传感器等）的数字化描述，从属性、消息和服务三个维度，分别描述该实体是什么、能做什么以及对外提供哪些信息。各类边缘和终端设备的数据上报、数据解析、数据存储及数据转发应用都遵循统一的物联模型，实现物联终端设备统一的数据描述模型，支撑电力物联网中发、输、变、配、用等各类业务终端数据信息在业务应用、物联管理平台、边缘物联代理之间的交互应用。物联模型定位如图 7-9 所示。

根据统一的物联模型建模规范，建立各电力业务应用的物联信息模型。通过物联管理平台实现全网物联模型的标准化管理，同时可在统一标准基础上继承、扩展和应用物联信息模型。物联管理平台通常提供按照统一建模规范对特定实体设备进行可视化建模的功能，在平台中创建某类设备，分别定义该设备的属性、消息和服务，并配置必要的约束条件（如数据类型、读写类型、最大值、最小值等），即可自动生成相应设备的物联信息模型。

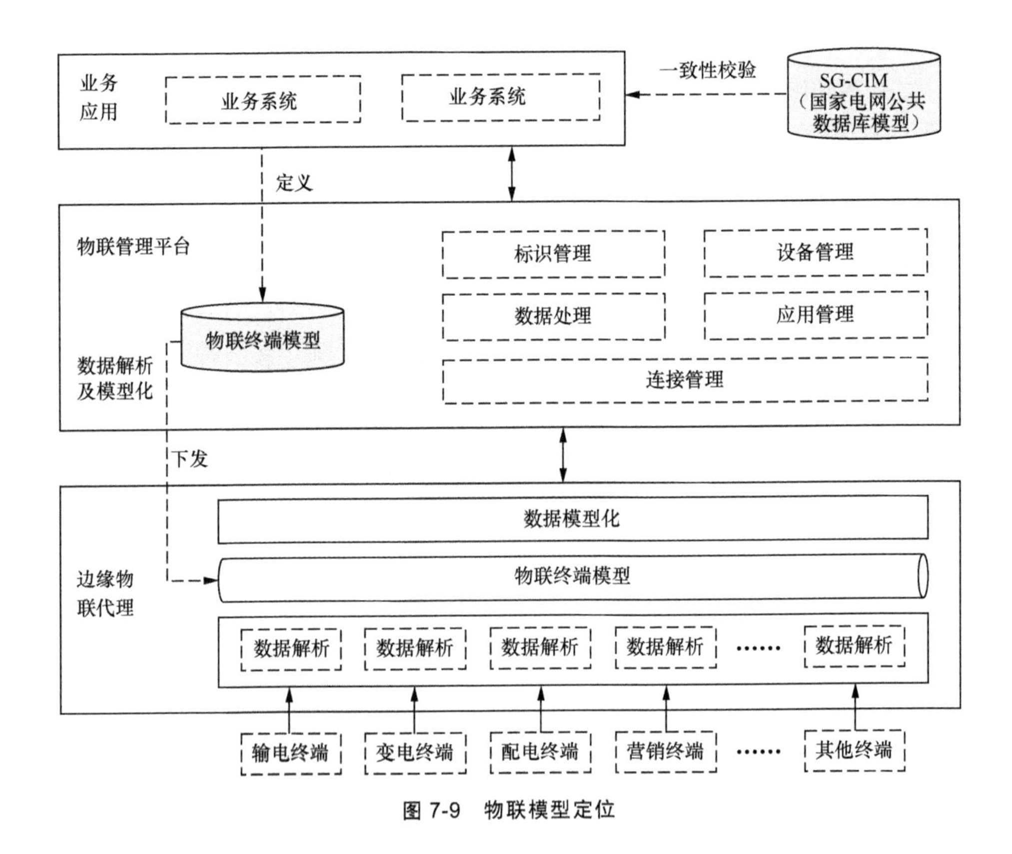

图 7-9　物联模型定位

物联模型应用在边缘侧，边缘物联代理上的 APP 间通过遵循统一物联信息模型，实现各类采集数据的源端共享和数据上报，边缘计算框架提供的数据共享库通过遵循统一物联信息模型构建物理模型。在平台侧，遵循统一物联信息模型进行设备接入配置，所有上报数据应按照统一物联信息模型进行必要的一致性和互操作校验。物联模型结构如图 7-10 所示。

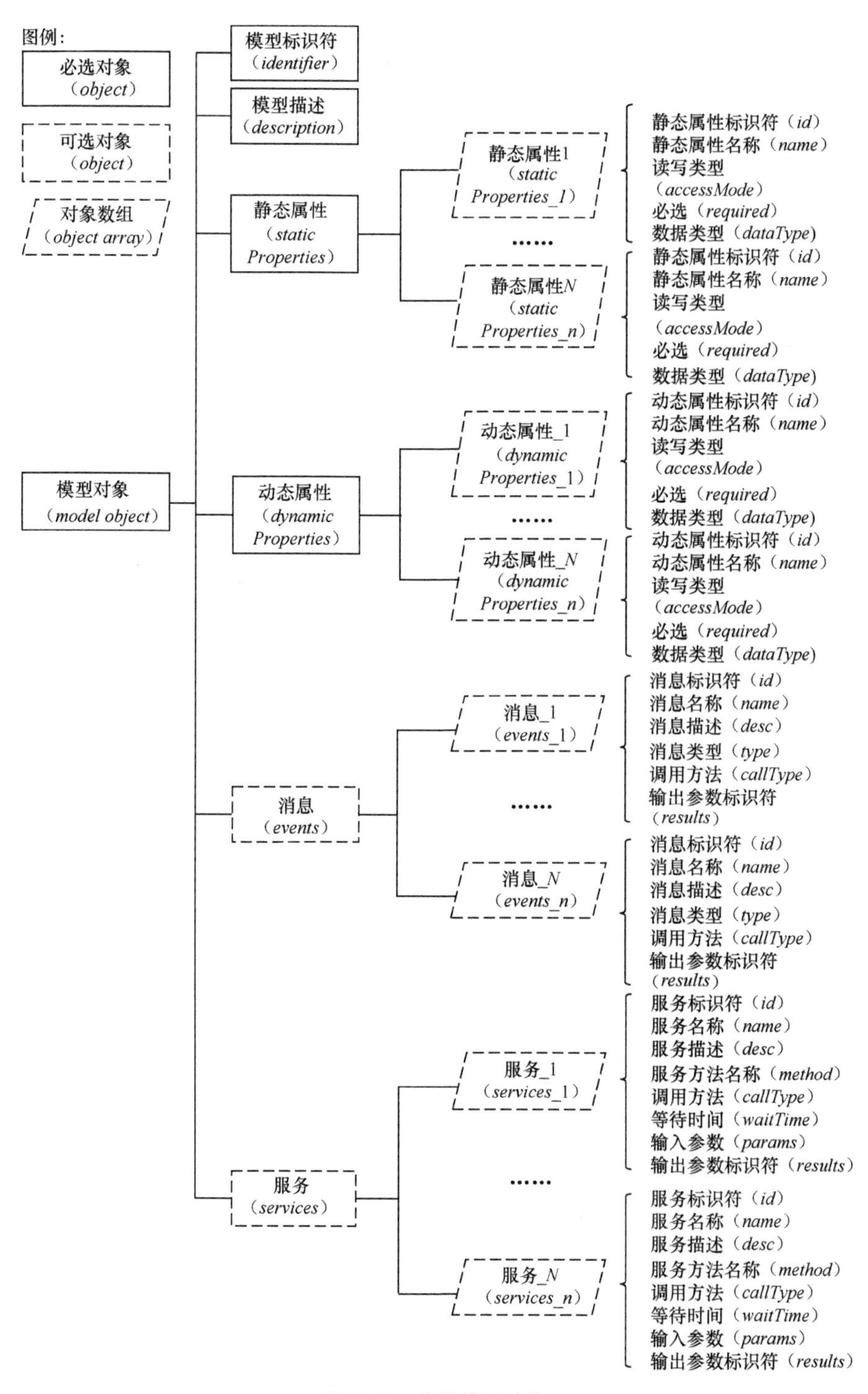

图例:
必选对象（object）
可选对象（object）
对象数组（object array）
模型对象（model object）
模型标识符（identifier）
模型描述（description）
静态属性（static Properties）
静态属性1（static Properties_1）
......
静态属性N（static Properties_n）
静态属性标识符（id）
静态属性名称（name）
读写类型（accessMode）
必选（required）
数据类型（dataType）
动态属性（dynamic Properties）
动态属性_1（dynamic Properties_1）
动态属性_N（dynamic Properties_n）
动态属性标识符（id）
动态属性名称（name）
消息（events）
消息_1（events_1）
消息_N（events_n）
消息标识符（id）
消息名称（name）
消息描述（desc）
消息类型（type）
调用方法（callType）
输出参数标识符（results）
服务（services）
服务_1（services_1）
服务_N（services_n）
服务标识符（id）
服务名称（name）
服务描述（desc）
服务方法名称（method）
等待时间（waitTime）
输入参数（params）

图 7-10 物联模型结构

7.2.4 本地通信技术

边缘代理设备和终端采集器之间采用本地通信技术解决交互和接入问题，这些技术包括 RS-485、电力线载波通信、短距离无线通信、LoRa、电力线载波与无线双模通信等。

RS-485 适用于大部分数据采集、环境监测等场景，如输电线路、变电站、配电房设备状态监测，用电数据、综合能源服务数据采集等，但存在额外布线，导致不利于后期施工维护等问题。随着 5G 通信、低压高速电力线载波通信技术和其他无线技术的成熟和普及，RS-485 将逐步退出应用。

根据工作频率及速率的不同，电力线载波通信主要包括低压窄带电力线载波通信和低压高速电力线载波通信，广泛应用于用电信息采集、低压配网运行及环境状态采集等信息采集类业务中，但不适用于无源或用电环境干扰大的应用场景。

短距离无线通信主要包括单跳通信距离小于 500 m 的小无线（对国家电网来说，也叫作国网小无线技术）、Wi-Fi、ZigBee、低功耗蓝牙等技术。小无线技术主要应用于用电信息采集，由于传输距离较短、传输速率较低，单一的小无线技术目前已不再应用。Wi-Fi、5.8 GHz LTE-U 技术主要应用于变电站、配电房、仓库、智慧园区等局域网场景，实现区域范围内机器人、智能叉车、摄像头等终端的接入。ZigBee、低功耗蓝牙等技术主要用于获取变电站、办公场所内物品、人员的位置信息。

LoRa 具有通信距离长、功耗低、抗干扰的特点，是近年来最受关注的本地通信技术之一，在变电站、低压配网、机房等环境监测具有较大的发展空间。

电力线载波与无线双模通信是当前公认的最有应用前景的本地通信技术，主要包括低压高速电力线载波通信与小无线双模、低压高速电力线载波通信与 LoRa 双模两种。设备可以根据自身需求和所处的网络环境自主选择通信方式，提高通信的稳定性和可靠性。然而，双模通信集成了两个通信模块，设备成本有所增加，两种通信方式的深度融合程度和协同通信技术上仍有待提高。

7.2.5 电力物联网安全防护

电力物联网安全防护基于电力企业当前已有的安全接入、密码体系，在保证安全可靠的前提下，优化整合安全措施，确保同类型防护措施不重复建设，避免过度防护，保障电力物联网安全防护建设经济实用。它的安全架构如图 7-11

所示。按照电力物联网典型架构，安全防护主要分为终端防护、接入防护和平台防护三部分。

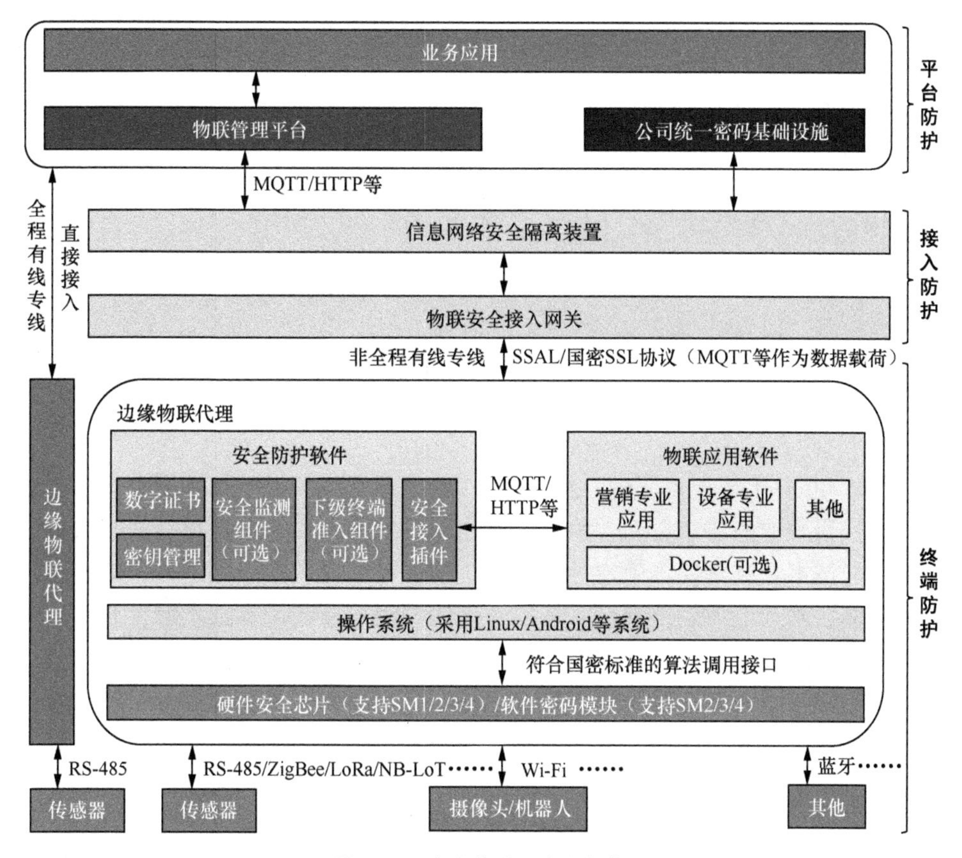

图 7-11 电力物联网安全架构

终端防护包括边缘侧物联代理及传感终端的防护。边缘物联代理根据应用场景的不同选取不同的软硬件加密方式。终端、边缘物联代理等设备之间互联时，按需选取 Wi-Fi、载波通信等各类通信通道，并加强相应通道层面的安全设置。物联终端或传输设备、线路参数、地理坐标等敏感信息的传感终端，采用基于身份认证和加密保护等的技术，实现边缘物联代理与传感终端之间控制指令和关键业务数据的安全防护。

接入防护主要指接入边界的安全防护。采用无线公网 4G/5G 或者电力无线专网接入电力企业内部网络时，通过建设统一的安全接入网关，对各类接入终端进行身份校验。边缘物联代理等设备需要采用电力企业统一安全策略，例如进行数字证书和密钥的申请、审核、下发、更新。

平台防护主要指软件应用层面的安全防护。通过与企业网络安全风险管控系统进行对接，实现对物联管理平台的有效安全监控。物联管理平台与其他设施通信前，通过安全接口实现双方的身份认证及访问控制，并且记录应用访问审计日志。物联管理平台对口令信息、隐私数据和重要业务数据等敏感信息的本地存储进行加密保护，通过访问权限控制、网络安全隔离装置、数据脱敏等措施开展数据安全防护。另外，还可以通过制定标准的安全策略，对物联管理平台运行环境进行安全加固及策略配置，定期检查运行环境的安全漏洞。

7.3 AI 平台

经过 60 多年的技术演进，新一代 AI 作为最具颠覆性的技术之一，正广泛渗透到社会生产的各个方面，协助企业在不同的场景和业务里用数据做决策。人工智能技术具有解决不确定性复杂系统的优势，应以数据为基础，加快推进人工智能技术与电力系统调控、运检、通信、测量及决策等技术融合升级。围绕人工智能的思想，构建与物理平面平行的数字平面，为全面实现能源电力系统的数字化与智能化提供坚强支撑。无论是在平台侧还是在边缘侧，物联网技术与人工智能技术正越来越紧密地结合在一起，甚至衍生出了 AIoT（Artificial Intelligence & Internet of Things，人工智能物联网）交叉技术领域。

企业级 AI 平台提供海量数据预处理及标注、模型推理（在线+离线）、机器学习、自动化模型生成，以及端、边、云模型按需部署的能力，帮助企业用户快速创建和部署模型，管理全周期 AI 工作流。除此之外，需要具备算法仓多算法管理、异构资源管理和调度、滚动升级、资源弹性伸缩和监控等特性。

7.3.1 AI 平台的定位

云平台底座为 AI 平台提供运行环境、计算资源及云服务组件支撑。

AI 平台具备样本管理、实验训练、模型管理等核心能力，从数据中台中获取模型训练所需的样本数据，数据中台为 AI 平台样本管理提供数据存储服务；业务应用通过向 AI 平台请求分析服务，经过模型运算，得到反馈的分析结果。

AI 平台将模型推送至物联管理平台，由物联管理平台将模型下发到智能边缘侧、智能终端侧，用于提升边缘智能计算能力、实时快速响应需求；智能终端将采集到的图像、视频等数据直接反馈到数据中台，或通过物联管理平台反馈到数据中台，这些数据被加工处理成数据样本。

智能边缘侧可支持的硬件种类繁多，可内嵌 AI 加密模型、AI 应用及其他应用，支撑不同的终端设备应用场景，可对接设备层的摄像头、智慧电表、机器人、充电桩等；AI 平台通过开放接口将模型与 AI 应用提供给物联管理平台，通过鉴权方式实现安全的权限管控，物联管理平台在获得 AI 模型和 AI 应用后，通过设备管理和下发机制，实现模型与 AI 应用的下发，在边缘侧进行模型部署或模型更新，使得边缘节点具备 AI 预测能力。AI 平台与其他平台之间的关系如图 7-12 所示。

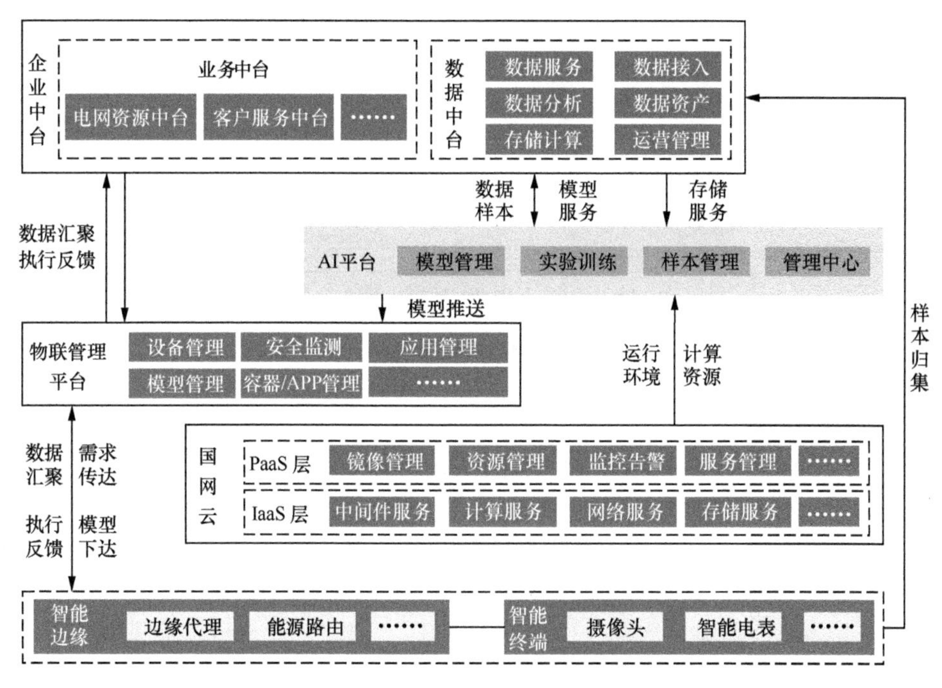

图 7-12 AI 平台与云平台、物联管理平台之间的关系

7.3.2 总体架构

AI 平台以企业智能云网平台为软硬件资源基础，以数据中台为数据来源，

构建企业的样本库、实验训练平台及模型库。总体架构如图 7-13 所示。

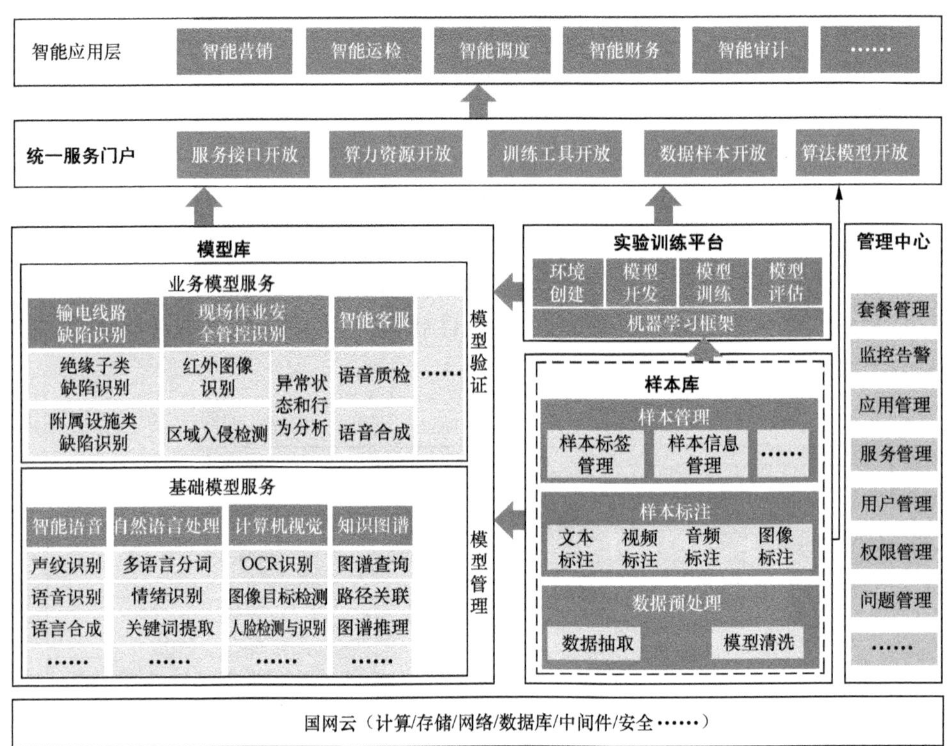

注：OCR 即 Optical Character Reader，光学字符阅读器。

图 7-13　AI 平台总体架构

样本库作为人工智能“原料”，可实现数据接入，如本地文件导入、FTP（File Transfer Protocol，文件传送协议）文件导入等，以及数据预处理、样本标注和样本管理等功能，可用于提供高质量数据样本集。模型库作为人工智能“超市”，可实现模型导入、模型准入评估、版本管理等管理功能和模型部署、在线测试等服务功能。实验训练平台作为人工智能“工厂”，整合人工智能研发各环节，屏蔽底层复杂环境配置，为用户提供一站式人工智能研发训练能力，可实现环境创建、模型开发、模型训练和模型评估等功能。管理中心可实现问题管理、权限管理、用户管理、服务管理、应用管理、监控告警、套餐管理等功能。统一服务门户作为资料、样本、模型、应用等内容访问的出入口，实现 AI 平台全面共享开放，包括服务接口开放、算法资源开放、训练工具开放、数据样本开放和算法模型开放。

7.3.3　技术架构

AI 平台技术架构如图 7-14 所示，大体介绍如下。

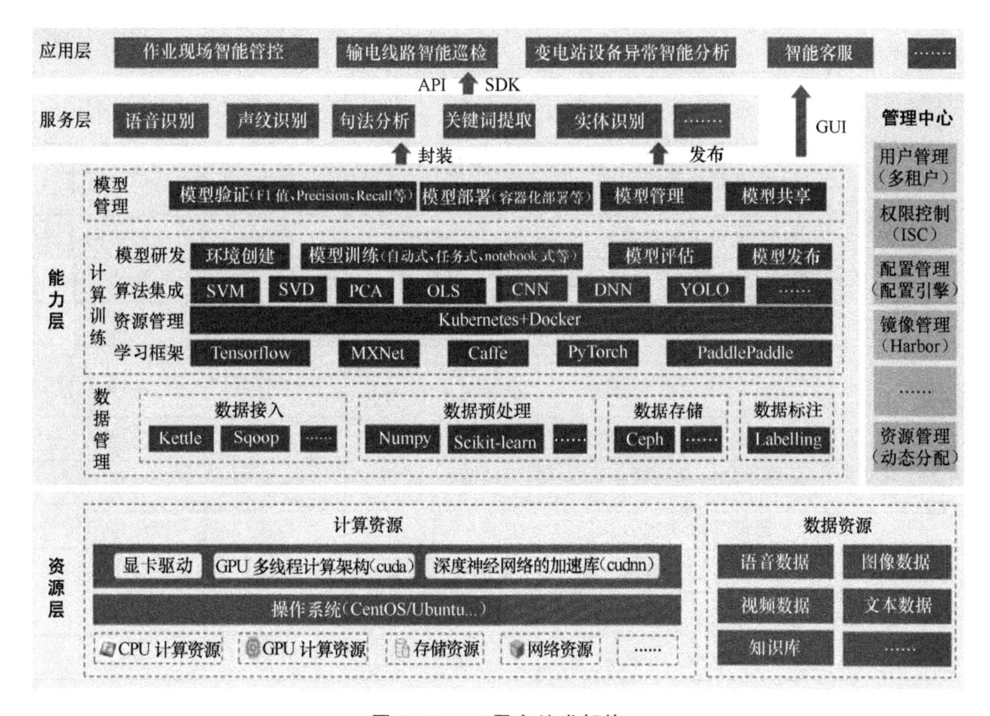

图 7-14　AI 平台技术架构

资源层涉及计算资源和数据资源，依托云上的基础设施和数据中台的资源。

能力层包括数据管理、计算训练及模型管理。数据管理包括数据接入、数据预处理、数据存储、数据标注等，依托数据中台建设，进行图片、语言、视频等数据的管理；计算训练包括学习框架、资源管理、算法集成、模型研发，基于云设施进行人工智能计算训练；模型管理包括模型验证、模型部署、模型管理及模型共享，支持模型快速发布成服务。

管理中心包括用户管理、权限控制、配置管理、镜像管理、资源管理等，为人工智能服务提供管理运维支撑。

7.3.4　AI 应用建设模式

AI 应用建设模式可以分为云模式和云—边协同模式，从不同电力业务的特点出发，对不同类别业务采用的建设模式提出的建议如表 7-1 所示。

表 7-1　AI 应用建设模式建议

类别	典型应用	处理数据量	实时性要求	模式建议
巡视类	无人机巡视图像智能分析	百万张/（省・年）	小时级	云模式
	输电线路通道可视化图像智能分析	亿张/（省・年）	分钟级	云—边协同模式
	变电巡视图像智能分析	几十万至几百万/（省・年）	分钟级	云—边协同模式
监控类	违章行为智能识别	万个施工现场/（天・省）	秒级	云—边协同模式
	变电设备视频监控	几千路/市	秒级	云—边协同模式
	变电站主变压器声纹监测	几百路/市	分钟级	云—边协同模式
指挥调度	电力调度电话	千通电话/（天・市）	百毫秒级	云模式
客户服务	95598 智能客服	几十万通电话/天，几十万个工单/天	百毫秒级	云模式
	微信公众号智能应答机器人	百人/天	百毫秒级	云模式
	信息运维智能应答机器人	几万/月	百毫秒级	云模式
	智能生成供电方案	万份/（月・省）	秒级	云—边协同模式
	营配自动建模	万份/（月・省）	秒级	云—边协同模式
知识推送和决策辅助	主设备知识库	待评估	秒级	云模式
	营销领域知识图谱	待评估	秒级	云模式

1. 云模式建设

云模式建设 AI 应用架构如图 7-15 所示，包括样本中心、训练中心和推理中心。当前阶段，AI 平台可以是人工智能云环境，也可以是具有异构计算能力的人工智能服务器环境。由电力业务应用部门组织，数据在 AI 平台上完成归集和管理，经过提炼和标注形成样本数据；内外部模型研发单位，基于样本数据集实施模型训练，经验证后按需发布至 AI 平台，以 GUI（Graphical User Interface，图形用户界面）、API/SDK 的方式提供给生产班组或第三方程序应用。在应用过程中，纠偏的样本数据会回归样本中心，通过迭代促进模型实用化水平的提升。

以电力企业智能语音客服为例，它采用云模式开展 AI 应用。售电等营销服务是电力企业的主要职能之一。传统客户服务方式依赖于人工，存在成本高、服务质量提升困难、人为因素影响大和工作重复度高等问题，可利用机器人流程自动化、自然语言处理等技术，面向供电营业厅业务场景拓展智能机器人服务能力，完成自动填单、电费智能审核、窃电自动预警等智能应用，引导用户从传统人工服务为主的模式向以自助服务和智能交互服务为主、以人工服务为辅的智能化电力服务新模式转变，提升营业厅客服的工作效率和智能化管理水平。通过智能客服知识图谱、智能语音等人工智能技术，实现实时语音识别、业务问询等业务功能，为电力营业厅业务应用提供支撑，提高用户满意度。

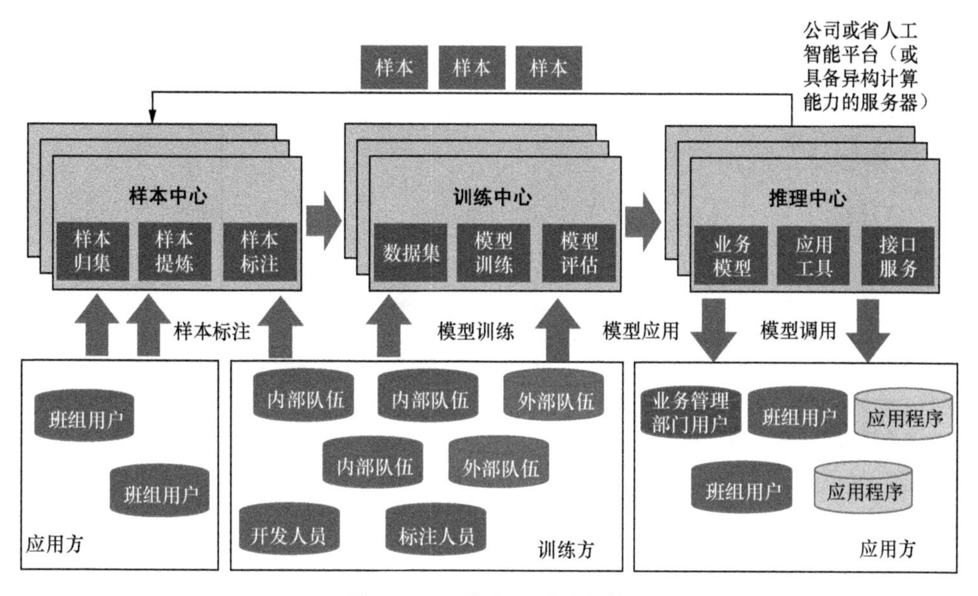

图 7-15 云模式 AI 应用架构

通过构建营销专业知识库，基于智能语音技术，可实现自动填单、电费智能批阅、实时语音识别等功能，提升智能化程度。通过构建营销客服知识库，融合语音识别、语义理解、自然语言处理等技术，可打造营销客服机器人，使其为客户提供 24 小时在线、优质高效的咨询服务，实现业扩报装、电费查询、故障报修等通用业务智能办理，实现智能坐席、自动派单、工单受理等业务智能运维。在“互联网+全媒体”发展的时代背景下，推动客户服务向电子渠道化、自助化的方向发展，实现客户诉求的精准智能理解和呼叫中心智能服务水平提升，使电力客户享受精准化、智能化、互动化的高效智慧沟通服务。

2. 云—边协同模式

云—边协同模式建设 AI 应用的架构如图 7-16 所示。经训练、验证后，人工智能模型通过物联管理平台下发至智能摄像头、可视化监拍装置等前端智能终端上，也可发布至智能边缘代理设备上，在现场侧就地识别和判断。智能终端和智能边缘代理设备也可以调用省/市 AI 平台上的模型服务，实施智能判别或服务。当前阶段，可以将应用业务系统主站直接管理现场设备模型服务作为过渡方案，逐步实施迁移。

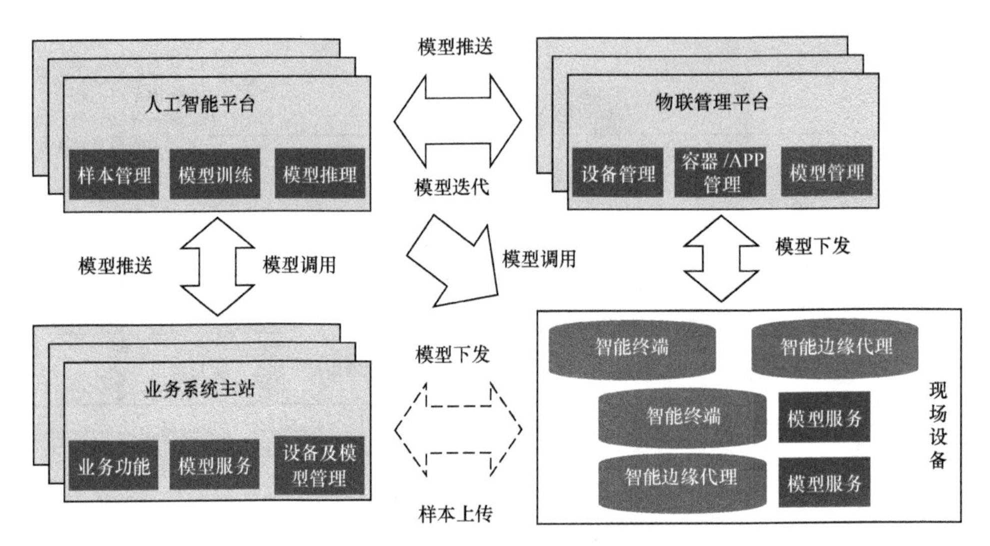

图 7-16　云—边协同模式建设 AI 应用的架构

智能终端和智能边缘代理应具备支持模型推理的最小异构计算能力。受限于智能终端和智能边缘代理的计算能力，可承载的人工智能模型精度通常弱于云端，因此，除在边侧与端侧设备执行智能分析外，应设定机制将不可靠判别或重要的数据传回云端，执行二次判别，以提高人工智能系统的有效性。

机制的设定以网络带宽、实际业务、物理环境和供电条件等现实情况为依据。例如，基于不同的网络带宽和供电情况，设置每个智能边侧和端侧设备的采集间隔和回传频率，按队列方式回传到业务系统主站；基于智能分析的置信度，设置不同阈值，回传可疑数据；基于智能分析结果，设置视频时间范围，回传有问题帧前后数秒的视频段。

以变电站远程智能巡视为例，采用云—边协同模式开展应用。为减轻变电站一线运维人员例行巡视压力和推进变电站智能化改造进程，辅助运维人员开展设备及设施类例行巡视，可利用人工智能中的图像识别技术，实现对变电站设备外观缺陷、运行状态、作业安全管控风险的识别。结合云—边协同算法管理体系，逐级自动收集设备缺陷和风险行为样本，逐步扩展缺陷及异常可识别种类，实现算法模型向边端智能分析设备的远程自动更新。优化调整人工巡视内容、巡视周期等作业规程。

变电站远程智能巡视应用依托 AI 平台、电网资源业务中台、数据中台等，贯通“云—边—端”通信链路，构建变电站远程立体巡视体系。该应用通过远程智能巡视主机下发巡视任务，智能终端自动开展巡视任务，就地识别设备运行状态；AI 平台自动标注、处理上传的设备缺陷样本，更新设备运行状态样本库，并将样本存储至业务中台；AI 平台完成算法模型迭代、验证分析，将模型识别结果反馈给业务应用，同时根据实际业务需求，将算法模型下发至远程智能巡视主机。变电站远程智能巡视应用架构如图 7-17 所示。

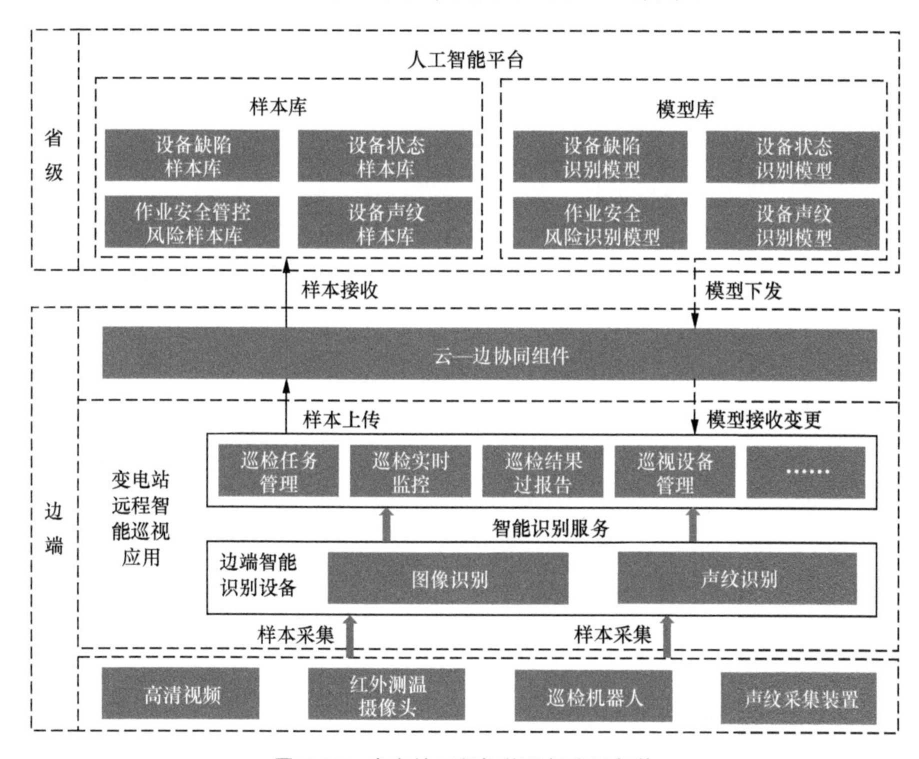

图 7-17 变电站远程智能巡视应用架构

变电站远程智能巡视应用，依托 AI 平台的样本库、模型库以及推理环境，构建变电站设备缺陷和风险行为样本库、模型库，通过样本数据的上传和识别模型的下发更新，构建完备的云—边协同算法管理体系。通过提高变电站“状态全面感知、信息互联共享、人机友好交互、设备诊断高度智能”能力，建设智慧变电站。

7.4 电力物联网典型应用场景

新型电力系统建设的重点是场站数字化场景解决方案，其中最重要的是场站智慧物联网数字化应用。物联网接入、视频采集等数字化系统架构的建设将是未来的工作重点。

7.4.1 变电应用场景

变电应用场景的智慧物联体系架构如图 7-18 所示。在感知层，由各类感知设备采集视频图像、红外图像、环境量、状态量和辅助设备状态等数据，并为变电站/换流站配置视频图像处理边缘物联代理装置和数据采集类边缘物联代理装置。其中机器人巡检数据、视频图像数据接入站端的视频图像处理边缘代理装置，在本地进行分析应用，视频流数据和处理结果发送至企业级的视频接入平台；其他数据由数据采集类边缘物联代理装置进行汇聚和边缘计算，统一发送至物联管理平台。在网络层，通过电力专用光纤通信方式接入电力企业内部管理网络。平台层由物联管理平台和企业级的视频接入平台组成，为应用层提供数据运维及流程管理。在应用层，由电力专业部门根据需求开发完善运维检修管理、设备状态主动预警、移动应用等各类业务应用系统，实现变电设备管理和智能运维。

7.4.2 用户侧应用场景

用户侧应用场景的智慧物联体系架构如图 7-19 所示。在感知层，终端感知设备（如智能家电、楼宇企业园区空调、环境传感器等）采集环境量、状态量和辅助设备状态等数据，并部署能源控制器、台区融合终端等边缘设备，实现各场景的全息感知和优化控制。感知数据通过边缘物联代理进行汇聚和边缘计算，数据统一发送至物联管理平台。在网络层，边缘物联代理通过物联安全接入网关接入物联管理平台。在平台层，由物联管理平台实现设备接入、管理、控制，负责物联感知终端的实时感知、实时控制、汇聚分发，物联管理平台为应用层提供基础数据。在应用层，由智慧能源服务平台、居民智慧家庭服务应用和电动汽车及分布式能源服务，实现用户侧场景管理和运维的智能化。

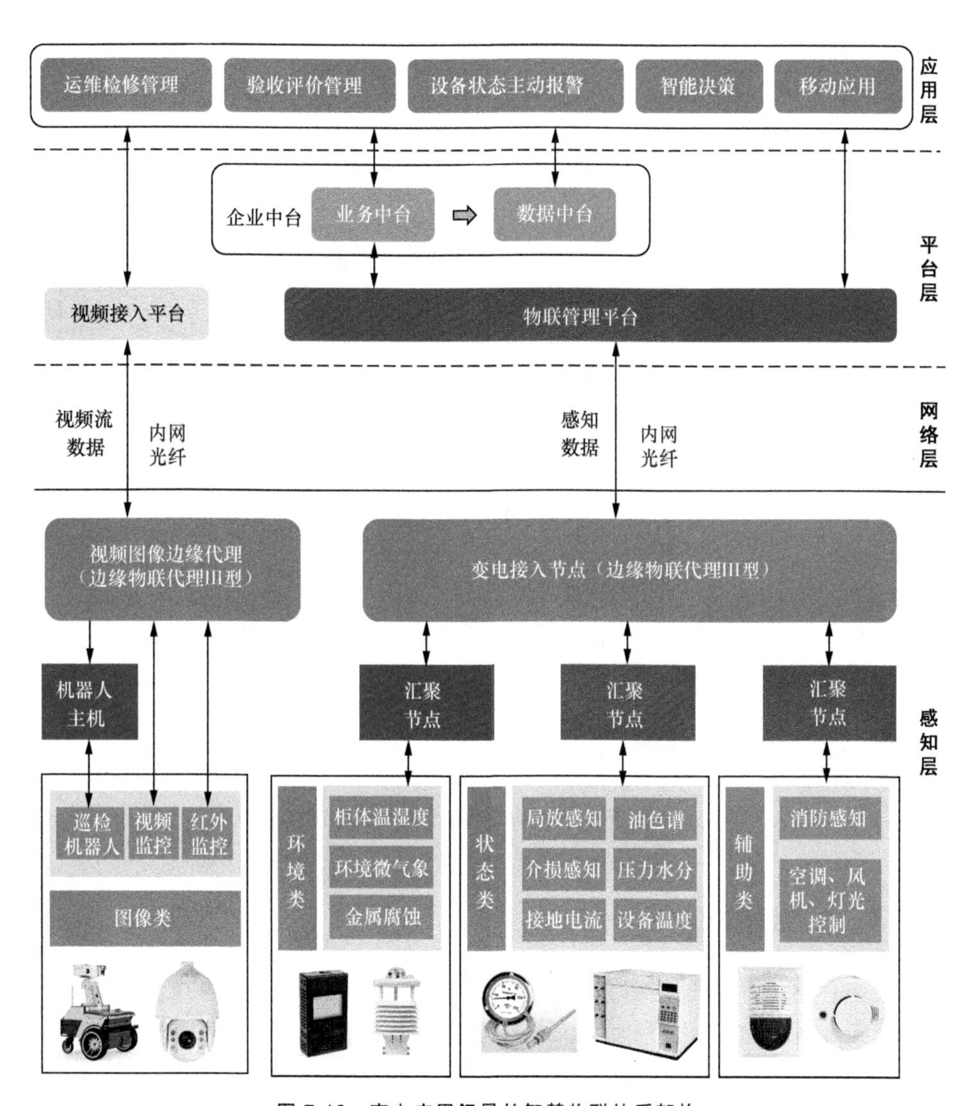

图 7-18　变电应用场景的智慧物联体系架构

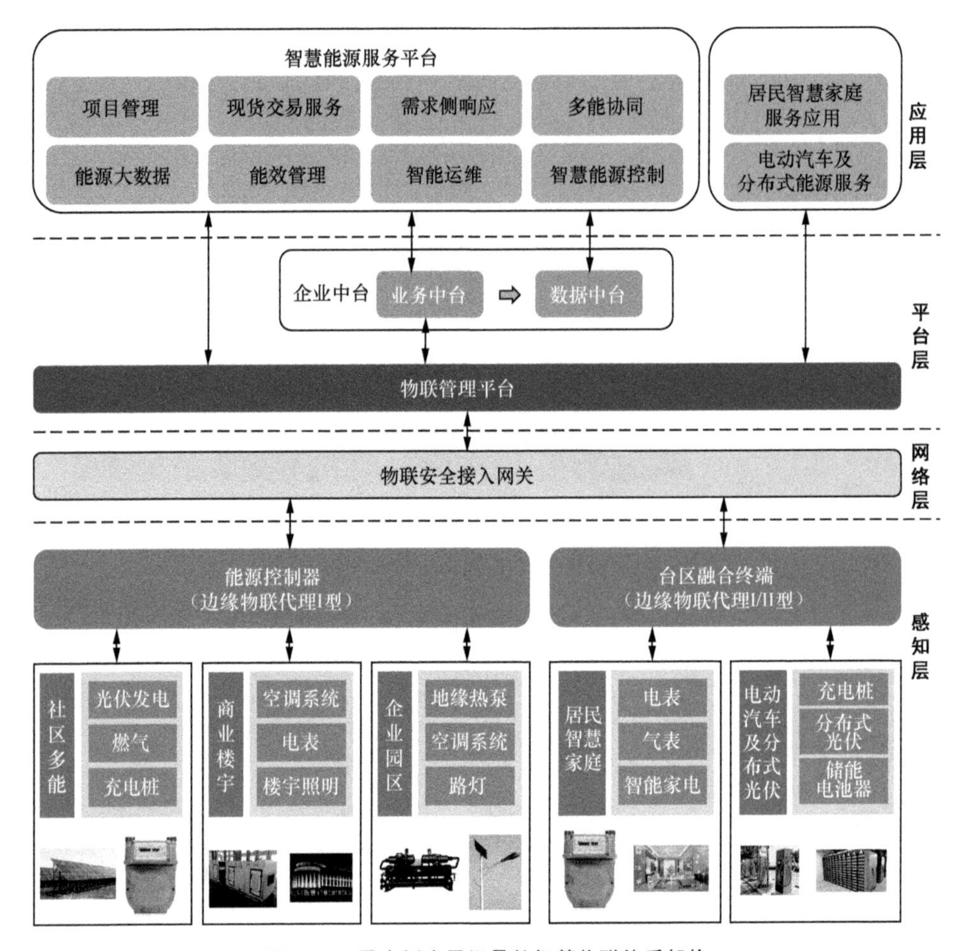

图 7-19　用户侧应用场景的智慧物联体系架构

7.4.3　配电台区应用场景

配电台区应用场景的智慧物联体系架构如图 7-20 所示。在感知层，在一个台区部署一个边缘物联代理，统筹环境感知、设备状态监测和可视化终端接入。终端设备采集电气量、环境量、状态量、视频图像等数据。其中，视频流数据接入企业级的视频接入平台，不接入物联管理平台，如需进行本地处理，则将视频图像数据发送至边缘物联代理，由边缘计算 APP 进行智能分析。其他感知数据通过边缘物联代理进行汇聚和边缘计算，数据统一发送至物联管理平台，通过开展智能电表分钟级感知能力建设，扩展电表非计量功能，统筹全局感知需求，减少低压故障指示器、末端监测单元等的部署，降低建设成本，减轻运维负担。在网络层，物联感知数据通过采用 4G/5G 公网、电力无线专网、有线电力光纤网的方式传输，经安全接入网关进入电力企业内部管理网络。在平台层，由物联管理平台实现设备接入、管理、控制，负责对物联感知终端的实时感知、实时控制和汇聚分发，为应用层提供基础数据。在应用层，由电力专业部门根据需求开发完善配电站房动环系统、用电信息采集系统、配电自动化 IV 区主站等各类业务应用系统，构建配电台区管理和运维的智能化体系。

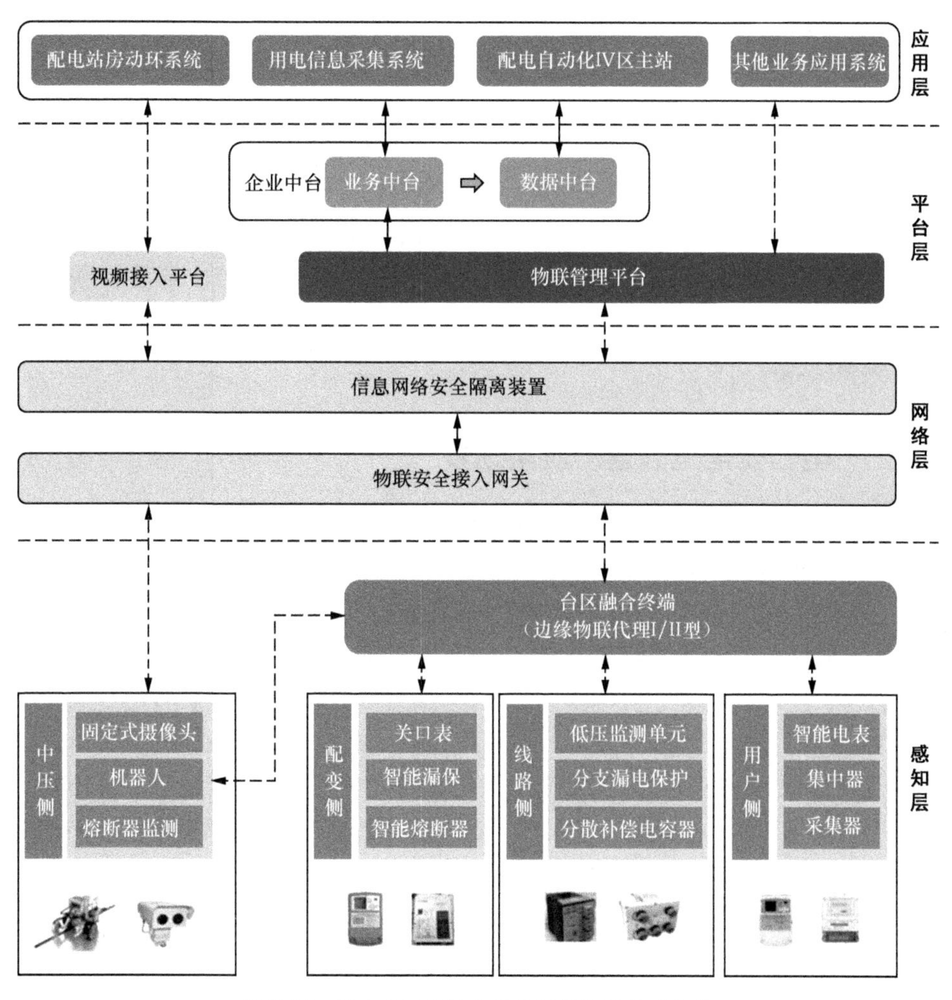

图 7-20 配电台区应用场景的智慧物联体系架构

7.4.4 智慧电力后勤应用场景

电力后勤应用场景的智慧物联体系架构如图7-21所示。在感知层，由前端采集设备采集包含车辆管理、房产管理、土地管理和智能楼宇四大类数据，通过各类采集终端和控制终端，实现对资产、设备运行状态、安防状态的数据采集。边缘设备包括边缘代理装置、视频处理装置等，对终端数据进行收集和边缘计算处理，将需要上传的数据进行归一化数据模型处理后上报至平台。边缘代理装置可连接大部分前端采集装置，实现对采集的简单数据的本地处理；视频处理装置可连接监控等视频采集装置，具有较高的本地数据处理能力，可实现对较大数据量的视频或图像数据的本地处理；专用代理装置（如专用盒子）可连接一些具有专用协议或数据格式传输的终端设备，如电梯、空调等。在网络层，采用4G/5G公网和电力无线专网，经安全接入网关接入电力企业内部管理网络。在平台层，物联管理平台承上启下，向上通过北向接口为企业智慧后勤平台提供数据支撑，向下提供MQTT标准协议，支持各类应用和终端接入。在应用层，企业智慧后勤平台独立部署，通过物联管理平台北向接口获取数据，实现车辆管理、房产管理、土地管理、智能楼宇、智能展示等应用。

7.4.5 电力安全风险管控应用场景

电力安全风险管控应用场景的智慧物联体系架构如图7-22所示。在感知层，在作业现场部署数字化安全管控智能终端或边缘计算装置，统筹接入具备视频、定位、智能传感等作业现场信息感知能力的各类智能终端。在网络层，采用4G/5G公网和电力无线专网，经安全接入网关接入电力企业内部管理网络。在平台层，由物联管理平台等实现设备接入、管理和控制，负责智能终端的实时感知、实时控制、汇聚分发，为应用层提供基础数据。在应用层，由电力专业部门根据需求开发完善作业安全智能化管控、安全风险全景感知、现场安全可视化、安全工器具全流程管理、安全生产大数据分析和应急指挥等各类业务应用系统，构建作业现场数字化安全管控的智能化体系。

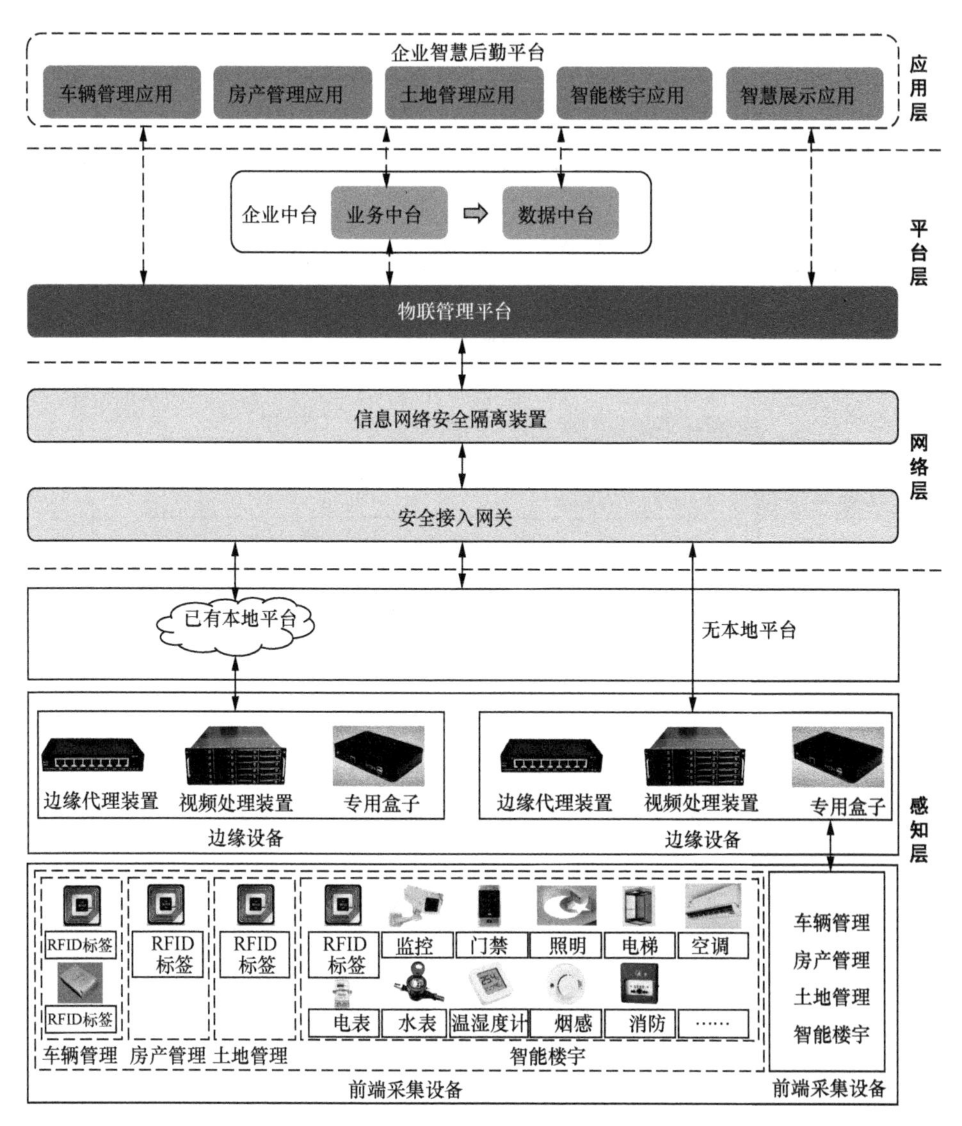

图 7-21　电力后勤应用场景的智慧物联体系架构

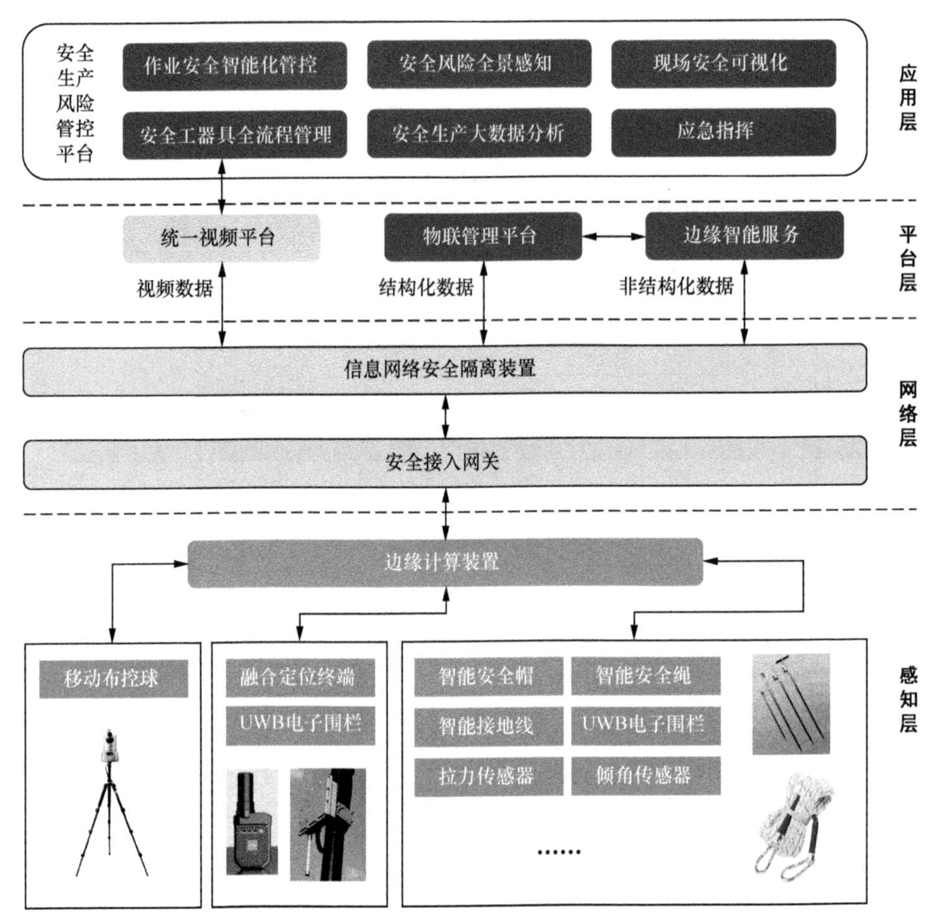

图 7-22 电力安全风险管控应用场景的智慧物联体系架构

第 8 章

能源大数据中心

以智能云网为基础，结合本地实际情况，国网浙江电力根据自身需求及国网公司的标准化要求，建设了具有地方特色的能源大数据中心。能源管理在指导电力行业数字化转型上具有重要意义，基于能源大数据推进碳减排目标达成有多条路径，包括实现能源产业的优化配置等，需要有相应的云服务及数据应用。本章以国网浙江电力的实践模型为例，介绍能源大数据构建总体架构、承载数据模型及应用等内容，探索能源大数据的应用演进之路。

|8.1 电力数据中台|

通过智能云网基础设施的建设和物联网技术标准化的数据采集，电力企业汇聚了海量的电数据、非电数据，以及各类碳数据，在当今企业数字化转型时代，电力企业对海量数据资产的利用效能是未来制胜的关键。对电力企业来说，随着数据体量、产业规模以及云计算的高速发展，基础设施成本都已不再是瓶颈问题，海量能源数据能否创造真实的社会价值和经济回报成为电力企业关心的核心问题。数据中台体现了可共用数据服务能力的沉淀，可减少企业业务应用在开发过程中的重复建设，提高业务应用的效率和响应速度。

8.1.1 数据中台基础

数据中台支持逻辑数据的互通共享，通过相关的技术手段对海量数据进行采集、计算、存储、加工，统一标准和口径，以便于对业务数据进行融合分析。企业利用数据中台，可实现对基础设施的统一管理，提升对资源的利用效能，提升业务响应能力，实现统一数据采集集成和一站式数据应用开发，从而向开发敏捷化、资源集约化、服务智能化方向迈进。数据中台统一数据之后，会形成标准数据，再进行存储，形成大数据资产层，这是企业独有的且能复用的企业业务数据沉淀，能降低重复建设、“烟囱式”协作的成本，进而为电力企业内的业务用户及政府和社会企业提供高效服务。

面向企业数字化的运营诉求，数据中台提供一站式、端到端的数据接入—数据治理—数据开发—数据服务的智能数据管理能力，帮助企业快速构建从数据接入到数据分析的端到端智能数据系统，消除数据孤岛，统一数据标准，加快数据变现，实现数字化转型。除此之外，数据中台解决方案还具备全栈数据服务基础，可一键式构建数据接入、数据存储、数据分析和价值挖掘的统一数据平台，并且与外围数据应用等服务对接，使用户从复杂的数据平台构建以及专业数据服务调优和维护中解脱出来，更加专注于业务应用，满足用户一份数据用于多业务场景的诉求。数据中台的数据引擎和数据服务，可自动伸缩、按需使用和计算存储分离，为用户提供低成本平台解决方案。数据中台具有如下几个优势。

第一，提供一站式数据运营。数据中台是贯穿数据全流程的一站式开发运营平台，提供的服务包括：全域数据集成、标准数据规范架构研发、连接并萃取数据价值、统一数据资产管理、数据智能分析与可视化、数据开放。

第二，提供可复用行业知识库。提供电力行业可复用的领域知识库，涵盖行业数据标准、行业领域模型、行业数据主题库、行业算法库和行业指标库，支持电力企业快速定制数据运营端到端解决方案，如汇聚风电、光伏、水电、火电等电力企业的生产、经营数据，构建电力企业主题数据库。

第三，拥有丰富的数据开发类型。支持多人在线协作开发，脚本开发可支持 SQL（Structured Query Language，结构化查询语言）数据库、Shell 在线编辑与实时查询；作业开发可支持 CDM（Cloud Data Migration，云数据迁移）、SQL、MR（Map & Reduce，映射和归约）、Shell、Spark 等多种数据处理节点，提供丰富的调度配置策略与海量的作业调度能力。

第四，可实施全链路数据治理管控。数据全生命周期管控，提供数据规范定义及可视化的模型设计，帮助用户智能地生成数据处理代码，对数据处理全流程进行质量监控，发布异常事件实时通知。

第五，可进行统一数据资产管理。实现全局资产可视化、快速查看、智能管理、数据溯源和数据开放共享，从业务视角管理和查看数据，定义业务架构、业务分类和业务术语，统一管理资产访问权限。

8.1.2　数据仓库建设

数据中台对共性数据处理和服务能力的封装及开放，支持各类业务调用主题数据，而各类数据则需要资源池来存储。传统的数据存储方式通常采用各类数据库技术，但封闭架构的数据库一体机往往难以适应数据量的激增和灵活的扩容需求。数据仓库整合了各类数据库技术手段，除了可以对结构化数据进行加工、存储和分析之外，还能够满足企业对海量半结构化、非结构化信息数据的实时与非实时的查询、分析挖掘的需求。企业数据可以按照模型和主题，加载结构化数据，在极短时间内查询大量数据，并获得最有效的分析结果，还可以快、准、稳地从各类繁杂无序的海量多样化数据中发现价值。

数据仓库的建设能够实现线下传统数据库的搬迁上云和数据孤岛的消除。电力企业在早期的建设中通常由发、输、变、配、用各专业自主开展信息化建设，采用各类数据库存储各专业自己的业务数据，这并不利于数据的统计和分析。新型电力系统的建设意味着多专业的融合，势必需要构建统一的数据资源池，使一份数据能够供多业务使用，而非互相复制数据和反复调用。通过云上融合数据仓库的建设，可以实现对海量多态（结构化、半结构化、非结构化）数据的实时与非实时的查询、分析挖掘。

8.1.3 电力数据中台架构

以需求导向、分段实施、循序渐进、逐步完善为原则，打造响应敏捷、支撑有力、体系规范、交互友好的数据中台，为电力企业各专业、各基层单位和外部合作伙伴提供敏捷开放的数据分析和共享服务。数据中台的能力架构分数据接入、存储计算、数据管理、服务管理、服务内容和统一服务六个方面，数据中台总体技术架构如图 8-1 所示，具体介绍如下。

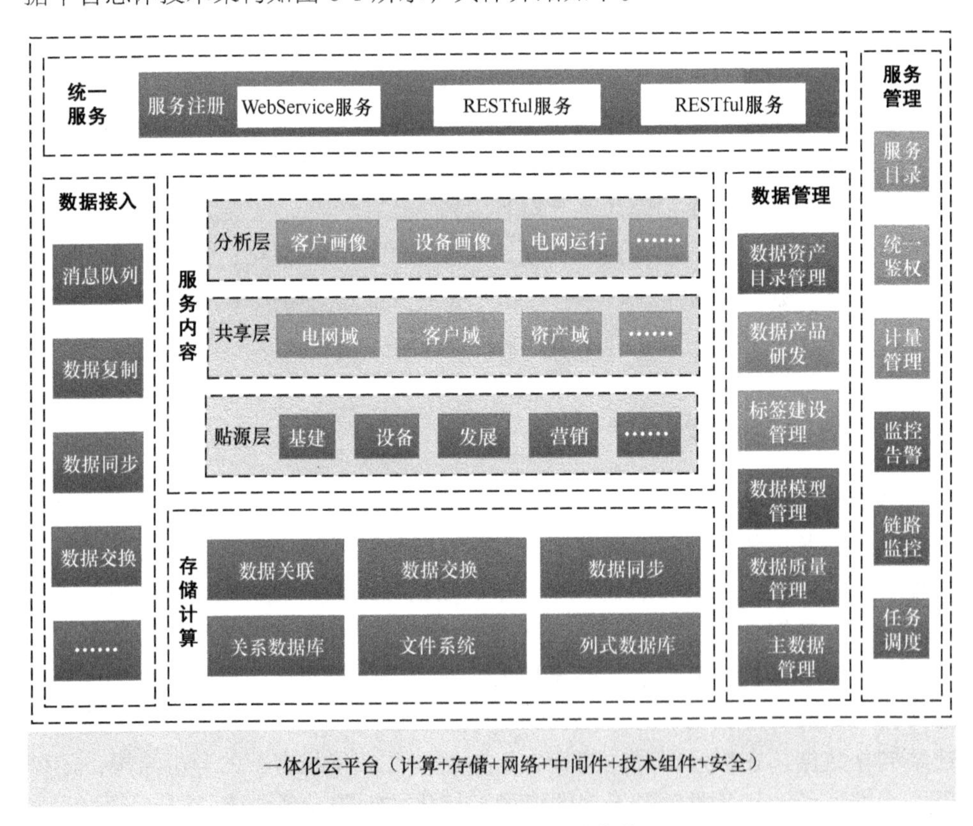

图 8-1　数据中台总体技术架构

数据接入负责从外部将各类业务数据汇聚到数据中台贴源层。数据接入包括消息队列、数据复制、数据同步、数据交换等。其中消息队列通过 MQ

（Message Queue，消息队列）/Kafka 等工具来进行数据接入，数据复制通过库表备份复制的方式来进行数据接入，数据同步通过变更日志的方式来进行数据接入，数据交换通过程序来解析接收的数据包或以数据文件方式来进行数据接入。数据接入的数据种类主要包括结构化数据、非结构化数据、采集量测类数据以及 E 格式文件和采用特定规约的消息数据。

存储计算是数据中台数据核心处理引擎。数据存储是指各类业务数据接入数据中台后的落地过程，包括文件系统、列式数据库及关系数据库等所有主流数据库产品。数据计算是指根据业务需求提供对数据的加工处理能力，包括批量计算、流计算及内存计算。

数据管理负责数据中台的数据加工、处理、生产，主要包括主数据管理、数据质量管理、数据模型管理、标签建设管理、数据产品研发和数据资产目录管理。

服务管理以保障数据中台服务稳定和可持续地提供数据服务为目标，提供各种管理支撑工具和响应运营能力，包括任务调度、链路监控、监控告警、计量管理、统一鉴权和服务目录。

服务内容是数据中台的核心。贴源层汇聚企业全业务范围的全量数据，这部分数据不直接对外提供数据服务，是共享层、分析层的数据来源。共享层汇聚以业务过程为对象进行数据建模加工形成的数据，通过标准化、规范化的语义定义，沉淀标准化的公共数据明细。分析层轻度汇总数据，以业务对象为中心进行数据聚合萃取，形成高度业务化关联的数据资产宽表，形成跨专业、业务融合的汇总数据。

统一服务层直接面向中台的最终用户（云上应用），需要实现安全、友好、可控的对内对外数据服务访问控制，提供 RESTful 等各种 API 的统一注册、管理和调度。

8.1.4 电力数据中台数据架构

数据中台围绕各类数据分析型应用需求，沉淀共性数据服务能力，各类业务应用的数据按需同步至数据中台，在完成数据清洗、融合、分析、处理后，为前端业务应用及业务中台提供数据产品服务。数据中台的数据架构如图 8-2 所示，具体介绍如下。

数据接入实现对传统业务应用、业务中台、物联管理平台及 AI 中台和部分云上应用的数据向数据中台的同步，使用包括消息队列、数据复制、数据同步及数据交换等技术接入方式，技术组件有 Kafka、DataHub、CDP（Cloudera Data Platform、Cloudera 数据平台）等。

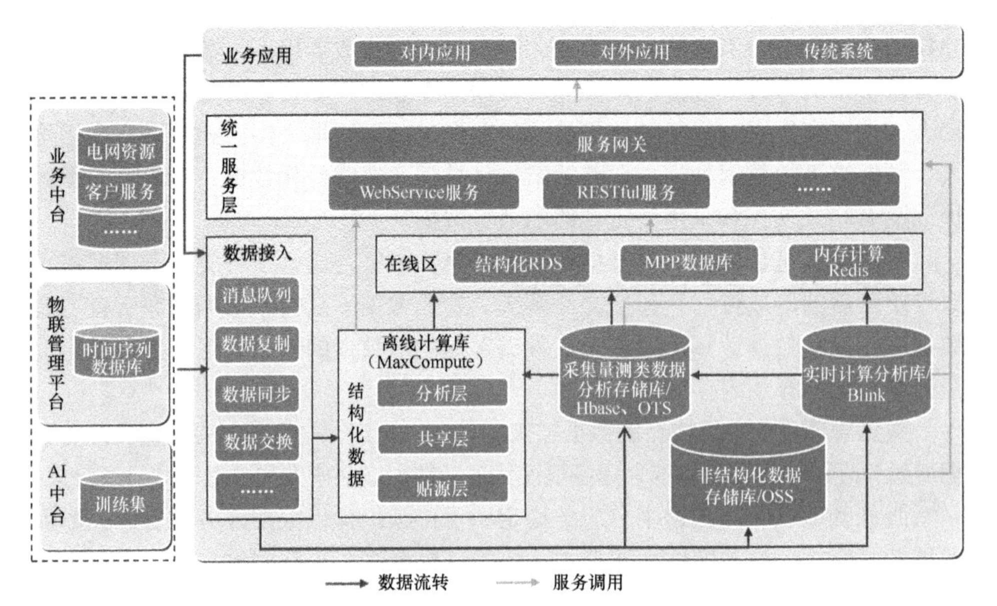

图 8-2　数据中台的数据架构

离线计算库由云上 MaxCompute 组件承载，实现离线结构化数据的存储、加工处理，其内部可分为贴源层、共享层及分析层，将处理好的数据推送到在线区或直接通过统一服务层对外提供服务。

采集量测类数据分析存储库基于 OTS（Open Table Service，开放结构化数据服务）、Hbase（Hadoop Database，Hadoop 数据库）的技术支撑组件，实现采集量测类数据的存储、加工处理，为在线区和离线数据库提供数据，同时将分析结果通过统一数据服务层提供给业务应用调用。

实时计算分析库基于 Blink 的技术支撑组件，实现实时数据的在线计算，为业务应用提供实时的数据分析能力，计算结果一方面通过统一数据服务层为业务应用所调用，另一方面沉淀至采集量测类数据分析存储库和离线计算库中形成公共数据服务。

非结构化数据存储库基于 OSS（Object Storage Service，对象存储服务）的技术支撑组件，实现对文本、图像等非结构化数据的存储。在线区使用包括结构化 RDS（Relational Database Service，关系数据库服务）、MPP 数据库、内存计算 Redis（Remote Dictionary Server，远程数据服务）来提高高频热点数据查询效率。

统一服务层为数据中台与业务应用的服务接口进行统一管控。数据中台中，各类数据服务统一注册至服务网关，基于 CSB（Cloud Service Bus，云服务总线）或 API 网关，由 DataWorks 统一对各类数据服务进行管理，为云上业务应用提供 RESTful 及 WebService 技术形式的数据服务。

8.2　能源大数据中心

电力企业拥有海量电力数据，电力数据与民生和社会经济都有着直接关系。电力企业在云网基础设施和数据中台的基础上构建能源大数据中心，强化政企联动，建设基于能源大数据中心的数据产品。能源大数据中心是实现新型电力系统的重要载体，是“科创引领、数据赋能”的“数据柱”的核心组成部分，是实现电力企业数据价值的重要支撑。

8.2.1　能源大数据中心的总体架构

能源大数据中心承载着能源数据汇聚、数据开放和数据服务的功能。能源大数据中心的主要能力包括数据接入、存储计算、数据服务、数据运营管理、数据资源管理五个方面。能源大数据中心的总体架构如图 8-3 所示，具体介绍如下。

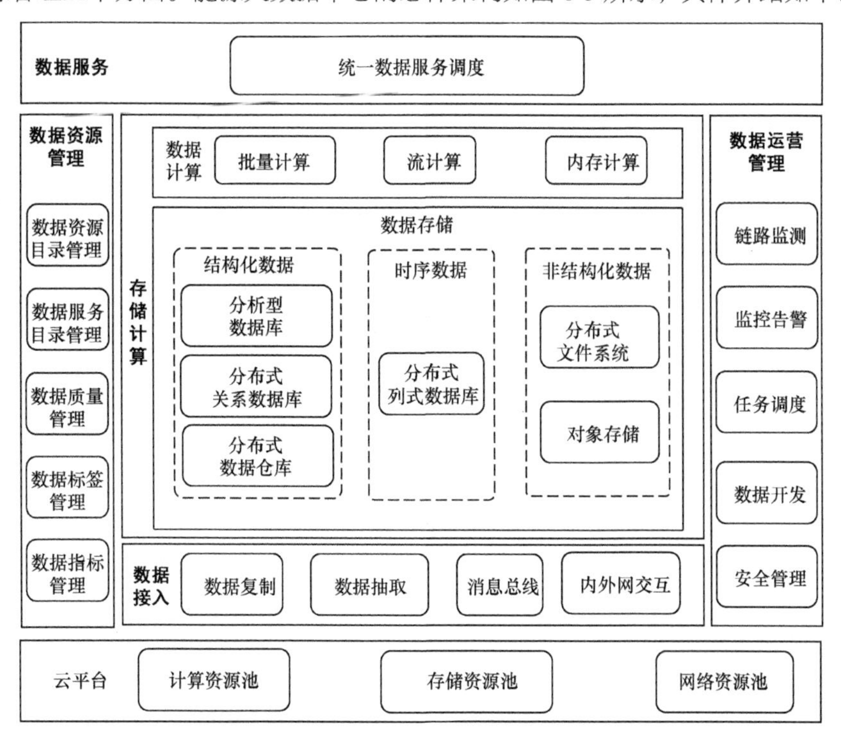

图 8-3　能源大数据中心的总体架构

数据接入具有将能源等行业各类数据汇聚到能源大数据中心的基本服务能力。通过数据复制、数据抽取、消息总线、内外网交互等接入方式，实现数据的实时接入和定时抽取。

存储计算具有按照模型转换或业务处理等规则，对已接至能源数据仓库的各类数据进行加工计算和落地存储的能力。数据存储包括结构化数据存储、时序数据存储和非结构化数据存储，其中，结构化数据主要存储在分析型数据库、分布式关系数据库、分布式数据仓库中；时序数据主要存储在分布式列式数据库中；非结构化数据主要存储在分布式文件系统中或采用对象存储方式。数据计算方式主要包括批量计算、流计算、内存计算等。

数据服务提供将数据表封装成服务的能力，并对 RESTful 数据服务提供 API 的统一注册、管理和调度。

数据运营管理提供链路监测、监控告警、任务调度、数据开发、安全管理等一站式数据集成开发服务。链路监测提供从源端业务系统到贴源层、共享层和分析层的数据流转全链路监测。监控告警提供对数据的流转链路、调度任务、数据计算任务等运行状态的监控告警。任务调度提供数据集成与数据开发任务一次编排，定时定期自动化调度的功能。数据开发提供可视化的集成开发环境，可满足数仓建模、数据开发等快速开发需求。安全管理具有身份认证、操作鉴权、数据访问权限控制、日志审计等数据安全管理能力。

数据资源管理提供数据资源目录管理、数据服务目录管理、数据质量管理、数据标签管理和数据指标管理等一体化数据管理能力。数据资源目录管理是指对数据进行目录化管理和检索查询。数据服务目录管理是指对数据服务进行目录化管理和检索查询。数据质量管理是指对数据全生命周期的各类数据质量问题进行识别、修正和监控，并不断通过管理手段进一步提升数据质量。数据标签管理是指通过标签计算规则，自动对不同数据对象打标签，提供对标签的创建、修改、发布、下线等的全生命周期管理能力。数据指标管理是指对能源大数据的各类指标进行体系化管理，包括指标定义管理、指标值管理和指标服务管理。

8.2.2 能源大数据中心的数据

国网浙江电力基于公共服务云环境，依据浙江省能源大数据中心的功能定位和总体框架，建立支撑全省、全品种、全过程能源数据以及碳减排应用数据和其他外部数据的采集、汇聚、加工、应用的数据仓库及技术支撑体系，满足深度挖掘和高水平、高质量利用数据资源的需求，实现对浙江省能源大数据中心数据资产的汇聚、管理、运营及应用支撑。

1. 能源数据情况

从数据业务域来看，能源大数据中心的数据主要涉及能源供应、能源传输、能源消费、排放、工业、农业、建筑、交通、居民、科技、其他等 11 个一级主题域，数据内容如表 8-1 所示。

表 8-1 能源大数据中心的数据主题域及内容

一级主题域	数据内容
能源供应	电、油、气、煤、热等的生产和调入数据
能源传输	各类能源在传输过程中的数据，如电力线路数据、天然气管道数据等
能源消费	企业居民等用户使用电、水、油、气、煤、热等的数据
排放	能源生产、能源消费过程中的排放物排放数据，如二氧化碳、二氧化硫、氮氧化物、固体颗粒物等
工业	工业领域及下属细分行业的产值、能耗、碳排放量，工业规上企业清单，低碳、高碳企业清单，工业园区数量和清单，淘汰落后产能企业数据等
农业	化肥、农药、农膜使用量，农业柴油、汽油、煤炭使用量，水稻耕种收综合机械数，农用无人机数，农作物种植面积，各农作物亩产质量，养殖类动物数量等
建筑	建筑施工总面积，建筑施工和运行的能源消费，建筑施工和运行的碳排量，建筑设计节能率，智慧工地数据，钢结构建筑占新建装配式建筑比例等
交通	交通总碳排放量，货运单位周转量碳排放量，出行人均碳排放量，公路货运单位周转量碳排放量，地铁每人每千米碳排量，公交车每人每千米碳排放量等
居民	居民生活能源消耗总量、人口数、居民生活碳排放量、低碳理念普及程度等
科技	省级创新载体数量、国家科技创新基地数量、绿色低碳技术相关领域高层次领军人才和青年科学家人数、创新型企业家人数、持续发展创新示范区个数等
其他	其他领域数据，如环境、气象、政务服务、经济、金融等数据

从数据来源及量级上来说，能源数据主要来自数据中台和政务专线等渠道。能源大数据中心的数据来源、内容及量级如表 8-2 所示。

表 8-2 能源大数据中心的数据来源、内容及量级

数据来源	数据内容	数据量级
数据中台	主要包括调度发电数据和营销用电数据	小于 1000 万
政务专线	能源供应数据、企业能耗采集数据和汇总数据、碳减排监测数据以及其他能源经济数据	—

续表

数据来源	数据内容	数据量级
综合能源服务平台	电力运维检修数据、光伏电站数据、企业能耗数据、企业产值数据	小于 1000 万
电动汽车运营平台	电动汽车公司充电网络及运行情况等的数据	小于 1000 万
电厂排放系统	电厂排放数据	小于 1000 万
地方能源数据中心	企业用能实时数据和汇总数据	小于 1000 万
互联网	汇总的能源经济数据	小于 1000 万

从数据时效性来说，根据能源大数据中心业务场景的不同，同一数据在不同的业务场景下会有不同的时效要求，而不同的数据时效性要求影响着技术路线的选择。能源大数据中心的数据时效性可分为离线（T-1 及以上）和实时（分钟级和小时级）两类。能源大数据中心当前及潜在业务场景对时效性的要求不是很高，主要以 T-1 为主。对时效性要求较高的场景包括对电力出力和负荷数据的实时监测、对企业用能的实时监测、对企业碳排的实时监测等。

从数据形态来说，能源大数据中心的数据可分为结构化数据和量测类数据。其中，结构化数据主要包括能源供应、传输、消费及其他能源经济等的数据；量测类数据主要包括发电出力、企业用能采集等的量测数据。

2. 数据仓分层设计

基于能源大数据中心建设实际和数据现状，能源大数据中心在线结构化数据仓库分为三个逻辑层，即贴源层、共享层和分析层，其中共享层和分析层可对外提供数据服务，贴源层不对外提供数据服务，仅用于内部技术处理。能源大数据中心的数据仓如图 8-4 所示。

贴源层是能源大数据中心数据仓结构的基础层，负责从业务源系统抽取业务数据，其结构与业务系统一致，主要通过数据接入组件接入和存储源系统数据，这些数据包括从源端获取的电、水、油、气、煤、热等数据。设置贴源层的主要目的有两个。一是数据处理，数据从贴源层到共享层需要经过一系列的数据整合处理（如清洗、转换、映射等复杂操作），基于贴源层进行数据整合处理，可以有效避免或减少对业务源系统的影响；根据业务情况，在数据整合处理时可能需要涉及多个业务源系统，因而更有必要把各业务源系统的数据复制到贴源层进行存储，然后再多源加工至共享层。二是数据运行维护，从数据维护角度出发，需要以贴源区中的数据作为依据或参考，以便对数据进行检查、重载甚至初始化等操作。

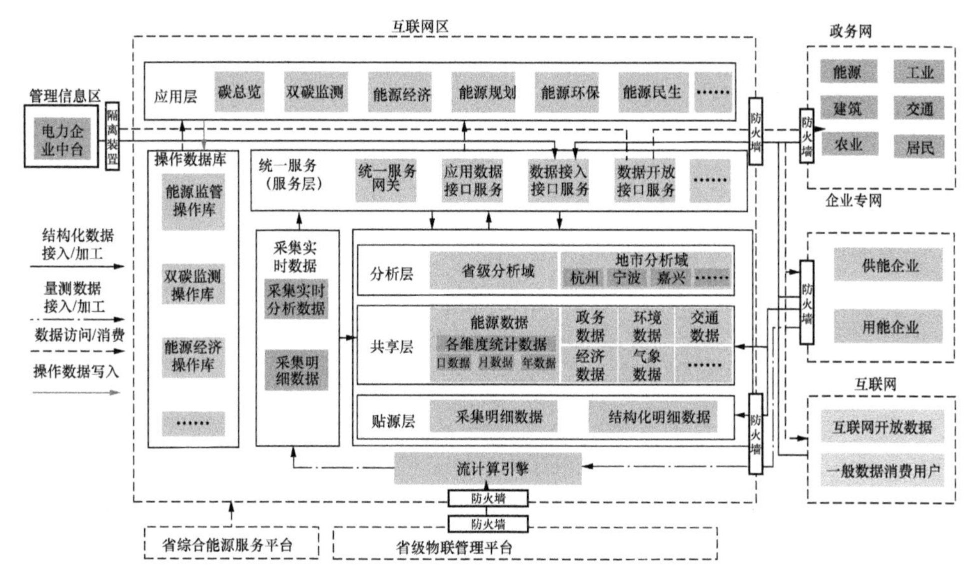

图 8-4 能源大数据中心的数据仓

共享层是能源大数据中心数据仓结构的标准模型层，用于存储编码统一、数据规范化后形成的模型表数据，主要包括按地区、行业、日期、能源类型等汇总或轻度汇总的能源、工业、农业、建筑、交通、居民领域以及其他领域的数据。

分析层是能源大数据中心数据仓结构的数据应用层，面向应用分析主题构建，基于共享层数据，根据业务分析需求，将经过数据挖掘、数据分析、复杂计算等加工处理后的数据形成数据集，该数据集中的可以是指标型数据、高度汇总型数据或算法挖掘后的明细数据，数据集可根据业务应用需求裁剪，存储仅在应用中需要的数据。

8.2.3 典型数据流转场景

依据能源大数据中心业务支撑需求及对应的数据流转情况，构建各类能源大数据应用服务场景，以响应差异化的数据集成、处理及应用需要。

1. 结构化数据分析场景

（1）与政务专线的集成场景

该场景主要描述能源大数据中心与政府侧政务一体化、智能化公共数据平台的数据集成。

政务数据一般会先在政府侧进行归集，利用云组件从各厅局专属系统抽取

数据，并在能源数据库的 MaxCompute 中进行加工处理，需要输出到能源大数据中心的数据，通过数据同步工具 DataX 接入能源大数据中心；对于无法通过政务云（能源数据库）归集的数据，则利用数据服务接口，经政企专线传输到能源大数据中心。

向政府侧开放的数据，统一通过云上数据智能工具复制到能源数据库，再实现由能源数据向目标业务应用的输出。

接入的数据存储在基于 MRS-Hudi 的数据湖中，根据数据管理规范对这些数据进行逻辑分层加工处理，最终授权给数据应用进行查询，或封装成服务由数据应用直接调用。

数据服务接口基于数据运营组件 DGC（Data Lake Governance Center，数据湖治理中心）中的 DLM（Data Lake Mall，数据湖服务）功能进行封装开发，在 DLM 自带网关或云网关 APIG（Application Program Interface Gateway，应用程序接口网关）上进行注册，最终上架到数据服务目录进行统一管理。

应用侧新产生的数据需通过 CDM 回流至 MRS 的贴源层，实现新增业务数据回流。

（2）与电力企业数据中台的集成场景

方式一：直接调用数据服务获取数据。电力业务数据经数据中台出口，数据先从云上 MaxCompute 中经 DI 同步到在线数据库 RDS，通过服务封装工具开发形成接口服务，在 CSB 上注册，再在政企共享通道上注册，同时同步到数据服务目录，经数据服务目录授权的数据应用可直接调用数据服务，获取数据。

方式二：电力数据在能源数据仓进行存储计算。部分能源大数据中心需要的基础数据按需通过接口同步到基于 MRS-Hudi 的数据湖中，与其他数据融合后形成新的数据结果，经授权后通过服务的方式提供给数据应用访问、使用。

2. 采集量测数据应用场景

采集量测数据应用场景包括量测数据实时展示和量测数据离线分析。

场景一：量测数据实时展示（例如负荷曲线实时展示）。首先通过接入程序或者数据复制工具，如 DRS（Data Replication Service，数据复制服务）或 OGG（Oracle GoldenGate，这是由甲骨文公司开发的一种基于日志的结构化数据复制软件），将数据写入消息队列 Kafka 集群指定的 Topic 中，经批处理程序 Spark Streaming，将 Kafka 中采集的数据写入能源大数据中心的 HBase 中，HBase 量测数据（具有较好的 Rowkey 设计）基于 DGC DLM/APIG 进行服务封装注册后，对外提供服务。

场景二：量测数据离线分析（例如用电量日/月表）。将量测数据同步到 MRS

Hudi 中，使用 Hive/Spark 将汇总的量测数据关联档案数据后，计算结果数据通过 DGC CDM 将数据推送至 DWS（Data Warehouse Service，数据仓库服务）/ClickHouse 层，然后在 DAYU DLM/APIG 进行服务封装注册后，对外提供服务。

8.2.4 实时流式计算场景

能源大数据中心实时流式计算，首先通过接口程序或数据复制工具（如 DRS 和 OGG），从源端实时采集数据库日志，将其写入消息队列 Kafka，然后编写 Flink（条件未具备时，使用 Spark Streaming）程序读取 Kafka 中的数据，在有需要的情况下，还可同时关联档台账数据，进行模型转换、清洗等流计算处理，按应用需求将计算结果写入 Kafka 消息队列（支持数据实时发布订阅）、DWS（支持复杂关联查询及查询条件多变场景）或 HBase（支持查询条件简单且固定的查询场景），其中 DWS、HBase 和 ClickHouse 的结果数据均可通过数据服务提供给前端分析应用。

8.3 能源大数据中心的数据应用

能源大数据中心数据应用的价值，一是通过打造面向政府机构、能源行业、社会公众的产品，建立依托于产品的服务模式，助力政府社会治理现代化和公共服务高效化，服务用户智慧用能，打造面向能源大数据的开放共享、普惠个性的数据共享机制和创新应用模式；二是面向电力企业自身可靠性建设需求，通过对灾害停电数据的分析，查找停电原因，找到供电网络中的薄弱点，为后续电力运维提供针对性的目标，使电网可靠性得到提升。能源大数据中心的数据应用如图 8-5 所示。

能源大数据能够为政府及社会生产提供种类丰富的数据应用，结合各地方、不同政策的不同统计维度，通过人工智能等数据分析技术进行数据价值挖掘，可为政府、企业决策提供有力支撑。它主要可以分为社会经济指数类应用、能效分析类应用、社会民生改善类应用等。

通过打造面向政府机构、能源行业、社会公众的能源大数据创新应用，建立服务政府科学决策、服务社会民生改善、服务企业能效提升和服务社会经济发展的产品体系，可形成面向能源大数据开放共享、普惠个性相结合的数据共享机制和创新应用模式。

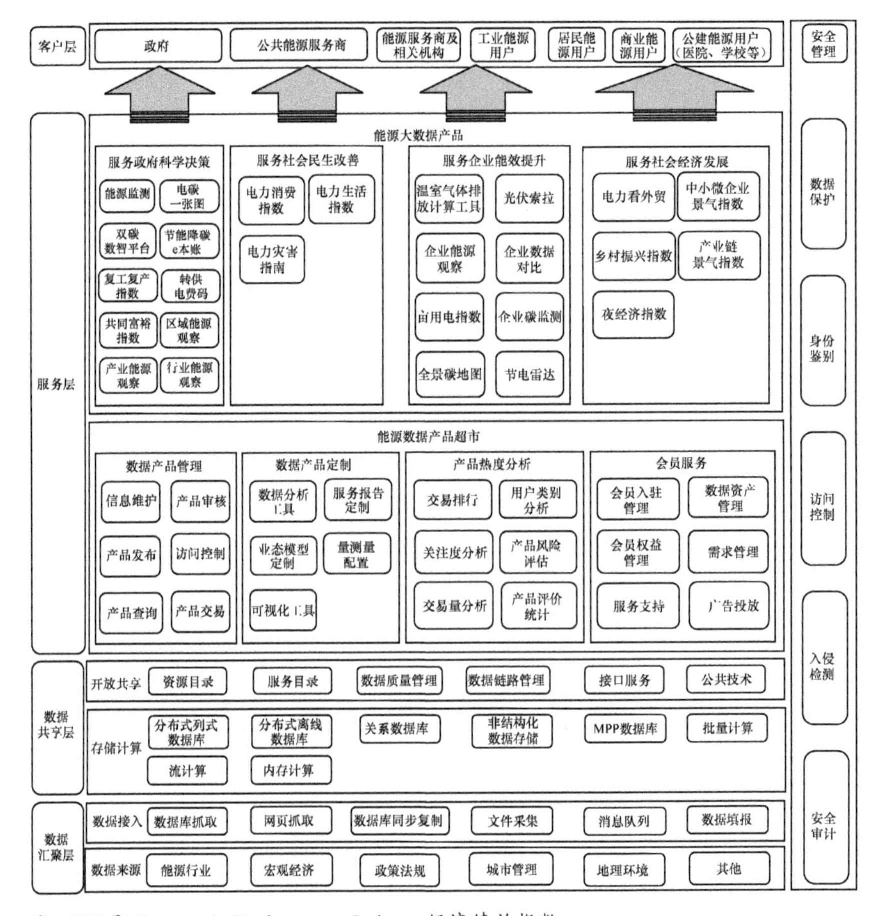

注：EPI 即 Economic Performance Index，经济绩效指数。

图 8-5　能源大数据中心的数据应用

8.3.1　服务政府科学决策

能源大数据中心面向政府机构，提供数据产品分析服务，助力政府社会治理现代化和公共服务高效化，提升政府治理能力，基于能源大数据中心的能源统计、分析、预测，可以支撑政府科学决策，提高社会治理的精准性。以下介绍几种相应的能源大数据产品。

1. 复工复产指数

为解决企业点多面广，难以精准掌握产业、行业、企业复工复产情况的问题，浙江省能源大数据中心发挥电力数据完整、准确、可靠且动态更新的优势，在全国率先推出了复工复产指数，通过构建复工率和复产率指标来反映全省 30 多万家企业开工和生产的情况，为省、市、县各级政府提供分析报告，支撑政府在疫情背景下的精准施策。复工复产指数产品的界面如图 8-6 所示。

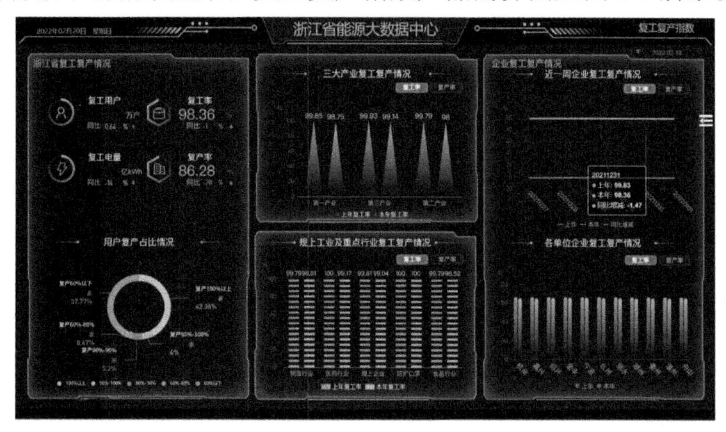

图 8-6　复工复产指数界面

2. 转供电费码

转供电费码依据“用户码上查、政府码上管、供电公司码上帮”机制，旨在让用户知晓自己电价是否合理，让政府部门及时掌握国家政策落实情况，更好地支持小微企业精益发展，形成“政府主导、用户主体、供电企业主动”的格局，实现对转供电违规加价壁垒的合力破解。转供电费码产品的界面如图 8-7 所示。

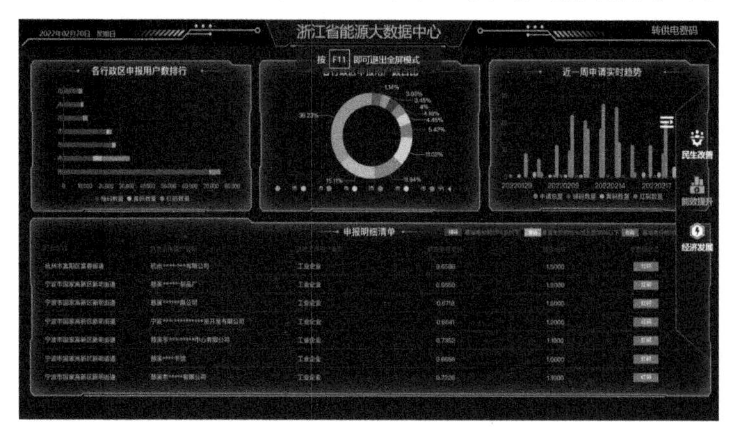

图 8-7　转供电费码界面

3. 共同富裕指数

共同富裕指数以《关于支持浙江高质量发展建设共同富裕示范区的意见》

为指导，发挥电力数据核心价值，综合时间、区域维度，对共同富裕水平、共同富裕发展趋势、共同富裕推进举措、共同服务品质生活进行综合展示，科学评价、超前研判区域共同富裕形态，支撑政府共同富裕决策。

8.3.2 服务社会民生改善

能源发展与经济运行关联分析应用，可用于动态监测产业结构优化成效、经济运行态势，支撑产业持续健康发展。以下介绍两种相应的能源大数据产品。

1. 电力消费指数

电力是国民经济的“温度计”和“晴雨表”，电力需求的变化折射出经济运行的活跃度。通过电力消费指数，电力消费和业扩报装的变化可以反映全省各区域、各产业、各行业运行状况，该指数作为月度经济指数子指标，为各级政府决策提供有效参考。

2. 电力生活指数

通过该指数，可了解全省居民的生活情况，从电力视角反映居民的生活水平。基于住宿、餐饮、旅游、娱乐、文化艺术等与美好生活密切相关行业的用电数据，可构建四个二级指标，包括美好生活相关行业用电增长指标、相关行业用电人均指标、居民用电增长指标、居民用电人均指标。

8.3.3 服务企业能效提升

对重要行业、重点企业开展综合能效分析，可推动企业流程优化和节能技术改造，提升企业用能效率，助力能源行业转型升级，相应能源大数据产品举例如下。

1. 温室气体排放计算工具

参考《中国燃煤电厂温室气体排放计算工具指南》，通过输入电厂基本情况，电厂煤炭、脱硫、外购电力或蒸汽相关数据，输出燃煤电厂计算小结，服务电厂开展温室气体核算。

2. “光伏索拉”数据产品

在服务企业能效的提升上，该产品实现对分布式光伏的在线监测，同时对光伏减排节能成效进行评价，辅助综合能源公司开展相关投资业务。

3. 企业能源观察

实现全省 5 万多户规上企业综合能耗的在线监测，通过计算企业实时能耗，为政府治碳、企业降碳提供决策支撑。

8.3.4 服务社会经济发展

提供用能提示、停电、停气预警等能源服务，构建用能、节能等新型服务在线化，让“数据多跑路，百姓少跑腿”，支撑电、气、热、水等各类能源服务“一网通办”，相应能源大数据产品举例如下。

1.“电力看外贸”数据产品

辅助政府监测全省外贸企业的运营情况。通过该产品可以直观展现外部环境变化对外贸行业的影响，以及区域全面经济伙伴关系协定政策实施以来，外贸景气度的变化情况。《区域全面经济伙伴关系协定》项下享惠产品主要集中于农产品、纺织服装、水产品、金属制品等行业，相应产业集中的区域景气度较其他地区高。

2. 中小微企业景气指数

浙江省是民营经济大省、强省，而中小微企业是该省民营经济的特色和活力所在。由于中小微企业的规模和资金储备量有限，受新冠肺炎疫情影响更大。如何助力它们渡过难关成为浙江政府的施政重点之一。通过中小微企业景气指数，对全省 290 万家中小微企业景气度进行监测，可帮助政府精准掌握全省中小微企业情况，为政府精准实施《关于减负强企激发企业发展活力的意见》、落地减负政策、进行中小微企业纾困帮扶提供数据依据。

3. 乡村振兴指数

围绕乡村振兴，构建居民、产业两大电力指数，反映浙江省乡村发展成效。通过乡村振兴指数，为政府提供监测乡村振兴水平和差距的新视角，为政府防止返贫监测、统筹城乡发展、美丽乡村建设和乡村产业融合发展提供决策支持。

4. 产业链景气指数

为防止产业链上下游存在堵点，造成企业复工复产困难，产业链景气指数以行业同期电力表征行业景气度，聚焦煤炭开采和洗选业、黑色金属冶炼和压延加工业、热力生产和供应业，进行产业链上下游分析，服务产业升级策略有效实施，对产业转型实施精准调节。

第9章 新型电力系统网络安全

随着新型电力系统的不断建设和发展，未来新型电力系统的市场格局、市场机制、交易方式等将重塑，参与电力市场交易的主体将越来越多。新型电力系统不再是一个封闭系统，而是逐步开放共享、多数据互联互通的电力生态系统，这一系统将面临更多的网络安全挑战。新型电力系统是国家关键信息基础设施之一，亟须针对新情况、新问题加强安全防护。本章通过对网络安全发展的洞察，对电力企业网络安全的发展历程进行总结，对新型电力系统的安全实践进行探索，对新型电力系统安全发展进行展望。在碳减排目标的引领下，以核心技术自主可控和电力信息管理系统本体安全强化为手段，打造云网端一体安全防护体系，为新型电力系统建设和安全稳定运行保驾护航。

| 9.1　认识网络安全 |

网络安全是一门涉及计算机科学、网络技术、通信技术、密码技术、信息安全技术、应用数学、数论、信息论等多学科的综合性学科，指的是网络系统的硬件、软件及该系统中的数据受到保护，不因偶然的或者恶意的原因而遭受到破坏、更改、泄露，系统连续、可靠、正常地运行，网络服务不中断。

网络安全的具体含义会随着角度的变化而变化。例如，从个人、企业等角度来说,他们希望涉及个人隐私或商业利益的信息在网络上传输时得到机密性、完整性和真实性的保护，避免其他人或对手利用窃听、冒充、篡改、抵赖等手段侵犯自身的利益和隐私；从网络运维管理人员的角度来说，他们希望本地网络信息的访问、读写等操作受到保护和控制，避免出现病毒入侵、非法存取、拒绝服务、网络资源非法占用和非法控制等威胁，制止和防御网络黑客的攻击；从安全保密部门人员的角度来说，他们希望对非法的、有害的或涉及国家机密的信息进行过滤和防堵，避免机要信息泄露，避免对社会产生危害、对国家造成损失；从社会教育和意识形态的角度来说，网络上不健康的内容会对社会的稳定和人类的发展造成阻碍，必须对其进行控制。

网络安全关系国家安全和社会稳定，其重要性正随着全球信息化步伐的加快而变得越来越重要。近年来，境内外敌对势力针对我国网络的攻击、破坏、恐怖活动和利用信息网络进行的反动宣传日益猖獗，严重危害了我国的国家安全，影响了我国信息化建设的健康发展。网络安全是我们当前面临的新的综合性挑战，是国家安全在网络空间中的具体体现，理应成为国家安全体系的重要组成部分，这是网络安全整体性特点的体现，不能将网络安全与其他安全割裂。

9.1.1　国外发展现状分析

由于国情、国家网络发展状况以及国家制度的不同，各国的网络安全战略内容各有不同，但又有其共性。大多数国家都已经认识到网络安全对国家安全的重要意义，将网络安全纳入国家安全的组成部分，在国家安全战略中提及或单独制定专门的关于网络安全的标准或法规。

近年来，发达国家针对新型网络建设的重点方向制定发展规划、推行专项政策、加大资源投入，支持学术界和工业界对网络架构、核心技术的深入研究，力求提前布局并主导长期发展。在国家信息基础网络研究方面，美国的代表性项目是适用于各种新型网络试验的综合网络环境计划，该计划开发了新型网络体系结构的命名数据网络。欧洲国家在新型网络方面旨在发展以信息为中心的全新架构，涉及未来网络的多个细分方向。日本国家信息与通信研究院早在 2006 年就提出了研究新型网络体系架构的未来互联网研究计划，重点关注未来新型网络的核心技术。

各国的网络安全建设都坚持从自身的国情出发，进行战略统筹和顶层设计；规划牵引、政策扶持，将网络安全提升至战略高度；规定国家信息网络化以及维护网络安全等方面的责任；明确国家网络建设的战略目标、指导思想及其他相关原则，为国家网络安全建设构建整体蓝图。

9.1.2 国内发展现状分析

虚拟化、边缘计算等新技术的深化应用，推动云—边协同、云网融合、算网融合等网络架构创新升级。海量多终端连接等泛在接入模式将加速连接网络空间与物理世界，针对单点的网络威胁将加速向全局扩散，形成“牵一发而动全身”的破坏性效果。在数字化转型背景下，网络空间与物理世界全面融合，垂直行业由隔离孤立走向深度网联，连接场景从人机互联走向万物互联，数据从单一信息载体向基础生产要素转变。泛在连接场景下，大量终端存在功耗低、计算和存储资源有限的现实问题，需要统筹考虑网络负载能力建设的需求，实现底层网络资源按需动态供给。

随着国家数字化进程的不断深入，融合应用场景不断涌现，行业用户的安全需求由最初的网络安全产品部署，逐步向细分领域安全服务过渡。SECaaS（Security as a Service，安全即服务）和 SASE（Secure Access Service Edge，安全访问服务边缘）成为新趋势，在网络侧及边缘侧整合服务化安全能力，由点及面形成安全和网络能力融合的服务化输出新模式，进一步提升安全能力输出效能，在推动安全为网络赋能的同时，促使其跟随网络一同演进。

网络安全产业技术的发展可粗略地分为以下五个阶段。

初始阶段（安全基础产品）：使用基础的桌面计算机防病毒软件，对基础边界进行网络安全防护[采用防火墙、IDS（Intrusion Detection System，入侵检测系统）]。

发展阶段（边界安全防护细分）：对架构进行分区分域，对终端的网络连接进行管控、部署 WAF（Web Application Firewall，网站应用防火墙）、IPS（Intrusion Prevention System，入侵防御系统）等进阶安全产品。

增强阶段（特定安全场景产品）：针对拒绝服务进行防护，开展用户的攻击、上网行为管理和管控，进行针对攻击者的溯源追踪，关注内部风险控制[使用堡垒机、数据库审计、UEBA（User and Entity Behavior Analytics，用户及实体行为分析）等]。

完善阶段（关注新技术安全及安全运营）：关注云平台安全、主机安全、网络安全运营体系（威胁情报、全流量监测等），加强安全管控手段、注重人为隐患排查。

展望阶段（主动安全、智能防御）：建立蜜罐、蜜网一类的欺骗防御体系，关注数据安全，引入区块链安全、零信任等技术完善网络防护能力，开展加密流量分析。

9.1.3　威胁与脆弱性分析

通用脆弱性可以从技术和管理两个方面来理解。技术层面的脆弱性主要与资产的属性有关，最典型的表现是安全设备和应用服务的漏洞；管理层面的脆弱性则表现为管理体系的不完备和管理制度没有得到有效的贯彻执行，而导致出现安全纰漏。安全威胁主要是指外部环境针对网络信息的保密性、完整性、可用性、可控性以及不可否认性造成伤害，主要表现为网络监听、口令破解、拒绝服务攻击、漏洞攻击、网站安全威胁和社会工程学攻击等。

1. “综合能源服务”公共设施平台网络安全风险

新型电力系统下，能源消费“综合能源服务”进程加快，工业、建筑、交通三大领域用能电气化水平将从目前的占各自所在领域的 30%、30%、5%，提升至 2060 年约占各自所在领域的 50%、75%、50%。从单一电力系统向综合能源系统演变，现有的电力系统将与热气管网、天然气管网、交通网络等能源链进行互联互通，形成多领域综合能源网络。此时，新型电力系统的市场格局、市场机制、交易方式等将重塑，参与电力市场交易的主体越来越多。由于公共设施平台数据共享和交互的需要，将出现两种安全威胁情况：一是对电力市场交易数据、用户隐私数据等敏感数据的流通性增加，从而存在较高的泄密和被篡改的风险；二是用电负荷以及负荷集成商、其他能源链缺乏有效的网络安全防护措施，存在安全隐患，利用其集中管控平台漏洞，可操控集成商下辖的所有可调节负荷资源，进而造成电力系统故障。

2.“泛在化”分布式终端网络安全风险

新能源发展呈现出集中式与分布式并举的态势，不同投资主体的配电网、风电、光伏及电动汽车充电设施等设备接入电网，新能源、电力电子装备数量将出现爆炸式增长，形成海量接入。电力监控系统安全边界模糊不清。如电动充电桩、智能楼宇、虚拟电厂、储能集成等新能源可调节负荷的多样化接入，使新型电力系统的网络空间更加庞大和复杂。分布式设备多处于无人值守的开放物理环境中，容易遭受物理利用、固件篡改等，网络暴露面日益扩大，攻击跳板增多。新型分布式终端类型繁多，数据传输方式尚未标准化，接入以无线公网为主，缺乏统一的安全防护技术标准，存在带病入网等问题。不同业务的分布式终端对电网基于分区隔离的安全防护架构带来冲击，管理难度进一步增大。

3.“智能化”新系统、新技术网络安全风险

随着电网数字化转型，云计算、大数据、物联网、5G 等新技术在电网行业中发挥着越来越重要的作用。5G、IPv6 技术助力实现新能源及电力电子设备高速、友好接入。边缘计算、物联网等技术支撑实现就地决策与增值服务。大数据、云计算、人工智能等技术，辅助实现可赋能生产管理和生产决策，新技术下的电力监控系统为支撑电网安全稳定运行，推进新能源及系统调节资源的可观、可测、可控能力体系建设提供了技术基础。而新技术的网络安全内生隐患，如网络融合、传输安全、漏洞缺陷等，在与新型电力系统的融合应用中带来了新的风险。

4. 传统网络安全威胁在新型电力 ICT 系统中依然存在

（1）物理安全

物理安全的脆弱性在于机房环境中设备端口暴露；威胁性包括盗窃、破坏、社会工程学攻击等。

（2）端点安全

端点安全的脆弱性主要体现在端点准入、账号管理、使用管理制度不完善，针对端点操作审计能力缺乏，基线安全配置不合规，终端信息防泄漏能力不足，终端安全检查设备功能性不完善；威胁性来自于病毒的带入、钓鱼邮件、外部入侵。

（3）通信安全

通信安全的脆弱性在于缺少无线网络准入系统、无线抗 DDoS 设备，存在无线设备弱密码和密码泄露隐患，内部人员违规外连和私连 AP；威胁性来自于外部的无线钓鱼攻击、外来人员偷窃无线密码、中间人攻击。

（4）物联网安全

物联网安全的脆弱性在于终端接入平台不稳定，导致各业务终端连接中断，造成巨大社会影响；威胁性来自于终端层、网络层的安全风险，包括终端本体安全威胁、数据篡改、DDoS 等。

（5）网络安全

网络安全的脆弱性主要体现在运维人员对网络流量设备和边界安全设备的误操作、配置不当，内部网络环境调整针对设备的优化不足，设备本身功能性不完善，设备访问自身安全性不足、内部人员访问权限过高等；威胁性来自于外部网络入侵攻击、设备漏洞被利用、网络病毒带入等。

（6）云安全

云安全的脆弱性包括云平台自身和业务的脆弱性，平台和业务的风险被利用，云平台安全管理和安全运维制度欠缺落地，平台上的安全防护组件支撑能力不够，有一些防护点还未被覆盖；威胁性来自于病毒带入、入侵攻击、口令爆破。

（7）应用安全

应用安全的脆弱性主要指应用系统和中间件安全配置不合规、存在漏洞未修复，重要业务缺乏双因素登录，关键业务的容灾和高可用力度不够，账号管理制度需要完善，缺少账号合规和应用业务的审计；威胁性来自于密码被破解、越权提权、网页篡改、SQL 注入、DDoS 攻击等。

（8）数据安全

数据安全的脆弱性在于数据部门对数据安全工作分工不明确，导致很多工作无法开展；威胁性来自于外部持续攻击和社工行为导致的数据的破坏和泄露。

（9）安全合规

安全合规的脆弱性针对等级保护要求、商用密码安全性评估之类的指导要求没有统一的管理和常态化的问题跟踪修复机制，相关的安全设备能力支撑不足、网络安全防护现状不符合法律法规要求等不合规风险无法被及时发现。

（10）安全运营

安全运营的脆弱性在于过去遗留了工作问题、本身安全体系完善不足、运维平台的支撑能力不够，如新组织架构下的项目交接不平滑带来的流程问题，日常运维和报告无法体现工作成果，安全保障体系和风险管理体系还需要完善，整体的安全设备策略、网络设备策略、终端安全策略的调整和优化缺乏统一平台的能力支撑。日常运营的有效性，对于保持企业整体处于较高的网络安全防护水准有着重要意义，否则随着企业存续时间的增长，会出现越来越多的安全问题堆积，最后导致积重难返。

（11）安全管理

安全管理的脆弱性包括系统资源台账不准确、流程执行安全标准规范不完善、账号管理和安全运维管理制度不完善。安全管理的不足会导致如资产混乱、安全规定形同虚设等问题，进而大幅影响网络安全防护中心。

（12）内控安全

业务内控安全的脆弱性在于资产台账不清晰、业务路径不清晰、软件安全生命周期管理需要优化、缺少代码升级；威胁性来自于网页信息篡改、被撞库脱库、业务恶意插件等。

9.2 电力企业网络安全的发展历程

电力企业在社会生产和生活中发挥着不可替代的作用，安全、有效的电力信息网络系统能够帮助电力企业规避网络风险，亦可发挥电力企业在促进生产、保障居民用电秩序上的积极作用。电力企业网络的安全发展伴随着电力企业的信息化进程不断推进，不同时期的网络安全体系建设支撑了不同时期的信息化发展战略。当前，数字化转型的进程不断发展，互联网与企业信息管理、生产数据管理工作的融合程度加深，构建有效的网络安全体系刻不容缓。

9.2.1 电力企业安全概述

1. 网络架构方面

为了支撑海量的电力终端设备，电力网络的覆盖范围逐渐扩张，网络架构日益复杂。目前电力企业的网络架构和外部一流水平相比还有一定差距，主要体现在以下三方面。一是虽然电力网络已基本实现传输媒介光纤化，能提供充足的带宽来传输现有电力业务，但是新型电力系统的逐步建设必然需要开通各类新型电力业务，其类型多、数量大、突发性强、通信指标要求高，现有网络承载能力不足。二是由于网络覆盖范围广、设备连通性差，一般采用静态配置方式传输电力业务，导致网络运营和维护都需要耗费大量的人力和物力成本，且静态配置方式取决于人的主观意识，在不了解网络状态及带宽使用情况的条件下配置传输路径，会造成网络资源利用率低下。三是网络为业务提供高质量服务的能力差，需要优化其网络架构并改善资源管理配置方式，以满足电力业务的通信指标要求。

2. 网络安全方面

“十三五”期间，电力企业的网络安全防护能力得到有效提升，但与电力行业外部，如头部互联网企业的一流防护相比，还有一定差距，主要体现在以下三方面。一是应对新型攻击手法尚显乏力，新技术加持下的网络攻击更具针对性、网络化与协作性，部分针对性的攻击具备难发现、难溯源、难清除等特点，现有防护策略存在被攻击绕过的可能。二是缺乏有效应对 0 day 漏洞的手段，当下网络空间 0 day 漏洞呈现井喷趋势，一旦被攻击者加以利用，没有补丁的新漏洞往往使防护体系措手不及，利用 0 day 漏洞发起的攻击具有更大的突发性与破坏性。目前网络安全防守方应对 0 day 漏洞的主要方法是应急响应，缺乏有效的技术手段；三是整体技防措施缺乏跨区联动，目前虽然电力企业已经实现生产控制区、管理信息区和互联网区的一体化监控，但各个大区的安全防护策略相互独立、缺少联动，难以发现潜在的网络攻击。

9.2.2　电力企业网络安全防护方案演进

美国系统管理和网络安全审计委员会曾提出网络安全滑动标尺模型（The Sliding Scale of Cyber Security），将企业信息安全能力分为五个阶段，分别是架构建设、被动防御、积极防御、威胁情报以及进攻反制。本节总结电力企业安全防护体系的建设历程，按照建设的重心，也将电力企业安全防护方案的演进划分为五个阶段供读者参考，具体说明如下。

1. 第一阶段——关注基础

随着互联网的迅猛发展，信息网的安全可靠性变得越来越重要，对于有自建机房和办公场地的企业，为了防范针对系统和终端的恶意网络攻击，采取了相应的安全措施。

该阶段主要关注桌面防病毒和基础边界防护，安全性价比较高，企业没有太多有价值的资产值得黑客入侵，所以企业以被动安全为主，主动意识不会太强，安全运维一般由系统运维兼任，通过在企业内部署桌面防病毒软件和防火墙、IDS 等基础边界防护措施，保证企业具备基础的安全防护和威胁阻断能力。该阶段主要采取以下技术措施。

桌面防病毒：对终端操作和文件进行监控，监控用户的运行状况，用于病毒预防、病毒检测及病毒清除。

防火墙：对流量进行访问控制，一般用于网络和互联网的隔离和地址转换。

IDS：对攻击行为进行监测和告警，弥补防火墙无法对攻击进行检测的缺陷。

微型企业和小型企业的安全防护一般都处于这个阶段。该阶段基本可以防护不专业的黑客、自动化攻击和公网上投放的木马。随着企业的不断发展，开始出现竞争对手的恶意攻击、“黑灰产”等针对性攻击，仅依靠防病毒软件和基础边界防护一般难以抵御。

2. 第二阶段——关注边界安全

面对“黑灰产”和恶意攻击，企业引入了纵深防护体系。如 2004 年，针对电力企业就提出电力二次系统安全防护的总体原则是“安全分区、网络专用、横向隔离、纵向认证”，通过分区分域、外联管控及应用层防护的增强技术措施，抵御恶意攻击。在该阶段，相关企业一般有了专门的安全运维人员，对系统运维和网络运维进行了专业上的分工。该阶段主要采取以下技术措施。

隔离装置：用于内外网业务系统之间的数据传输，通过物理隔离或者逻辑隔离的方式保证业务安全性的网络通道。外网一般可与互联网连通，而内网仅供企业内部人员使用。

安全接入网关：用于电力纵向边界之间物联终端到内部网络之间的数据传输，通过物理隔离或逻辑隔离的方式保证业务安全性的网络通道。

纵向加密装置：用于电力纵向边界之间的安全传输，通过纵向加密装置来创建 VPN 隧道，传输实时及非实时的业务数据，保证业务数据不被非法监听。

桌面管控：主要用于企业内部桌面终端的网络安全防护与管控，一般集成了综合管控终端补丁、防入侵、防数据窃取等功能。

终端准入：用于管控终端接入企业的网络，保证其合法性。

IPS：对防病毒软件、防火墙和入侵检测系统的补充，能够根据攻击特征库及时中断、调整或隔离一些不正常或是具有伤害性的网络行为。

WAF：通过用黑、白名单机制相结合的完整防护体系，利用标准及定制化防护策略，结合成熟的 DDoS 攻击抵御机制，能够在 IPv4、IPv6 及二者混合的环境中抵御各类主流 Web 安全威胁。

该阶段，企业安全防护体系对恶意攻击和“黑灰产”攻击具备一定的防护能力，可抵御大部分以边界为入口的常规网络攻击。随着互联网技术的不断发展，攻击手段不断更新，攻击成本不断降低，“纵深防御+边界防护”为主的安全架构所面临的危险性也在不断提高，企业需要全面考虑，从各方面关注和完善防护体系。

3. 第三阶段——安全能力全面提升

安全的范围在不断延伸，安全防护也需要愈发全面且具有动态特性，企业将结合边界防护、漏洞闭环、安全加固等手段，实现安全能力全面提升。该阶段主要采取以下技术措施。

抗拒绝服务：通过对流量设定阈值进行告警，当某用户的网络交换流量异常产生事件告警时采取阻断行为，或防护拒绝服务流量和攻击。

上网行为管理：上网行为管理对企业内部用户的上网行为进行监测和管理，当发生某些安全事件时，可以查看时间节点附近的上网行为，进行取证分析。

网络防病毒：可实现在网络层对流行病毒、漏洞利用攻击和间谍软件行为等进行高性能防护。

APT 分析：APT（Advanced Persistent Threat，高级可持续性攻击，业界常称高级持续性威胁）是一种针对特定目标进行有计划和组织的长期持久的攻击方式，可通过关联日志和文件信息来分析可能存在的攻击态势。

堡垒机：用于企业对安全设备、网络设备和服务器的运维及使用进行审计。

数据库审计：对数据库的流量进行解析，分析数据库访问特征并提供审计日志。

邮件审计：实现对邮件内容的审计、对非法内容的监测。

漏洞扫描：通过定时对业务主机的 IP 和端口进行访问，将返回结果与自身的规则库对比，发现业务资产存在的漏洞和隐患，企业通过漏洞扫描发现网络安全隐患并进行整改，从而实现业务的持续安全。

网页防篡改：部署于企业的重要网站，防止黑客对网页进行恶意篡改。

终端检测与响应：为终端提供高级实时威胁防护，可减少攻击面、防止恶意软件感染、实时检测和消除潜在威胁。

该阶段，企业安全防护体系对各类攻击都具备较强的防护能力，可抵御一般黑客或黑客组织发起的临时性攻击。随着企业规模的不断扩大，该体系面对的不再是已知漏洞，而是以 0 day 漏洞与社会工程学结合为主的 APT 攻击。

4. 第四阶段——安全运营与新技术应用

由于攻防演练的常态化和 APT 攻击的普及化，企业开始关注新的安全技术与理念，并重视安全运营工作，同时将加强安全管控手段，注重隐患排查。该阶段主要采取以下技术措施。

云原生安全：主要通过原生的安全组件，对云平台安全和云平台上业务的安全做整体安全防护，提升安全能力和安全运营效率。

容器安全：主要对容器全生命周期安全、镜像安全和容器本体安全进行整体防护，提升容器安全防护能力。

微隔离：主要提供主机业务端到端的业务画像生成和业务东西向隔离能力。

DevSecOps（Development，Security and Operations，**开发、安全和运营**）：提供开发流程全生命周期安全防护，保证开发和应用的系统安全。

ATT&CK（Adversarial Tactics, Techniques, and Common Knowledge，**对抗性战术、技术和知识库**）：从红队的视角了解攻击的方法，从而验证防护手段和对应需要修正的缺陷。

欺骗防御体系：专门部署在网络中，用来欺骗攻击者的系统，引诱攻击者或计算机病毒向系统发起攻击，可以对攻击行为、攻击代码进行捕获和分析，通过以蜜罐为核心的欺骗防御体系，可以掌握攻击者采用的攻击手段和漏洞，详细记录攻击过程，及时发现内网的威胁和存在的安全隐患。

态势感知：基于环境动态、整体洞悉安全风险的能力，一种以安全大数据为基础，从全局视角提升对安全威胁的发现识别、理解分析、响应处置能力的方式，最终是为了决策与行动，以及安全能力的落地。

威胁情报：对攻击者工具的指纹、浏览器指纹、使用的某些带标记的资产和某些样本进行全网威胁情报的关联，同时将攻击者的实力、能力、目标通过可视化的形式展现出来。

安全编排与自动化响应：将企业不同的系统或者一个系统内部不同组件的安全能力通过 API 和人工检查点，按照一定的逻辑关系组合到一起，用以完成某个特定安全操作的过程。

空间资产治理：对网络资产进行梳理和治理，最终形成资产对象和版本库，为安全工作提供基础信息。

全流量安全分析：对网络进行全流量采集和大规模存储，并基于全流量进行安全分析，形成攻击全流程关联分析结论。

安全众测：对业务系统进行 7×24 小时无间断开放测试，并根据测试结果进行漏洞的动态修复。

该阶段，企业安全防护安全团队有一定成熟度，可以与黑客或授权的网络攻击人员正面交锋。一般发展到这一阶段的企业对安全的重视程度已相当高，面对的一般是全球顶尖的黑客组织，需要不断研究和探索如何建设持续安全的网络空间。

5. 第五阶段——安全“无人区”

此时，成本不再是局限安全能力发展的要点，网络安全成为企业发展的重要组成部分，企业已经进入了安全“无人区”，要想保持或继续提升安全能力，需要对繁杂的安全概念和新技术进行探索，与企业自身业务情况和所在国家的法律法规进行有机结合，对并非真正权威的定义和未实际落地的应用形成企业专有的安全解决方案。该阶段主要向以下方向发展。

供应链安全：识别应用开发过程中软件开发人员引用的非法开源第三方组件，并对应用组成进行分析，提取开源组件特征、计算组件指纹信息，挖掘组件中潜藏的各类安全漏洞及开源协议风险。

数据安全：数据安全是指对数据生产、数据采集、数据传输、数据存储、数据处理、数据交换、数据销毁过程中可能出现的数据安全风险进行保护，防止存储中的数据未经授权被访问、使用、破坏、修改或销毁。

区块链赋能安全：区块链技术去中心化的特点，与网络安全中的保密性天然结合，区块链将赋能企业安全应用。

零信任安全：零信任理念风靡了很长时间，基于零信任理念的产品也形态各异，该阶段规划结合落地，共同推进基于零信任理念的企业零信任体系。

加密流量分析：加密流量将快速覆盖网络，加密流量分析可实现在不解密的情况下分析识别恶意流量。

量子加密：量子加密是加密领域的突破，以目前的计算能力来看，该技术在理论上可实现让加密网络无法被破解。

远程浏览器接入：通过远程浏览器代替终端直接对业务的访问，可以提升对外业务的安全级别。

BAS（Breach and Attack Simulation，入侵与攻击模拟）：通过持续的自动化攻击，评估和验证企业安全情况，进行安全风险评分，确定漏洞的覆盖范围并对检测出的漏洞提供补救意见，防止攻击者对漏洞加以利用。

CSMA（Cybersecurity Mesh Architecture，网络安全网格架构）：一个全面覆盖、深度集成和动态协同的网络安全网格平台，提供集中管理和可见性，支持在一个庞大的解决方案生态系统中协同运行，可自动适应网络中的动态变化。

9.2.3 新型电力系统的发展趋势和面临的挑战

随着全球的数字化转型逐步进入深水区，以“云、大数据、物联网和移动互联网”等新型 ICT 基础设施为关键支撑，电力的生产力迎来了前所未有的跨越式发展。在新基建的推动下，“前端移动化，后端云化”成为新型电力系统信息技术架构的主要特点和趋势，安全的防护重心从边界向数据转移。

新技术的普遍应用给电力行业带来了前所未有的体验，也引入了新的安全问题。近年来，发生的 APT 攻击和内部违规导致的大规模数据泄露等恶性安全事件层出不穷，传统的边界防护手段存在很大的局限性，已出现无法满足新形势下的网络安全需求的趋势，举例如下。传统基于边界的防护思路，无法有效应对云化环境下的安全挑战，无法有效解决内部安全威胁，如内部人员的违规行

为。接入具有多样性，终端、对象和网络各不相同，网络层面面临的威胁持续加大。不同类型的安全设备不兼容、不联动，无法实现“1+1>2”的效果。安全产品堆砌，成本居高不下。资产管理跟不上新业务发展节奏，无法对资产进行精准识别，从而减少攻击面，无法全面了解网络资产现状，无法发现存活资产、资产风险的状况。被动防御无法主动发现黑客恶意威胁行为，需要提前感知业务系统、终端主机、应用服务等可能遭受的攻击情况和趋势，进行提前防御，从而转被动防御为主动防御。无法感知全网安全态势，无法直观展示企业在全网范围内面临的威胁和最近发现的威胁事件，使分析人员不能及时发现威胁、预判全网安全走势。威胁事件不能精准检测风险，无法通过机器学习技术，针对 APT 全攻击链中的每个步骤，对渗透、驻点、提权、侦查、外发等各个阶段进行检测，建立文件异常、邮件异常、流量异常、日志关联、网页异常检测、隐蔽通道等检测模型并关联检测出高级威胁。无法关联分析风险，无法通过挖掘事件之间的关联和时序关系，发现有效的攻击。防御不闭环，不具备事件处置和设备联动能力，发现威胁不能及时使防火墙、安全控制器、网络控制器和终端检测响应等安全设备进行联动、下发阻断策略。威胁判定不能自动响应处置，不能针对不同攻击场景编排自动化的调查取证和告警联动，以实现安全事件的自动化处置闭环。

电力企业需要一种全新的网络安全范式，应从以网络为中心转变成以数据为中心的防护，由此云网端一体安全架构应运而生。云网安一体架构遵循“智能分析、动态检测、全局防御”的基本原则，颠覆了传统的安全防护思路，旨在打造智能化的未来网络架构，实现风险持续检测、威胁主动研判、智能全局防控。它的主要特点有：缩减网络暴露面，完善边界防护，拓展防御纵深，强化监测预警，打造满足新型电力系统运行生态的主动防御技术；基于零信任架构实现接入安全，基于可信计算、态势感知、流量基线等技术，从身份可信、设备可信、网络可信、行为可信多层面进行检查和主动防御，保证新型电力系统终端的可信接入，加强安全威胁智能分析和异常自动处置；构建设备可信体系，根据终端统一网络安全技术标准和网络安全分区原则，构建责权清晰、高效协同的管理机制；实现并优化跨网数据安全共享和追踪，加强电力数据在各能源链间的安全、有序、合规流动；建立数据全生命周期安全保障体系，制定电力数据安全制度、分级分类标准和数据使用规范，贯穿数据生命周期各环节；加强协同防护，针对新型电力系统综合能源服务平台控制海量负荷的安全风险，推动制定、落实网络安全等政策法规，有效防范海量负荷汇聚平台被恶意控制风险。电力企业利用该安全架构从管理制度、业务流程、安全技术、人员管控等多方面增强全域防御、纵深防御网络安全防护体系建设。全域防御管理体系方面，电力企业利用该安全架构加快落实人员配置、不断完善网络安全组织体系，形成强有力的专业协同体系；根据国家关键信息基础设施保护“三化六防”（即实战化、体系化、常态化，以及动态防御、主动防御、纵深防御、精准防护、整体防控、联防联控）的相关要求，加快对新型电力系统的技术审查，持续做好网络安全检测。

9.2.4 新型电力系统网络安全体系与架构

新型电力系统形态下电力信息系统数据开放、信息共享程度不断提高，与外界的交互将变得高度关联、相互依赖，面向业务系统的网络安全问题日益凸显。关键信息基础设施脆弱的安全状况以及所面临的日益严重的攻击威胁，已经引起了国家的高度重视，网络安全已被提升到国家安全战略的高度，在政策法规等方面展开了积极的应对，新型电力系统网络安全框架如图 9-1 所示。

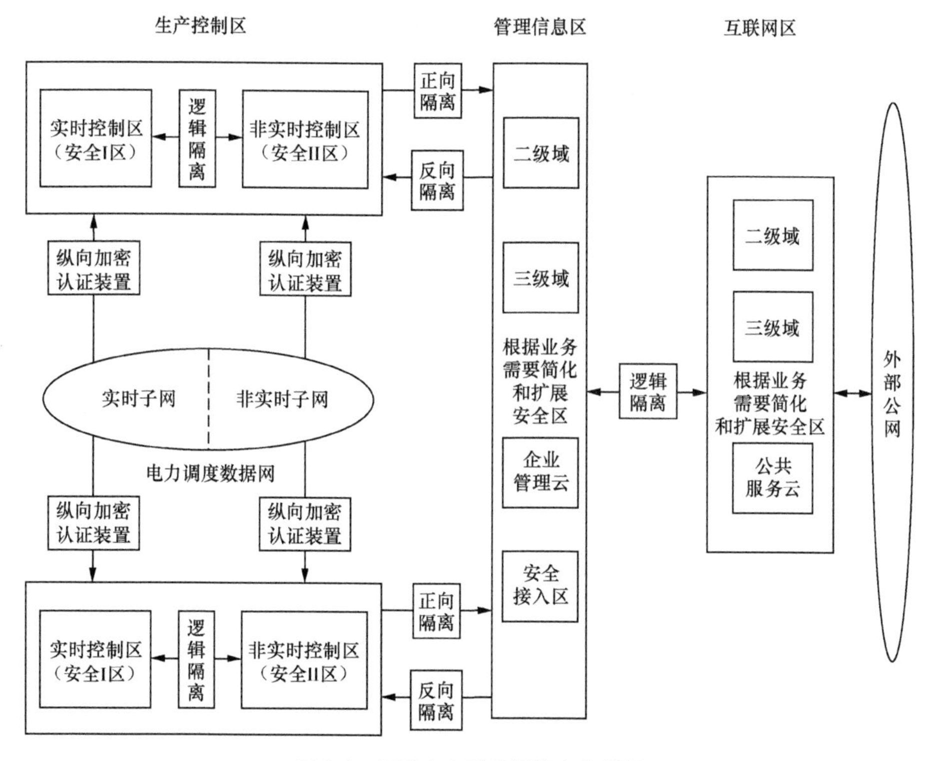

图 9-1 新型电力系统网络安全框架

基于国家发展改革委 2014 年第 14 号令定义的传统电力安全架构，结合表 9-1 所示不同时期电网企业的安全监管要求，新型电力系统网络安全框架将安全防护体系分为通用技防建设、基础安全工作与扩展安全场景三大方向以及 11 个小类，具体如图 9-2 所示。

表 9-1　不同时期对电力网络安全的监管要求

监管概述	文件要求
国家发展改革委第14号令	2014 年 8 月，国家发展改革委根据《电力监管条例》《中华人民共和国计算机信息保护条例》和国家有关规定，结合电力监控系统的实际情况，颁布《电力监控系统安全防护规定》。该规定提出电力监控系统安全防护工作应当落实国家信息安全等级保护制度，按照国家信息安全等级保护的有关要求，坚持“安全分区、网络专用、横向隔离、纵向认证”的原则，保障电力监控系统的安全
网络安全法	2016 年 11 月，《中华人民共和国网络安全法》正式发布。第三十八条规定：关键基础设施的运营者应当自行或者委托网络安全服务机构对其网络的安全性和可能存在的风险每年至少进行一次检测评估，并将检测评估情况和改进措施报送相关负责关键信息基础设施安全保护工作的部门。第三十九条规定：国家网信部门应当统筹协调有关部门对关键信息基础设施的安全保护采取以下措施：（一）对关键信息基础设施的安全风险进行抽查检测，提出改进措施，必要时可以委托网络安全服务机构对网络存在的安全风险进行检测评估；（二）定期组织关键信息基础设施的运营者进行网络安全应急演练，提高应对网络安全事件的水平和协同配合能力；（三）促进有关部门、关键信息基础设施的运营者以及有关研究机构、网络安全服务机构等之间的网络安全信息共享；（四）对网络安全事件的应急处置与网络功能的恢复等，提供技术支持和协助
网络安全等级保护 2.0	2019 年 5 月，《信息安全技术 网络安全等级保护基本要求》（GB/T 22239—2019）和《信息安全技术 网络安全等级保护测评要求》（GB/T 28448—2019）等标准正式发布。网络安全等级保护 2.0 遵循“一个中心、三重防御”指导思想，具有自己更加鲜明的特点，内涵更加丰富。网络安全等级保护 2.0 实现了两个全覆盖：覆盖各地区、各单位、各部门、各企业、各机构，也就是覆盖全社会；覆盖所有保护对象，如网络、信息系统、云平台、物联网、工控系统、大数据、移动互联等各类技术应用
数据安全法	2021 年 6 月 10 日，十三届全国人大常委会第二十九次会议表决通过了《中华人民共和国数据安全法》，并于 2021 年 9 月 1 日起施行。《中华人民共和国数据安全法》涵盖数据分类分级、重要数据保护、国家核心数据管理，数据安全风险评估、报告、信息共享、监测预警，数据安全应急处置，数据安全审查、出口管制、数据领域的对等措施、重要数据出境管理、数据交易、数据处理服务许可、执法数据调取配合、境外数据调取阻断、政务数据安全与开发等制度，围绕数据全生命周期构建数据安全保障的基本框架
关键信息基础设施安全保护条例	2021 年 8 月 17 日，国务院第 745 号令《关键信息基础设施安全保护条例》公布，并于 2021 年 9 月 1 日起施行。该条例基于总体国家安全观，有利于更好地推动国家网络空间安全核心能力建设，筑牢国家网络空间安全的屏障。该条例强化了能源等关键信息基础设施运营者安全管理，特别强调建立“一把手负责制”，明确了运营者主要负责人负总责，切实保障人财物投入，为关键信息基础设施安全保护工作的物质基础提供了法律保障
个人信息保护法	2021 年 8 月 20 日，十三届全国人大常委会第三十次会议表决通过《中华人民共和国个人信息保护法》，并于 2021 年 11 月 1 日起施行。《中华人民共和国个人信息保护法》构建了完整的个人信息保护框架，其规定涵盖了个人信息的范围以及个人信息从收集、存储、加工、传输到公开、销毁等的全过程；明确赋予了个人对其信息控制的相关权利，并确认与个人权利相对应的个人信息处理者的义务及法律责任；对个人信息出境问题、个人信息保护的部门职责、相关法律责任进行了规定
国网 806 号文	2019 年 11 月，国网公司发布 806 号文，指导做好电力网络安全防护。国网公司全场景网络安全防护秉承“安全支撑发展、运行保障业务”的理念，坚持“谁主管谁负责，谁建设谁负责，谁运行谁负责，管业务必须管安全”的原则，覆盖电力物联网规划、设计、招投标、安全审查、开发测试、实施上线、网络改造、商业拓展、运行管理等全过程管理

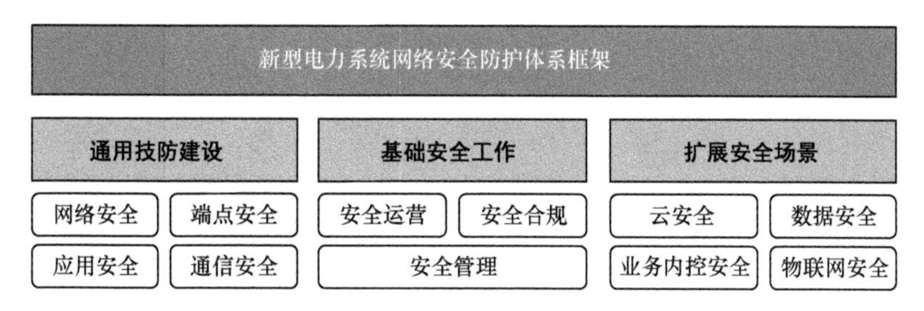

图 9-2 新型电力系统网络安全防护体系框架

1. 通用技防建设

这一方向主要是通过安全产品（包括网络安全产品、端点安全产品、应用安全产品、通信安全产品）开展技防建设，其主要解决的是网络安全领域的核心技术问题。这是国内外公认的传统安全领域，也是国内网络安全企业主要聚焦的业务板块。

网络安全是由网络设备、安全设备、服务器、通信线路以及接入链路等设备或部件共同建成的，网络安全运维管理人员可以在网络环境中实施安全策略和网络监控。常见设备包括边界类安全设备（防火墙、防毒墙、IPS、IDS、APT、DDoS、网闸）、网络流量分析类安全设备（上网行为管理、网络安全审计、网络流量分析）。

端点安全防护建设主要通过安全通信传输、主机安全加固、终端安全基线漏洞扫描、恶意代码防护、安全配置核查、重要节点设备冗余备份以及系统自身安全控制等多种安全机制实现。

应用安全防护建设主要通过身份鉴别与权限管理、网页应用攻击防护、应用安全审计以及应用自身安全控制等多种安全机制实现。常见的应用安全防护工具包括 WAF、网页防篡改、网页应用安全扫描与审计、邮件安全、数字证书、硬件安全等。

通信安全是针对通道或信道的安全，如无线办公环境的接入访问控制、恶意攻击防护、行为和流量审计，常用技术包括接入控制、无线认证、IPv6。

2. 基础安全工作

站在企业的角度，除了部署网络安全产品，还需要专业的安全人员开展一系列基础安全工作，将网络安全建设“被动式、零散式”安全产品堆砌方案逐步发展为“全面型、体系化”的主动安全防御方案，通过安全运营、安全合规和安全管理工作，提升安全防护水平。

安全运营以资产为核心，以安全事件管理为关键流程，依托安全运营平台和各种分析工具，建立一套实时的资产风险模型，是一个进行风险分析、预警管理、事后审计、攻防演练和应急处理的集中安全管理体系。常见的安全运营工具包括安全管理平台、日志分析与审计、脆弱性评估与管理、网络安全资产管理、威胁情报、攻防平台、安全运维工具（用于提升效率）、安全监控分析、安全审计、攻防演练。

安全合规以合规、风险评估、等级保护、密码评估等国家、行业要求为指导，利用安全检查工具来分析自身安全技术防护体系中存在的差距，并针对弱点进行优化。

安全管理是指安全制度设计、安全管理人员职责设计、安全运维管理设计。制定标准，实施并运行符合标准化的流程，如通过电子流来标准化业务执行流程、上下级单位的响应与联动、网络安全管理目标的设立与分解等。

3. 扩展安全场景

IT 架构变迁产生了新的应用场景，云计算、大数据、物联网、工业互联网、移动互联网引起的新的安全问题，使网络安全需求与应用环境的关联更为紧密。例如，在云计算场景下，传统硬件产品逐渐升级为软件或 SaaS 形态、通信身份认证与权限控制，企业内部数据生命周期的管理，在物联网场景中面向新 IT 资产，包括终端等节点，需要提供更好的可见性与管理能力。除了传统安全领域和基础安全外，还需要考虑如何开展对这些新场景的安全防护。

云安全可以分为两个方向：一是云计算信息系统自身的安全防护，包括云计算的数据中心安全、基础设施安全、业务系统安全、应用服务安全、用户数据安全等；二是云计算安全服务，即使用云计算的形式提供和交付安全服务、提升安全系统的服务能力，这是云计算技术在安全领域的具体应用。

数据安全是保障数据全生命周期（包括收集、使用、存储、传输、披露、转移、销毁等）的安全（包含数据保密性、完整性、可用性）与处理合规。常见的数据安全辅助工具有数据库审计、数据加密系统、数据分级分类系统、应用 API 安全、数据脱敏、数据备份与恢复。

业务内控安全是从时间和空间的两个维度对特定业务进行的安全设计和保护。从时间的角度，通过信息系统安全开发生命周期理念，将安全概念融入业务系统的规划分析、设计开发、实施上线、运行维护、废弃下线等流程。从空间的角度，结合资产治理、BAS 理念，持续测试安全控制措施，贯穿从预防、检测直至响应的整个过程。

物联网安全是指为应对物联网、智能化和移动设备在电网内遍布带来的网络安全风险，由技术防护和安全管理两方面协同闭环，从终端层、网络层、平台层、应用层四个层面开展安全防护。

9.3 新型电力系统安全框架实践

新型电力系统安全框架为构建一致性安全能力提供了良好基础，通过一系列安全控制措施来加快将业务需求转换为安全控制标识的过程。该安全框架使用业界通用架构来创建最佳实践，指导电力企业考虑组织风险和业务环境。这些措施的改编和定制，将帮助电力企业在新型电力系统的建设过程中获得最佳价值。

9.3.1 新型电力系统安全实践

新型电力系统的运行离不开海量的数据交互及各类型数字化平台的支撑，因此数字电网将是承载新型电力系统的最佳形态。数字电网从能源生产到消费，将全过程采集海量的能源运行数据和用电行为数据，通过对这些数据的分析处理，实时调控电力系统，保障电力系统安全可靠、高效节能。与此同时，电力行业仍坚持“信息安全防线不失守”，保障数据采集、分析、传输与展示全生命周期的安全。

1. 网络安全防护体系建设

电力企业依据《中华人民共和国网络安全法》《中华人民共和国数据安全法》等法律法规，围绕能源互联网安全的防护需求，遵循“依法合规、开放可信、实战对抗、联动防御”的安全策略，全面推进“全天候、全场景、全过程”网络安全立体防护体系建设。建成两级监测处置和预警联动体系，深化全场景网络安全态势感知平台应用，实现事件深度分析、全网态势感知、预警联动处置、在线实时响应，在感知层、网络层、平台层、应用层等推进安全监测、密码认证、安全加固、数据保护、攻防对抗等能力建设，强化多源情报接入、技防设施联动、两级作战指挥能力。建立网络安全“四统一”机制，形成综合协同、资源共享、整体联动、快速响应的技防体系。

（1）全场景安全态势感知监控预警能力建设

通过建设业务安全态势感知监控预警平台，梳理基础设施安全基线，获取

网络、主机、安全设备、应用支撑系统等安全态势。基于日常流量、威胁情报、日志、用户行为等数据，实现对全网流量数据的长期统计分析；主动分析网络和应用运行规律、网络行为规律，以及运行的趋势，及时发现网络异常及安全异常行为，并进行预警，从而实现对网络流量突发异常的监测、告警、分析及处置；对关键业务非正常访问、非法数据下载等网络行为进行检测、分析、预警，避免由该行为造成的业务系统性能影响。

（2）主机威胁检测及加固能力建设

利用主机威胁检测及加固系统，自动清点业务资产，并跟随其变化深入发现暴露的问题和潜在的风险，满足合规性检查以及自定义的安全基线；通过 CTDI 采集操作系统的文件操作、进程启停、注册表修改和网络连接等信息，在第一时间发现入侵行为，并与其他功能模块联动，迅速做出响应处理。

（3）大规模拒绝服务攻击防御与清洗能力建设

随着互联网区信息系统的不断增加，来自互联网的恶意攻击流量已经成为网络不可忽视的威胁来源。通过 DDoS 攻击检测系统，构建抗暴力拒绝攻击能力，以抵御来自网络层、应用层等的不同类型的暴力攻击。

（4）核心数据资产监控与保护能力建设

信息系统中保存了大量的客户数据、业务数据、企业敏感数据，这些数据是体现电力行业体系竞争力的重要资产。通过补强数据防泄漏能力，综合分析敏感数据在网络中的流转情况，定义不同级别数据的访问及使用规则和防护体系，并提供相关的保护措施，确保数据资源的可管、可控。

2. 一体化网络安全协同指挥

随着网络安全形势的日趋严峻，网络安全越来越重要，安全设备越来越多，企业内上下级的沟通联动越来越频繁，因此也暴露出越来越多的问题。

目前网络安全态势感知能力有待提升，物理设备对象的数字化水平较弱，无法实现拓扑展示以及接入设备实时动态变更，物理设备对象的静态和动态属性数据实时监测不到位，未构建标准化模型，无法实现与第三方平台的接口统一对接，缺乏有效的对象感知能力及第三方扩展能力，处于对网络安全后知后觉的困境。另外，管理机制落地尚需加强，企业网络安全管理流程和机制正在逐步建立健全，但由于缺少统一的管控系统，系统建设、运行和维护全过程网络安全管理难以规范，业务流程各重要环节难以闭环管控，企业上下级之间的网络安全资源难以整合，网络安全运作模式难以协同联动，业务流程步骤不清晰、职责不明确，影响企业网络安全综合能力的提升。此外，安全威胁应对不够及时，目前开展的监测预警、应急响应、技术分析等工作主要采用人工的方式，运行中的安全平台数据相互独立，每个角色需同时面向多个界面，难以实时处理；安全事件独立分散，无法有效地反映真实的网络威胁；场景间切换无法满足网络安全对抗日趋频繁的现实需求；安全告警的深度技术分析、溯源反制效率较低，缺乏攻击威胁的价值性。特别是总体协同指挥亟待完善，目前大部分企业还存在多个信息孤岛，设备、系统之间缺乏有效的交互，内部多个自动化模块是割裂的、局部的、孤立的，不能构成实时的、有机统一的系统，导致信息没有充分共享，进而降低协同联动效率，无法实现统一的指挥决策。

为顺应能源革命和数字革命相融并进的大趋势，支撑能源互联网中的多元融合高弹性电网的建设，应遵循网络安全管理体系设计，构建覆盖企业多个层级网络安全业务的数字化网络安全协同指挥平台。将设备、流程和技术进行有机的结合，实现网络安全的集中监控、预警、运维、管理，满足网络安全平时协同、战时指挥的工作要求，以全局视角统筹协调企业的网络安全工作。具体措施有以下几点。

一是夯实网络安全物理设备数字化基础。利用图数模一体化技术实现对物理设备的数字化改造，实现整体网络安全架构、设备特性、设备状态的定量描述和实时监测，同步构建标准物理设备模型，提升系统的感知能力和扩展能力。

二是深化网络安全业务流程数字化建设。推动网络安全管理体系建设，以数字化手段加快体系落地，渗透到网络安全业务链的各个环节和各个层级，实现网络安全管理流程线上流转和业务线上管理，实现网络安全信息高度集成和实时共享。

三是提升网络安全运营维护自动化水平。通过安全设备、安全系统数据的批量采集和关联分析，借助自动化事务调度、自动化安全编排等技术，实现安全态势自动化监控、运行维护自动化作业、风险隐患自动化预警以及安全事件自动化响应。

四是赋能网络安全协同指挥互动化发展。利用“大云物移智链”等先进技术搭建全面感知、全景实时的支撑系统，通过系统物理环境感知能力、安全业务融合能力、多源数据分析能力，做好网络安全运营赋能，消除信息孤岛，扫除数据分析盲区，实现支撑智能决策、双向互动、高效协同的安全运营目标。

五是支撑多元融合高弹性电网建设。系统通过对高弹性电网核心业务、网络通道、关键流量、安全事件的实时监测处置，持续为多元融合高弹性电网“高承载、高互动、高自愈、高效能”四大核心能力提供坚强的安全支撑。

3. 网络安全重大活动保障

近几年，随着大数据、物联网、云计算的飞速发展，网络攻击呈指数上升，特别是在重大活动期间，更有可能发生网络安全事件，电力企业作为关系国家经济命脉的关键基础设施，更是网络攻击的重点目标。

网络安全重大活动保障主要分备战、迎战及决战三个阶段开展。

（1）备战阶段的举措

排查网络资产：梳理安全设备、资产暴露面及攻击路径，缩减资产暴露面，制定防火墙应急措施；根据相关要求定时开启、关闭防火墙策略。

排查互联网统一出口：梳理企业内部的网络出口，摸排出口地点、部署位置、管控方式及应急方式。

排查敏感信息：实时监控未备案系统、敏感信息泄露、源代码泄露、敏感邮件等，关闭所有未备案系统，及时删除互联网上暴露的敏感信息。

漏洞扫描：扫描高危端口、存活端口、中间件、操作系统等漏洞，并要求立查立改。

核查网络与安全设备策略配置：开展防火墙基线、主机安全策略、安全设备策略、网络设备配置、桌面终端安全配置核查，禁止存在全通策略、不明策略、地址混乱等问题。

核查账号口令：对网络设备、安全设备、主机、应用系统、数据库、桌面终端、哑终端等进行弱口令核查。

开展主动防御体系建设：做好蜜网内部合理区域划分，提升蜜罐仿真水平和欺骗能力，完善蜜罐配套安全设备配置和访问控制，防止蜜罐逃逸事件。

开展安全意识宣贯：加强供应链厂商安全宣贯，与供应链厂商签订相关承诺书；做好现场支撑人员宣贯、协议签订以及进出场管控。

（2）迎战阶段的举措

开展服务器主机渗透：开展云平台、二级域、三级域等内外网服务器地址段的应用系统及服务器主机渗透。

开展终端设备渗透：利用主机漏扫设备的规则库来发现路由器、交换机、桌面终端、移动作业终端、采集终端存在的安全隐患，并根据渗透结果进行漏洞整改及复核。

开展漏洞排查及修复：开展操作系统、信息系统、数据库、APP 等方面的漏洞排查，对发现的漏洞进行跟踪处置。

（3）决战阶段的举措

加强各类边界监测：加强互联网边界、内外网边界、内网第三方边界等边界处的监测，及时发现异常流量。

落实现场保障要求：组织企业内外部力量，落实全天候在线监测机制，严格执行 7×24 小时到岗值守制度和日报告制度。

4. 桌面终端安全

提起网络安全，人们自然就会想到网络边界安全，但实际情况是网络有相当一部分的安全风险来自于内部。常规安全防御理念往往注重网络边界（防火墙、IDS、漏洞扫描）等方面，重要的安全设施大致集中于机房或网络入口处，在这些设备的严密监控下，来自网络外部的安全威胁大大减小。然而来自网络内部计算机终端的安全威胁同样是安全管理人员普遍面临的棘手问题。在桌面终端的基础防护上，内部网络的安全管理以终端管理为核心，形成集主机监控审计、补丁管理、桌面应用管理、信息安全管理、终端行为管控等终端安全行为于一体的管理体系，为网络安全管理提供了终端多位一体、统一管理的平台，为企业提供了安全、可靠、稳定的办公网络。

在基础防护之外，病毒防护仍是终端安全防护的一个重点。近年来，勒索病毒尤为活跃，逐渐从“广撒网”转向定向攻击，表现出更强的针对性，攻击目标主要是大型高价值机构。同时，勒索病毒的技术手段不断升级，利用漏洞入侵的过程以及随后在内网横向移动的过程的自动化、集成化、模块化、组织化特点愈发明显，攻击技术呈现快速升级趋势。勒索方式也持续升级，勒索团伙将被加密文件窃取回传，在网站或暗网数据泄露站点上公布部分或全部文件，以威胁受害者缴纳赎金。面对愈发严重的病毒威胁，企业可以部署专门的防病毒软件进行病毒感染的预防与治理，通过集中管控、定期扫描的方式扫除病毒的干扰。

随着互联网信息建设步伐的不断加快，企业在敏感数据泄露上面临的问题越来越多。企业发生信息泄露事件会导致企业在公众中的威望和信任度下降。在数据信息的作用与地位日益显要的今天，敏感信息的安全问题是关乎企业声誉、公众信任感、经济利益、生死存亡的问题。在“互联网+”时代，企业的数据化业务系统越来越多，一方面，信息收集后存储分散，业务数据管理不规范；另一方面，企业业务系统数字化转型需求强烈，系统外包项目增多，员工安全意识参差不齐，可能存在违规存储、随意在互联网上发布敏感信息等风险行为。为了实现敏感信息监测的目标，企业可以部署敏感信息监测系统，该系统以智能策略、增量检测、资产指纹库、数据快照、行业白名单、快速处置等技术为支撑，主要实现源代码泄露监测、未备案系统监测等功能。

5. 云平台安全

对云平台安全技术进行分析，主要涵盖基础安全、应用安全、数据安全、账户安全、安全监控与运营方面的成熟安全技术能力，具体表现如下。

基础安全：云平台出口南北向流量利用 DDoS 防护、云防火墙、WAF 等防护设备，来清洗异常流量、控制外部访问 IP、防护应用攻击。

应用安全：云平台业务之间利用云防火墙控制横向流量访问，并采用基线检查、数据安全组件，保护系统安全。

数据安全：通过使用密钥管理、加密服务、数据库审计、敏感数据防护等系统，保证数据访问的安全性、保密性，保障敏感和重要数据的安全，对数据操作进行事后审计。

账户安全：内部人员利用统一身份授权、堡垒机等设备访问云资源，进行统一登录和访问控制。

安全监控与运营：实时进行安全威胁识别、分析、预警，通过防勒索、防病毒、防篡改、合规检查等安全能力，实现威胁检测、响应、溯源的自动化安全运营闭环，保护云上资产和本地主机，并满足监管合规要求。

目前云平台安全的前沿技术包含但不限于以下方向。

东西向流量监控：云内横向流量情况复杂，也无法对所有云工作负载进行监测和防护。现在市面上的微隔离产品可以基于 ID 进行身份判定，ID 不仅包含用户身份，还包含服务身份、数据身份、位置身份，通过基于 ID 的组合来进行更灵活的策略设计，形成可视化的业务访问流量图，并通过自主学习的功能，自动检测信息采集类业务的流量日志并进行分析，安全部门可根据拓扑情况来做策略管理和安全运维，通过可视化拓扑图发现僵尸主机和高危端口，发现异常流量并进行行为分析。

容器安全：针对整个容器生命周期（构建、部署和运行时）进行安全防护，也能贴合容器快速生成发布、快速迭代的特点，实现相应的快速拦截处置的能力。同时，通过资产可视化、资产自动同步、病毒木马检测、漏洞检测、入侵防御、集群运行环境的安全检测、安全基线等基础功能，可保障容器安全防护需求。

云访问安全代理：面向应用的数据防护服务，用免应用开发改造的配置方式，提供面向服务侧的字段级数据存储加密防护服务，可有效防护内外部数据免受安全威胁。

云内容安全：一种智能识别服务，支持对图片、视频、文本、语音等对象进行多样化场景检测，可有效降低内容违规风险。

9.3.2 电力云网端一体安全防护建设

基于业界先进理念的思考，结合实际的网络安全挑战和问题，电力云网端一体安全通过对云网端信息进行持续的全量收集，以及统一的安全分析、动态评估和整体呈现，打破安全运营“烟囱”，实现终端动态可信网络准入和自适应攻击防御，提升安全分析精准率，实现精准溯源，缩短威胁遏制时间，最终实现云网安端一体化防护和一体化运营，简称“云网安一体”。

随着新型电力系统的不断演进和发展，电力企业不只是在寻找一种能够更好地控制其零散的基础设施和部署的统一架构，更需要一个能够安全、直接地部署新技术和新服务的系统。仅仅依靠连接不同安全技术的变通方法是不够的，企业需要一个全面覆盖、深度集成和动态协同的云网安一体解决方案，提供集中管理和可见性，支持在一个庞大的电力物联网生态系统中协同运行，自动适应网络中的动态变化。

为了实现云网安一体，有以下设计目标。

第一，全面收集终端、网络、边界、云（平台、应用、数据等）的资产、状态、日志、流量信息，进行综合分析和研判，威胁告警准确率需大于 90%，安全态势全域统一呈现。

为了提升安全事件分析的准确性，需要收集尽可能多的信息，特别是包括服务器在内的终端的流量、日志信息。这些信息散落在不同的网络位置，必须要对端、网、云、安进行统一纳管，设置唯一的安全大脑，以获得更精准的分析结果。信息收集需要遵循的原则是：尽可能搜集全面，但同时要考虑成本。例如，流量探针的设置，要考虑在流量集中的位置进行部署；考虑复用网络安全设备自身的能力，减少独立探针的部署数量。收集信息之后，还需要有精准的智能算法对信息进行综合分析和研判，最终实现威胁告警准确率的提升，在完成分析之后，对全网的态势信息进行统一呈现。

第二，从多个维度对风险进行动态评估和评分，基于评分结果进行动态授权。

为了尽可能对核心资源进行保护，在初次认证通过之后，需要对终端和用户的风险进行实时评估，评估的维度包含终端风险、网络流量异常和用户违规行为（例如用户访问位置的突然变化）等。基于多维的评估结果，对用户风险进行评分，当评分低于一定的阈值后，结合用户的身份，对用户进行动态权限调整，实行降级、阻断等操作。

第三，自动找到精准的遏制位置，实现威胁判定后分钟级的阻断，防止扩散。

当识别到严重威胁时，需要立即自动或者手动确认，对威胁进行遏制，以避免威胁进一步扩散到其他位置。进行遏制的位置会有多种选择，如果位置选择过高，威胁会继续扩散到同区域内的其他资产，因此必须选择尽可能接近攻击源且在可控制范围内的设备。如果手动对接入位置进行排查，一般需要查找多台网络、安全设备的日志，还有可能涉及跨部门的协同，需要的时间往往为天级或者小时级，效率低下。所以，可通过安全大脑，完成终端、网络、安全、平台之间的信息协同，实现自动识别，实现分钟级的查找和阻断。

第四，能够通过 IPv6 地址快速溯源。

在对威胁进行遏制后，需要继续找到真正的攻击源或者感染源。在规划良好、静态分配 IP 地址的场景下，通过 IP 地址可以很容易找到感染的主体。但在动态分配 IP 地址的场景下，特别是无线化后，在人员流动频繁的场所，例如会议室无线场景，通过 IP 地址很难直接找到主体。但是随着 IPv6 技术在电力系统的发展，在安全大脑和网络控制器的信息协同下，可以快速找到感染的主体，进行下一步处理，彻底消除当前的威胁。

第五，通过云端服务化的方式为各委办局/企业提供专业安全代维服务。

在智能电网场景中，特别是综合能源服务、电力市场交易等场景中，接入单位众多，各接入单位的安全运维能力参差不齐，如果不能进行有效的运维，安全解决方案能力会大打折扣，需要有一种方式能够提供高效的安全运维，云端服务化是一个优选方案。在接入单位的网络出口部署代理设备，将可疑的威胁信息实时传递到云服务平台，经过云端分析后，提供实时的处理意见；部分威胁还可以通过向代理设备直接下发阻断策略信息来进行处置，这样可以大大降低运维成本，从而全方位提高安全防护效率，确保安全防护效果。

云网安一体解决方案的落地实践具有电力物联设备安全可信、用户访问零信任、云网安基础设施协同、网络安全服务化四大关键特性，说明如下。

电力物联设备安全可信：电力物联设备作为新型电力监控系统最重要的组成部分，部署于电力室外场景，安全暴露面大，网元内生安全作为云网安一体的基座，所有电力网络上运行的设备需具有主机安全、内核安全和芯片安全的能力，以实现网元自身安全。

用户访问零信任：零信任网络接入实现终端和用户的可信接入，所有接入网络的终端设备应通过身份合法性检查，实时监控其运行状态，做到动态和精细化授权。

云网安基础设施协同：全面实时收集云内和网络流量、终端安全、安全日志等安全信息，借助于大数据、AI 算法统一分析，消除重复的安全告警，实现威胁态势的统一呈现。根据全量威胁的综合研判，查找最近的威胁攻击点，实现威胁的近源阻断。

网络安全服务化：随着业务云化的逐步推进，网络安全服务开通慢、维护难已经成为通病，越来越需要实现网络安全一体开通、统一运营，简化管理，并支撑业务快速上线。

9.4 新型电力系统网络安全展望

近年来，多个国家的基础设施和重要信息系统遭受网络攻击，引发全球震荡，这给国家安全稳定带来巨大风险，也引发了全球关于加强关键信息基础设施安全保护的思考。世界主要国家和地区不断推出关键信息基础设施保护、供应链安全、数据安全、个人信息保护等方面的法规和政策，平台反垄断监管不断强化。展望新型电力系统网络安全的发展，这是一个逐步应用新技术和探索新技术的过程。

9.4.1 逐步应用的网络安全新技术

随着现代信息技术的发展，近年来出现了可信计算、零信任等网络安全技术，给网络安全防护提供了新的思路。本节主要介绍已在新型电力系统中得到逐步应用的网络安全新技术。

1. 自主可控

网络空间已成为国家继陆、海、空、天四个疆域之后的“第五疆域”，与其他疆域一样，网络空间也需体现国家主权，保障网络空间安全也就是保障国家主权。自主可控是保障网络安全、信息安全的前提。

（1）硬件安全

基于硬件安全，使用专用 IC（Integrated Circuit，集成电路）或具有专用安全硬件的处理器，这些处理器提供了加密功能，并针对破解攻击进行了防范设计。加解密和身份认证等安全操作发生在优化了密码算法性能的 IC 硬件层面。另外，密钥和终端应用的关键参数等敏感信息被保护在加密硬件的电气边界内。

安全 IC 包含数学加速器、随机数发生器、非易失存储器、篡改检测和 PUF（Physically Unclonable Function，物理不可克隆功能）等电路模块。PUF 模块具有独特的特性，可以使密钥等敏感数据免受入侵或通过反向工程提取。

对芯片进行篡改既非常困难又很昂贵，因此网络犯罪分子无法对基于硬件

的安全技术实施攻击。另外，当受到攻击时，安全 IC 能够在遭受破坏之前关闭操作并毁掉敏感数据。这种解决方案可能会使成本上升，但它可大大降低嵌入式设备、外设和系统遭受未经授权访问的风险。

基于硬件的安全，对所有的应用环境，尤其是对那些终端设备暴露在外、可被物理接触的环境非常有效。

（2）网元可信

在国家历次网络安全攻防演练中，发现了大量网元设备自身的安全问题。如在 2020 年 8 月的护网行动中，某厂商安全产品被突破，导致护网暂停。这些事件体现出网元设备自身安全能力建设整体偏弱，相当于“筑塔于沙”。对产品安全能力建设的忽视和不足，导致网络整体的安全能力堪忧。

作为组成国家关键基础设施的电力系统，其中的网络交换机、路由器、防火墙部署在数据中心、骨干网、园区网等关键位置，构成了电力监控系统的高速公路和桥梁，因此设备自身的安全性至关重要，如被攻击可引起内网被控制、流量被监听、数据被篡改等严重风险。

保护网络设备软件完整性是构筑网元可信安全保障体系的重要措施之一，是提升产品和服务安全性的基础，可以帮助企业规避和减少安全方面的风险。保护软件完整性也是构建网元可信安全保障体系的重要一环。相关国际组织接连提出了对网络软件完整性保护机制的担忧和疑问，要求设备提供商提供软件完整性保护机制。为此，需制定一整套软硬件配合的内层软件完整性保护方案，解决软件升级、系统启动时的软件完整性验证等问题。安全启动技术是解决设备启动阶段完整性验证的常用手段。安全启动技术在设备启动过程中对加载的各软件进行逐层完整性验证，确保只有验证通过的软件才能被加载、运行。

为了提升设备的安全性，防止供应链攻击、非法植入等高级攻击，网络设备启用安全启动功能。安全启动方案涉及代码签名中心、生产制造、信息烧录、芯片校验、软件校验等过程，需要各实体之间相互配合，完成整个流程。

（3）可信计算

可信计算用于解决计算机和网络结构上的不安全问题，从根本上提高安全性。这种技术方法是从逻辑正确验证、计算体系结构和计算模式等方面的技术创新，以解决逻辑缺陷不被攻击者所利用的问题，确保完成计算任务的逻辑组合不被篡改和破坏，实现正确计算。

早在 20 世纪 60 年代，为了提高硬件设备的安全性，人们设计了具有高可靠性的可信电路，可信的概念开始萌芽。美国国防部“彩虹”系列是最早的一套可信计算技术文件，标志着可信计算的出现，也使系统的可信内涵不断丰富，可信计算的理念和标准初具雏形。从 20 世纪 90 年代开始，随着科学计算研究体系化的不断规范、规模的逐步扩大，可信计算产业组织和标准逐步形成体系并完善。1999 年，IBM、惠普、英特尔和微软等知名 IT 企业发起成立了可信计算平台联盟，这标志着可信计算进入产业界，目前，已经有一系列的可信计算技术规范，如可信 PC、TPM（Trusted Platform Module，可信平台模块）、TSS（Trusted Computing Group Software Stack，可信计算组软件栈）、TNC（Trusted Network Connection，可信网络连接）、可信手机模块等，且产业界还在不断地对这些技术规范进行修改完善和版本升级。

早在 2000 年伊始，我国就开始关注可信计算，并进行了立项、研究。和国外不同，我国在可信计算上走的是先引进技术后自主研发、先产品化后标准化的跨越式发展路径。2004 年，武汉瑞达生产出我国第一款可信平台模块，之后联想、长城等基于可信平台模块生产出可信 PC。2005 年 1 月，全国信息安全标准化技术委员会成立了可信计算工作小组，先后制定了可信密码模块、可信主板、可信网络连接等多项标准规范。2005 年，国家把“可信计算”列入重点支持项目，我国出现了一系列的可信计算产品。目前，国际上已形成以可信平台模块芯片为信任根的标准系列，国内已形成以可信密码模块芯片为信任根的双体系架构可信标准系列。

2. 零信任

零信任是一种安全理念，强调“永不信任，始终验证”。对“零信任”来说，安全无时限，危险来自每时每刻；安全无边界，威胁来自各个方面；安全不取决于位置，无法决定可信度；所有人、物、端、网、供应链均需动态认证授权。

零信任代表了新一代的网络安全防护理念，并非指某种单一的安全技术或产品，其目标是降低资源访问过程中的安全风险，防止在未经授权情况下的资源访问，其关键是打破信任和网络位置的默认绑定关系。在零信任理念下，网络位置不再决定访问权限，在访问被允许之前，所有访问主体都需要经过身份认证和授权。不再仅仅针对用户进行身份认证，还将对终端设备、应用软件等多种身份进行多维度、关联性的识别和认证，并且在访问过程中，可以根据需要多次发起身份认证。授权决策不再仅仅基于网络位置、用户角色或属性等传统静态访问控制模型，而是通过持续的安全监测和信任评估，进行动态、细粒度的授权，安全监测和信任评估结论是基于尽可能多的数据源计算出来的。

零信任架构的核心逻辑组件如图 9-3 所示，其中各组件的说明如表 9-2 所示，其中包含 PE（Policy Engine，策略引擎）、PA（Policy Administrator，策略管理器）、PEP（Policy Enforcement Point，策略执行点）等多个组件。它打破了旧式的“网络边界防护”思维。在旧式思维中，专注点主要集中在网络防御边界，其假定已经在边界内的任何事物都不会造成威胁，因此边界内部事物基本畅通无阻，全都拥有访问权限。而就零信任模型而言，其对边界内部或外部的网络统统采取不信任的态度，必须经过验证才能完成授权，实现访问操作，确保只有经过安全验证的用户和设备才能够访问系统，以此来保护应用程序和数据安全。

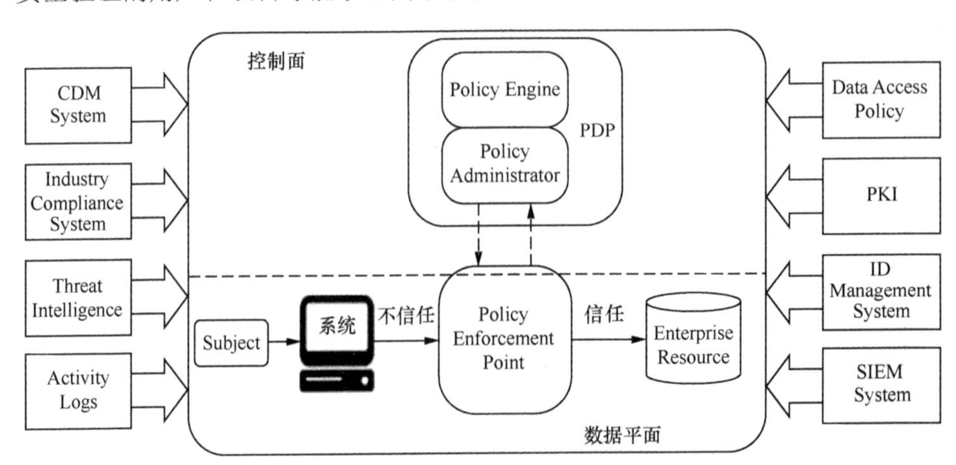

注：引自 NIST Special Publication 800-207“Zero Trust Architecture”。

图 9-3 零信任架构的核心逻辑组件

表 9-2 零信任架构各组件说明

组件	说明
PE（Policy Engine，策略引擎）	PE 负责最终决定是否授予指定访问主体对资源（访问客体）的访问权限。PE 使用企业安全策略以及来自外部源（例如 IP 黑名单、威胁情报服务）的输入作为“信任算法”的输入，以此决定授予还是拒绝对该资源的访问。PE 与 PA 配对使用。PE 做出并记录决策，PA 执行决策（批准或拒绝）
PA（Policy Adminstrator，策略管理器）	PA 负责建立客户端与资源之间的连接（是逻辑职责，而非物理连接），将生成客户端用于访问企业资源的任何身份验证令牌或凭证。它与 PE 紧密相关，并依赖于其决定最终允许还是拒绝连接；可以将 PE 和 PA 作为单个服务。PA 在创建连接时与 PEP 通过控制平面完成通信
PEP（Policy Enforcement Point，策略执行点）	PEP 负责启用、监视并最终终止主体和企业资源之间的连接，它是零信任架构中的单个逻辑组件，也可能分为两个不同的组件，即客户端（例如用户便携式计算机上的代理）和资源端（例如在资源前端控制访问的网关组件），或充当连接网关的单个组件
CDM System（持续诊断和缓解系统）	收集关于企业系统当前状态的信息，并对配置和软件组件应用已有的更新。持续诊断和处理系统向 PE 提供关于发出访问请求的系统的信息，例如：它是否正在运行适当的打过补丁的操作系统和应用程序，或者系统是否存在任何已知的漏洞
Industry Compliance System（行业合规系统）	确保企业遵守其可能归入的任何监管制度，包括企业为确保合规性而制定的所有策略规则

续表

角色	说明
Threat Intelligence（威胁情报）	提供外部来源的信息，帮助 PE 做出访问决策。包含但不限于新发现的攻击、新披露的漏洞、域名服务器黑名单、新发现的恶意软件等情报信息
Data Access Policy（数据访问策略）	一组由企业围绕着企业资源而创建的数据访问的属性、规则和策略，可以在策略引擎中编码，也可以由 PE 动态生成。这些策略对资源授予访问权限的起点，因为它们为企业中的参与者和应用程序提供了基本的访问特权。这些角色和访问规则应基于用户角色和组织的任务需求
PKI（Public Key Infrastructure，公钥基础设施）	负责生成由企业颁发给资源、参与者和应用程序的证书，并将其记录在案
ID Management System（身份管理系统）	负责创建、存储和管理企业用户账户和身份记录，包含必要的用户信息（如姓名、电子邮件地址、证书等）和其他企业特征，如角色、访问属性或分配的系统。通常利用其他系统（如 PKI）来处理与用户账户相关联的工件
SIEM（Security Information and Event Management，安全信息和事件管理系统）	聚合系统日志、网络流量、资源授权和其他事件的企业系统，这些事件提供对企业信息系统安全态势的反馈。获取的数据可被用于优化策略并警告可能对企业系统进行的主动攻击
Activity Logs（活动日志）	负责记录网络流量、资源访问动作、其他会影响主体和资源信任度的安全事件

3. 电力物联终端安全

新型电力系统以新能源为供给主体，以确保能源电力安全为基本前提，以满足经济社会发展电力需求为首要目标，以坚强智能电网为枢纽平台，以源、网、荷、储互动与多能互补为支撑，具有清洁低碳、安全可控、灵活高效、智能友好、开放互动基本特征。而对新型电力系统而言，需要有大量的哑终端用于电力生产、电力企业与用户之间的联系、用户与用户之间的联系等；广泛物联网以及工控技术应用背景，可以促使新型电力系统更加稳定、安全地运行，为构建智能电网提供巨大帮助。新型电力系统中广泛存在各类哑终端，包含摄像头、打印机、考勤机，以及基于工控协议的设备、边缘物联代理接入等各种类型的终端装置。与传统的互联网相比，物联网前端设备数量巨大、物理部署范围更广，除了人机互联以外，还包含大量的设备互联，如何保证物联网的全程可控和全时可用，是业界面临的全新问题。物联网前端设备大量分散在无人值守的环境下，人为监管困难，极易被黑客利用，进而渗透到整个网络，导致核心业务系统无法正常运行、大量保密信息被窃取。因此，建立完善的接入资产管控机制和设备应用管控机制是物联网安全体系建设的重要内容。

传统网络安全防护方式主要还是传统的防火墙+入侵防御系统的边界防护模式。防火墙本身只能针对 IP 和端口配置访问控制策略，但是基于业务的需求，海量物联终端的相关端口各不相同，利用防火墙逐一配置并不现实。入侵防御系统主要防御的是普通智能终端上的漏洞、攻击、病毒等威胁，基于物联网的威胁防护能力欠缺。终端安全如图 9-4 所示，需要对授权终端、非授权终端进行认证识别，并采取不同的应用控制措施。

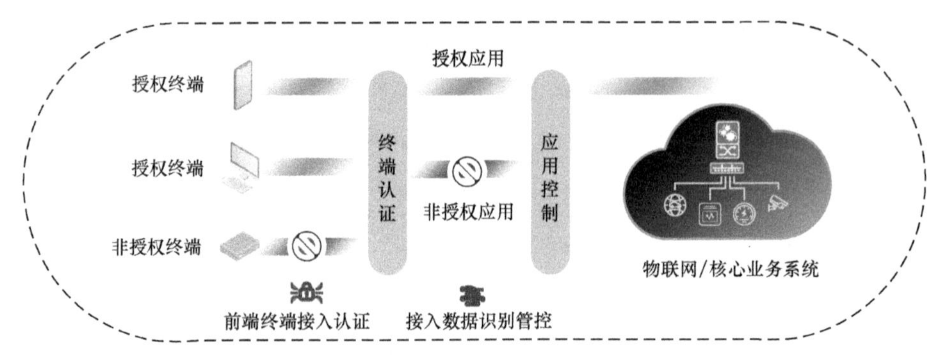

图 9-4　终端安全

哑终端的整体工作场景比较单一，安全防护特点包括如下几点。

- 主动扫描，哑终端不是智能终端，多数时间都处于无人维护的状态，需要通过主动扫描的方式，识别这些物联网或者工控哑终端。
- 协议类型特殊，与传统终端的 DHCP① /HTTP/HTPPS/SNMP 等协议不同，物联网和工控哑终端都有自己特殊的哑终端协议，如 RFID、Sip、Modbus 等专业协议，需要设备能够实现识别这些协议，从而对哑终端业务进行防护。
- 数量多，哑终端一般分布在园区或者社会面的各个角落，覆盖面广，终端数量多。
- 哑终端的系统都是相对精简的系统，漏洞较多，容易被利用。

基于哑终端安全防护的特点，存在如下特定高效防护方法。

- 资产白名单，通过对前端哑终端的主动扫描、采集哑终端设备 IP/指纹等属性，生成资产库，基于资产库实现对前端接入设备的准入控制和运行状态监测。
- 协议白名单，基于协议白名单技术，对前端设备的接入行为进行识别和管控，实现只允许授信业务的流量接入，实时阻断非法渗透、非法扫描、DDoS 攻击等入侵行为，从而构建一张全程可控的物联网。
- 零信任接入，基于身份认证和授权重新构建终端设备接入的信任基础，从而确保身份可信、设备可信、应用可信和链路可信。

① DHCP 即 Dynamic Host Configuration Protocol，动态主机配置协议。

4. 电力 5G 网络安全

根据国家电网的典型安全诉求，以及业务场景分析和合规要求，5G 端到端安全主要包括 5G 终端接入安全、5G 数据安全、MEC 安全、5G 网络边界安全四大部分。

（1）5G 终端接入安全

5G 终端接入安全指提供 5G 终端接入的网络准入和访问控制能力，多重的接入控制能确保只有合法的终端才能接入电网 5G 网络。

针对 5G 终端的接入安全，总体架构和终端多重接入控制能力如图 9-5 所示，终端接入控制点说明如表 9-3 所示。

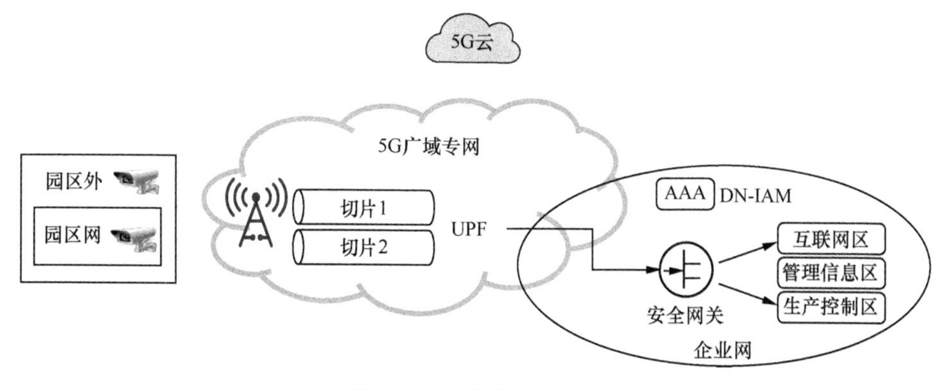

图 9-5 5G 终端接入安全

表 9-3 终端接入控制点说明

控制点	控制内容	安全能力	控制决策点
1	终端可否接入运营商 5G 网络	5G 网络主认证	5G 核心网 （由运营商管理和控制）
2	终端可否接入 5G 网络	自主认证	DN-IAM[5G 核心网和 IAM（Identity and Access Management，身份识别与访问管理）协同，电网可自管理]
3	合法 SIM 卡是否在合法终端上使用	机卡绑定控制	DN-IAM（5G 核心网和 IAM 协同，电网可自管理）
4	终端能在哪些位置接入电网 5G 网络	电子围栏控制	DN-IAM（5G 核心网和 IAM 协同，电网可自管理）
5	终端能否接入电网切片	切片隔离	5G 核心网 [IMSI（International Mobile Subscriber Identity，国际移动用户识别码] 与切片 ID 的映射，由运营商管理
6	终端能接入电网哪个业务区	RBAC（Role-Based Access Control，基于角色的访问控制）	IAM、5G 安全网关（电网可自管理，决定终端能够访问的业务）

电网可以基于多种因素对接入内网的 5G 终端进行控制，当前可以控制的类型包括设备识别码 IMEI（International Mobile Equipment Identity，国际移动设备识别码）、接入位置，涉及的能力包括 5G 网络主认证、自主认证、机卡绑定控制、电子围栏控制、切片隔离、RBAC（Role-Based Access Control，基于角色的访问控制）等，下面介绍其中的机卡绑定控制和电子围栏控制。

机卡绑定控制：电网用户开户时设置用户绑定 IMSI 和 IMEI，IMSI 作为用户名唯一标识，IMEI 作为设备唯一标识进行绑定，用户接入时，IAM 通过校验用户 IMSI 与 IMEI 标识，若判断为合法用户，校验通过，予以接入，反之，校验失败，拒绝接入。

电子围栏控制：电子围栏方案基于 SMF-IAM 间电网自主鉴权机制，使用 ULI（User Location Information，用户位置信息），用户在电网园区内移动时，SMF（Service Management Function，业务管理功能）基于位置改变与 IAM 进行实时接入鉴权，SMF 根据 IAM 的鉴权结果来决定是否准许用户的移动行为，IAM 基于 ULI 地址池管理，ULI 地址池为有效区域，越区则拒绝用户移动行为。

5G 终端通过 5G 网络接入后，网络流量对企业不可见，缺乏监测和控制能力，一旦出现异常或者安全攻击，很难及时发现，为此，需要运营商将一部分终端异常监控能力开放给企业，完善企业的安全监控和响应能力。终端异常事件的开放基于运营商的开放方式和北向接口能力，电力企业可以查看异常事件，进一步基于电力企业内部态势感知能力进行对接，实现自动化的分析和响应控制。

（2）5G 数据安全

5G 数据安全指基于电网数据不离岸的原则，从组网和设计上保证电网数据的安全，并通过端到端加密等手段，做到数据不泄露。

为防止企业数据泄露，可以从网络和应用两个层面实现端到端加密，如图 9-6 所示。

应用层加密主要靠企业应用的支持，包括如下几点。

- 其他非 5G 终端连接 CPE，依赖 CPE 的加密功能。
- 5G 终端到 MEC 防火墙的 IPSec 加密（5G 终端要具备 IPSec 能力）。
- 5G 终端通过空口传输的业务和信令数据，通过 3GPP 空口信令面、UP 面加密和完保实现安全。
- 基站与 MEC/UPF 之间的业务数据通过 GTP-U 隧道传输，该隧道属于运营商机房内的可信网络，一般可将其当成内部可信网络，不需要加密，如果需要，可以采用 BBU（Base Band Unit，基带处理单元）到 MEC 之间的 IPSec 加密方案。
- MEC/UPF 与企业内网之间的业务数据可以采用 IPSec 加密保护，以

MEC/UPF 侧的防火墙（或者路由器）作为起点，在企业内网网关（防火墙或者路由器）终结，IPSec 密钥由企业掌握。

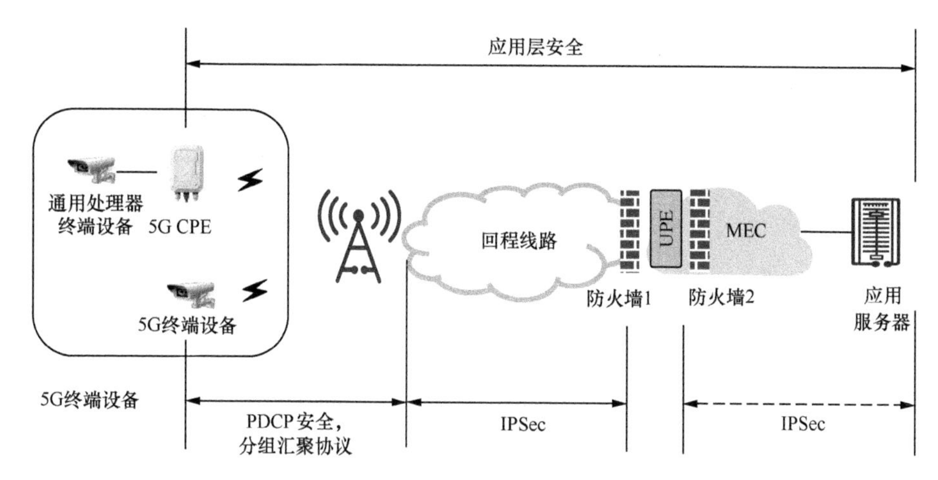

图 9-6　网络和应用层端到端加密

（3）MEC 安全

MEC 安全指 MEC 平台自身的基础设施安全，以及各接口相应的安全防护机制。

针对仅承载 UPF 组件的 MEC 场景，需要重点进行 MEC 内部网络分区、UPF 网元安全的设计。

MEC 内部网络分区：通过外置防火墙进行网络区域隔离划分。UPF 被划分为信任域，企业侧被划分为非信任域，对 UPF 对外访问接口进行防护设计，具体如下。

- N3 口、基站和 MEC 之间部署防火墙，进行网络隔离，防止外网攻击，基于 UE IP 保护，防止恶意报文；此部分针对需要 IPSec、采用微波等无线回传、基站共享等的场景，作为可选配置。
- N4 口与 5GC、MEC 间部署防火墙，可启用 IPSec 保护，防止外网攻击、信令或网管指令被非法篡改；传输层可启用传输层安全协议。
- N6 口，部署防火墙，防止来自企业网的攻击。

UPF 网元安全：UPF 网元作为网络基础设施，承载用户数据通信，需要基于网元自身角度进行安全加固防护，具体措施包含以下几点。

- 通过网元启动运行自证明、自防御能力，构建内生的主动安全防御能力。
- 通过从软件层面进行漏洞防御和入侵检测，在减少攻击面的同时，主动发现安全威胁。

- 通过 UPF 网元上报和管理系统监控，协同实现安全自防御。

针对承载 APP 的 MEC 场景，5G MEC 平台的应用系统在向外提供业务的时候，也可能遭受来自内部或外部的网络安全威胁。需要在 UPF 安全能力的基础上，使用防火墙等设备保障 MEC APP 访问控制安全，使用主机安全、WAF、态势感知等手段保障 APP 相关安全。

（4）5G 网络边界安全

5G 网络边界安全指确保 MEC 边界都做好隔离措施，运营商和电网的边界相互隔离。

在 5G 边界结构方面，为保证信令管理流量与用户业务流量分离，5G 核心网的网络平面划分为业务平面、信令平面和管理平面，各个平面间通过 VLAN 等方式进行网络隔离，三个平面的网络默认互不相通。安全边界防护机制如图 9-7 所示。

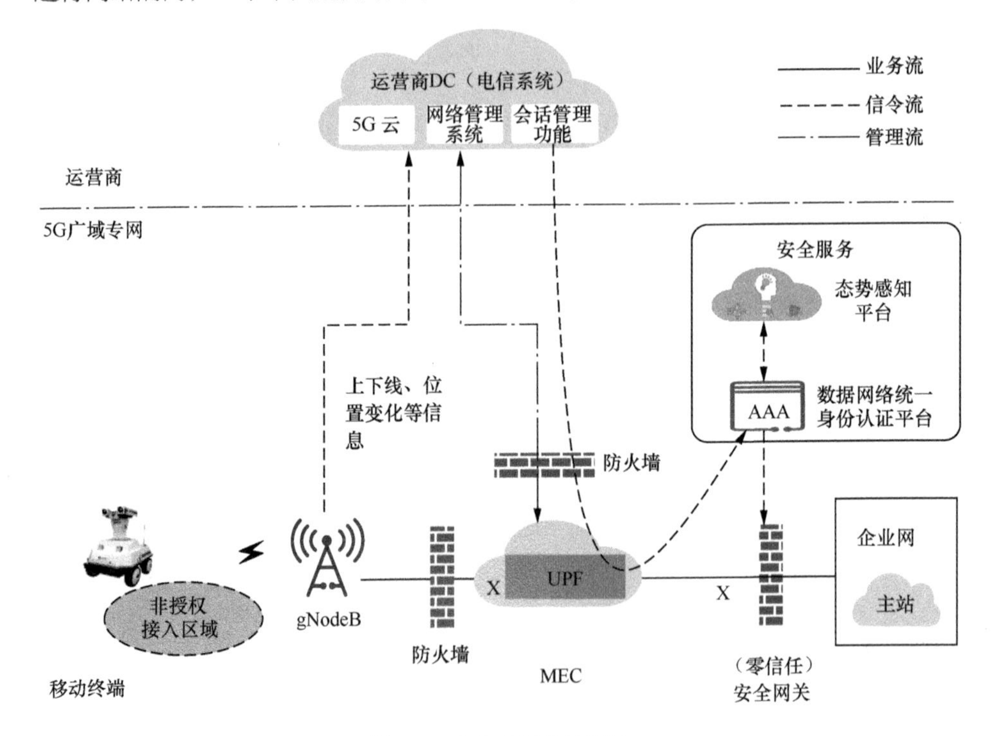

图 9-7　安全边界防护机制

通过在核心网电信云中部署网管系统以及网管模块，能够识别、监控虚拟网功能和物理宿主机之间的网络流量。

针对使用 MEC 承载 to B 业务 APP 的场景，需要在 5G MEC 的各个接口建设具有针对性的安全边界防护机制，通过 VPN 接入、接入认证管理系统、移动安全管理系统和防火墙系统，对接入用户提供远程接入和数据加密传输功能，防止数据篡改和数据窃听等风险。在 MEC 与安全服务区之间，部署防火墙隔离边缘计算网络与电网内网；通过 MEC 平台安全能力 VPC，隔离不同业务应用。

在 5G 网络边界防护、访问控制、入侵防范、恶意代码防范、日志审计等方面，也需构建本章前面所提到的各项防护能力。

9.4.2 未来网络安全技术展望

“科学技术是第一生产力”，科学的发展进步直接影响着人类生活的进步。新技术的发展同样推动着网络安全技术的革新，电力企业将积极探索量子密码为代表的新型密码技术，以实现电力生产、输配电力、调度自动化、用电采集等场景信息系统的完整性和保密性，积极探索以网络弹性为代表的安全服务化和自适应攻击防护能力等新技术，防范对电力监控系统的攻击及侵害，保障电力系统的安全稳定运行。

1. 无条件安全的量子密码

随着计算能力的不断提升，经典的密码学正遭受着拥有超级计算能力的计算机（量子计算机）所带来的前所未有的威胁。事实上，针对经典密码学中的寻找整数的素因子问题和离散对数问题，科研人员早在 1994 年就提出了在量子计算机上分解大数因子的量子多项式算法，这意味着量子计算机可以用于破解 RSA 等算法；类似地，针对离散对数问题的量子算法也能破解其他一些公钥密码系统。2019 年，谷歌宣布已经成功利用一台 54 量子比特的量子计算机，实现了传统架构计算机无法完成的任务，在世界最快的超级计算机需要计算 1 万年的实验中，该量子计算机只用了 200 s 就完成了任务，这完美诠释了量子计算机的功能强大性。

正是由于量子计算机能够攻破经典密码系统，因此产生了经典密码学与量子物理学相结合的新技术——量子密码。量子密码利用量子力学原理来保证秘密信息的可证明安全性，是一种实现密码思想的新型密码体制。量子密钥分配是量子密码学研究的重要内容，理论上，量子密钥分配与经典的一次一密加密方法相结合，能够实现具有无条件安全性的密码体制。因此，我们可以结合量子密钥，将其运用到实际电力环境中，实现安全性的大幅度提升。

2. 自适应攻击架构

随着安全的快速发展，为应对和解决各种安全问题，各权威机构以及相关

专家提出了很多安全架构，它们对安全发展都具有重大意义。主要有以下对安全发展影响较大的安全架构。

（1）CARTA（Continuous Adaptive Risk and Trust Assessment，持续自适应风险与信任评估）模型

CARTA 模型属于自适应安全 3.0 阶段，这是自适应安全架构演进后形成的一个概念。CARTA 所强调的对风险和信任的评估分析，与传统安全方案采用 allow 或 deny 的简单处置方式完全不同，CARTA 是通过持续监控和审计来判断安全状况的，强调没有绝对的安全和百分之百的信任，寻求一种绝对允许与绝对拒绝之间的风险与信任的平衡。

（2）对手战术及技术的公共知识库框架 ATT&CK

ATT&CK 框架核心就是以矩阵形式展现的 TTP（Tactics，Techniques and Procedures，战术、技术和程序），是指攻击者从踩点到获取数据以及这一过程中的每一步是如何完成任务的。因此，TTP 也是“痛苦金字塔”模型中对防御最有价值的一类。当然这也意味着收集 TTP 并将其应用到网络防御中的难度系数是最高的。而 ATT&CK 则是有效分析攻击者行为（即 TTP）的威胁分析框架。

ATT&CK 使用攻击者的视角，比从纯粹的防御角度更容易理解上下文中的行动和潜在对策。对于检测，虽然很多防御模型会向防御者显示警报，但不提供引起警报事件的任何上下文，例如从防御者的视角自上而下地介绍安全目标的模型、通用漏洞评分系统、主要考虑风险计算的模型等。这些模型只能形成一个浅层次的参考框架，并没有提供导致这些警报的原因及其与系统或网络上可能发生的其他事件的关系。而 ATT&CK 框架提供了对抗行动和信息之间的依存关系，防御者由此可以追踪攻击者采取每项行动的动机，并了解这些行动及其依存关系。拥有了这些信息之后，安全人员的工作从传统的寻找发生了什么事情，转变为按照 ATT&CK 框架将防御策略与攻击者的手册对比，预测会发生什么事情。这正是 CARTA 所倡导的“预防有助于布置检测和响应措施，检测和响应也有助于预测”。

ATT&CK 架构是从攻击者的视角出发看问题，颠覆了传统上的纯粹防御安全观念，与 CARTA 倡导的安全人员通过理解上下文和持续风险评估来灵活调整安全策略的理念有诸多异曲同工之处。

3. 安全服务化

随着业务云化的逐步推进，开通慢、维护难已经成为网络安全的通病，越来越需要将网络安全一体开通，统一运营，简化管理，并支撑业务快速上线。

在系统发现威胁后，能够对目标设备、资产执行指定的联动动作。通过界面，可以配置参与联动的设备类型、设备以及具体的联动动作。在威胁事件命中联动规则时，能够向联动设备下发具体联动要求，实现对重要资产的实时防护。在园区、广域、数据中心等场景，通过云网安一体的服务化设计，在检测到指定的威胁时，可以根据联动规则的配置向云网安全基础设施下发安全管控策略，阻断内部主机访问外部的恶意主机，隔离终端主机，从而有效遏制威胁内部扩散。

SOAR（Security Orchestration，Automation and Response，安全编排、自动化和响应）是将不同系统或一个系统中不同组件的安全能力通过 Playbook，按照一定的逻辑关系整合到一起，用以实现某个或某类威胁事件的自动化处置闭环的过程。SOAR 提供了图形化的编排配置界面和灵活的响应编排引擎，当威胁事件触发自动化响应编排时，响应编排引擎根据匹配到的 Playbook 中定义的事件处理流程，自动执行处理流程中所涉及的 Action，在 Action 执行过程中与相关的外部系统进行交互式访问，从而完成自动化的调查取证、告警和遏制动作。

响应编排是将安全数据源或者用户提供的安全事件作为输入，应用编排引擎找到该安全事件子类型绑定的 Playbook，然后触发执行；Playbook 中的 Action 节点会调用相关的设备进行响应闭环。相关业务概念如下。

- Playbook：编排了一系列安全处置动作和处理流程的场景化剧本。
- Action（动作）：在 Playbook 中负责处理、判断的节点，包含 Action、Filter、Decision、Format 和 Interact 类型。
- Task（任务）：某个具体的 Playbook 被触发执行的实例，包括手工触发和自动触发的任务。
- Case（案例集）：针对特定攻击场景的多次 Playbook 任务的案例集合，运维人员可以通过它逐步优化 Playbook。
- 设备配置模板：对接的外部系统、设备和服务类型，包括防火墙、安全控制器、网络控制、云管平台、上网行为管理、云端智能中心、态势感知系统等。
- 设备：具体对接的外部系统或设备实例。

响应编排有两种主要功能。第一，支持不同类型的设备配置模板。设备配置模板包含设备的版本信息、认证机制。设备配置模板分为自定义和预定义两种：自定义模板需要用户根据各产品提供的 API 要求，自行定义各类型号的设备配置模板；预定义模板是 HiSec Insight 系统已经预置的设备配置模板，用户可以直接使用。第二，支持配置设备实例，包括新建、修改和删除设备，设备配置信息包括 IP 地址、端口、认证信息（用户名、密码）等。

以恶意检测处置场景为例，系统有预置的流程，维护人员也可以灵活修改事件的编排处置流程，例如对接云端智能中心查询 IP 情报、对接终端检测响应进行进程查询、对接沙箱查询文件检测结果，根据这些查询比对结果触发告警通知，与防火墙、网络控制器、安全控制器和云管平台联动，下发阻断策略。

4. 元宇宙安全

2020 年国家层面提出了统筹传统安全与非传统安全，提升网络安全、数据安全、人工智能安全等领域的治理能力，标志着数字安全元年开启，进入大安全时代。2021 年，在互联网大会乌镇峰会上，360 集团董事长周鸿祎曾说，“一切皆可编程，万物均要互联，大数据驱动业务”。特别是在这个软件定义世界的背景下，安全威胁与现实世界交织融合，安全风险遍布关键基础设施、工业互联网、车联网、能源互联网、数字金融、智慧医疗、数字政府、智慧城市等各大场景，影响着国家、国防、经济、社会乃至人身安全，上升为大安全挑战。

在元宇宙的强大需求下，网络安全也应该随之而升级。网络威胁不断升级是数字安全元年最为重要的标志，元宇宙背景下的安全风险已经突破计算机安全、网络安全范畴，升级为数字安全，涵盖大数据安全、云安全、物联网安全、新终端安全、网络通信安全、供应链安全、应用安全、区块链安全等各大数字化场景。站在网络空间的角度看，元宇宙是互联网应用的重大升级换代，它将在很大程度上改变人类之间的互动方式。然而，这种新的媒介也为网络活动犯罪打开了新的攻击面，深入剖析元宇宙存在的网络安全风险，并部署正确的网络安全资源进行防御，也是在这个新时代下保证网络安全的关键。

随着新型电力系统建设，电网网络数字化、智能化水平不断提升，网络安全格局也会随着零信任、5G 和元宇宙等技术发生有意义的变化，数字化进程的加速，令公司面临更加复杂多样的安全风险。在完全连接的元宇宙时代下，网络安全防护不再是简单的传统防护手段能够解决的，打造一个元宇宙的世界，不仅要建造一个互联互通的平台，还要克服这些网络安全的隐患，突破过去碎片化、边界式的安全防护架构，不再针对某个安全风险实施单点保护，而应构建起安全体系的元宇宙，将安全防护渗透至每一个网络节点，将安全监控和管理涵盖数字末梢，逐步建立起可信可控的安全防护体系，为新型电力系统建设保驾护航。

第 10 章 新型电力系统 ICT 应用案例

本章结合国网浙江省电力有限公司落地应用案例，围绕源、网、荷、储多元协同以及电力系统低碳化运行、能源监测应用等实际案例，具体讲解 ICT 如何助力新型电力系统建设，旨在帮助读者进一步理解 ICT 在电力系统转型中的重要作用。

10.1 源、网、荷、储多元协同平台

近年来，随着社会经济的发展和人民生活水平的提升，浙江全社会用电负荷逐年增加，至 2021 年 7 月，历史性地超过 1 亿千瓦时。随之而来的，是浙江电网在系统安全、新能源消纳、电网利用效率等方面日渐突出的各种矛盾：发电类型达 13 种之多，外来电比例达到 35.7%，同时新能源发展迅速但调节手段有限；用电负荷持续攀升，电网侧安全红线不断箍紧；负荷侧资源处于沉睡状态，交互机制能力尚未建立，源荷缺乏互动；储能侧设施配置少、难利用，提效手段匮乏。

在此背景下，国网浙江电力率先开展能源互联网形态下多元融合的高弹性电网建设，通过聚合公司系统及社会上的各类可调资源，采用刚性精准控制和柔性活动的方式，推动传统“源随荷动”模式向“‘源、网、荷、储’友好互动”模式转变。

10.1.1 平台概述

国网浙江电力依托源、网、荷、储多元协同互动平台，接入“源、网、荷、储”各类资源数据，并按照不同需求对各类资源进行展示，赋能浙江电力多元融合高弹性电网建设。平台将浙江全省各地区的资源按照资源类型和地县的空间类型进行聚合，实现对全网范围内各类资源的静态台账、动态运行、统计分析信息的展示，包括源、网、荷、储资源概况以及火电机组深度调峰情况、精准负荷快速响应系统情况、批量负荷调节信息、光伏运行情况、风电运行情况、水电信息情况、储能信息情况、浙江省直调机组监视情况、负荷侧资源聚合情况、可中断负荷情况等。

源、网、荷、储多元协同平台需与多个电力生产运行系统交互获取资源数据，包括从主网调度系统（国网浙江电力目前采用的是 D5000 系统）获取常规电源、集中式新能源、储能、批量控制负荷、精准控制负荷等数据；从需求侧响应平台、省综合能源服务平台、省电动汽车平台、大用户技术支持系统、通用聚合商系统获取各类可调负荷模型、上调裕度、下调裕度、可持续时间、所

属地区等信息；从营销用电信息采集系统获取用户实际电量等数据；从数据中台获取配网系统模型及拓扑信息等数据，对电动汽车、综合能源体、大工商业用户、储能等各类可调负荷资源数据进行建模及扩展，构建各类负荷侧可调资源聚合模型。

平台基于国网浙江电力企业云平台和数据中台提供的模型服务、数据服务、展示服务等微服务建设部署，基于各类负荷调节模型信息、负荷调节需求信息等数据，对外提供综合展示数据、负荷资源聚合、移动应用申报、移动应用发布等服务。平台的总体架构如图 10-1 所示。

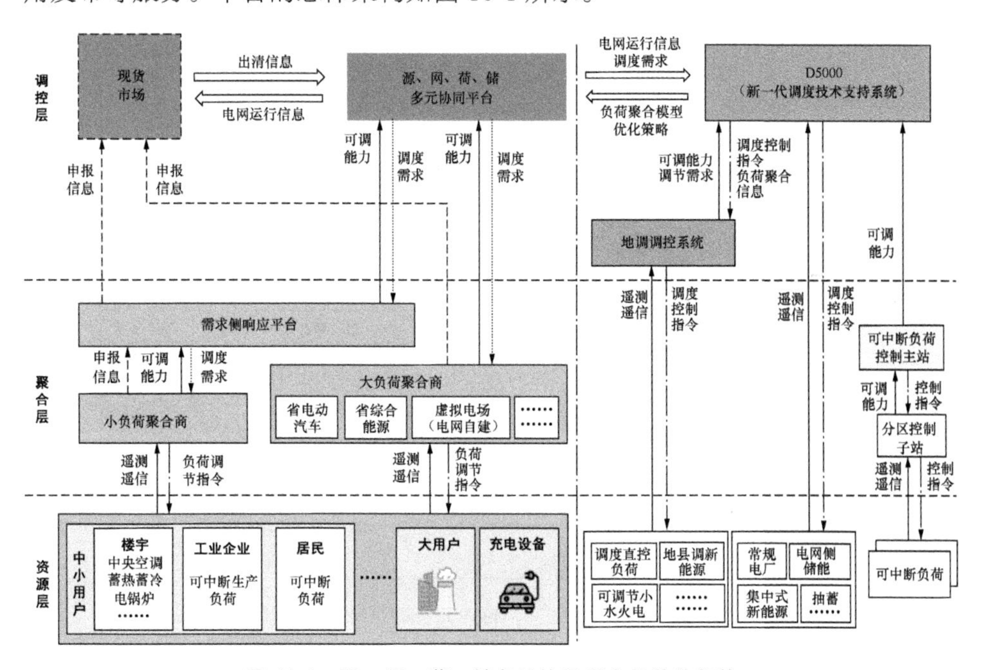

图 10-1 源、网、荷、储多元协同平台的总体架构

10.1.2 功能架构

源、网、荷、储多元协同平台的功能架构如图 10-2 所示，共 7 层，主要包括数据存储层、基础平台层、分析决策层、控制层、考核结算层、监视层和 UI（User Interface，用户界面）层。

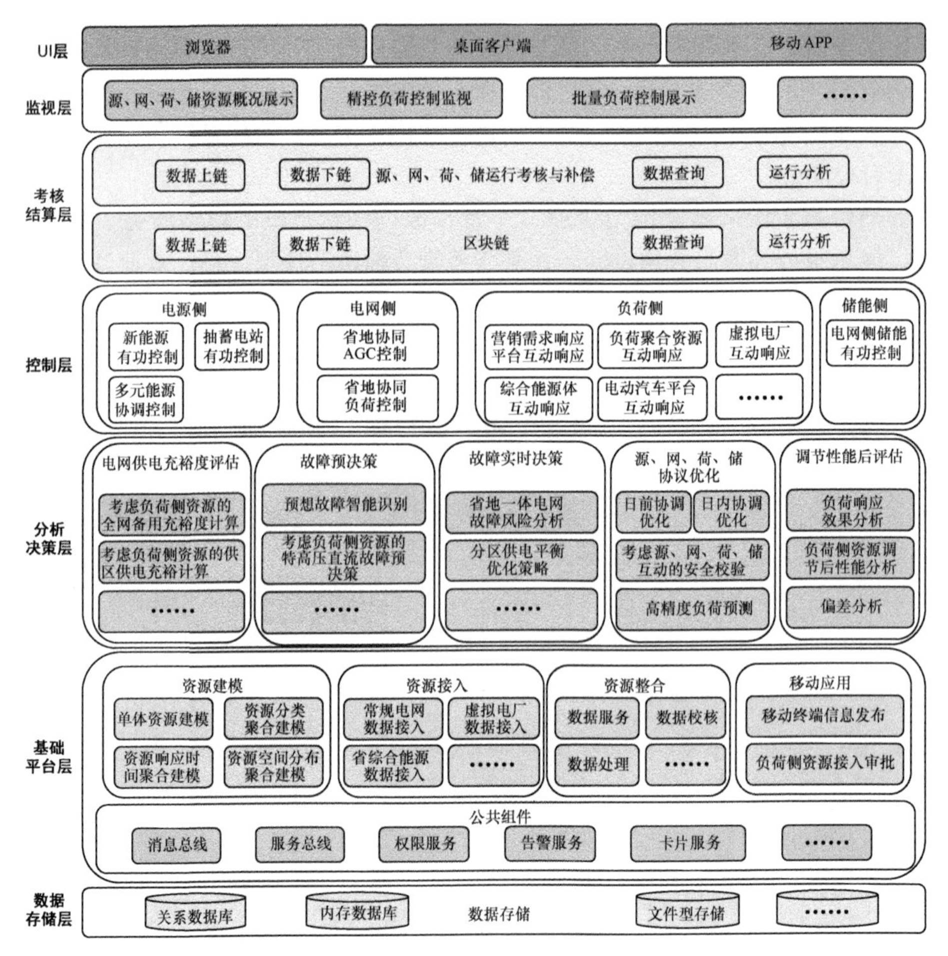

图 10-2　源、网、荷、储多元协同平台功能架构

数据存储层通过云平台 IaaS 层提供计算资源池、存储资源池、网络资源池，为源、网、荷、储电力调控平台提供基础硬件环境支撑。

基础平台层主要有公共组件、资源建模、资源接入、资源整合、移动应用五大功能。公共组件为大量源、网、荷、储资源信息接入与处理提供服务支撑，包括消息总线、服务总线、权限服务、告警服务、卡片服务等。资源建模提供单体资源建模、资源分类聚合建模、资源响应时间聚合建模、资源空间分布聚合建模功能，为综合监视、分析决策等高级应用功能提供模型支撑。资源整合包括数据接入、数据处理、数据监控、数据校核、数据服务等功能，对资源数据进行分类处理、异常数据辨识、质量码标识、数据校核、数据分析、统计计算以及告警监视，完成数据清洗、整合与组织，为源、网、荷、储各类资源分析决策、协同控制及可视化展示提供基础支撑。移动应用包括移动终端信息发布、负荷侧资源接入审批功能，通过终端将源、网、荷、储协同优化信息发送给用户，为更好地培育社会资源聚合商赋能。

分析决策层主要包括电网供电充裕度评估，源、网、荷、储协同故障预决策与实时决策，多时间尺度源、网、荷、储协同优化及安全校核、调节性能后评估等功能。通过高精度负荷预测，多时间尺度源、网、荷、储协同优化及安全校核，可提前给出电网安全经济运行的调度策略。通过感知电网稳态运行及故障情况下的状态及薄弱点，根据负荷侧资源可调节能力，能够在线生成故障恢复策略，保障电网运行安全。从调节响应偏差、效能等多维度评估负荷资源调控响应情况，可提升改善负荷响应性能。

控制层主要包括新能源有功控制、抽蓄电站有功控制、省地协同 AGC 控制、省地协同负荷控制、负荷聚合资源互动响应等功能。通过源、网、荷、储协调控制，能有效提升电网灵活调节能力和电网新能源消纳水平，实现全省范围内批量负荷快速切除和频率紧急快速支援，确保电网运行安全。

考核结算层主要包括源、网、荷、储运行考核与补偿模块及区块链模块。源、网、荷、储运行考核与补偿模块，对发电与负荷参与电网并网运行、辅助服务的情况进行评价分析，实现对并网电厂、可控负荷的考核与补偿。区块链模块构建面向调控层的区块链主链，把省调、地（县）调、需求侧响应平台、负荷聚合商等对象作为区块链节点加入区块链网络，从主体行为、经济效益、调度策略、电网安全等多维度对调度运行情况进行分析，全面掌握电网运行状态及潜在运行风险，为调度运行决策提供依据。

监视层对汇集的多类型资源进行汇总监视，并按照资源控制方式进行分类，从多个维度对其进行展示，以便实现对可控负荷资源信息的实时准确掌握。监视层实现的主要功能包括源、网、荷、储资源概况展示、精准负荷控制监视、综合能源监视、电动汽车监视、调峰资源统一监视、可中断负荷监视与管理等。

UI 层为各类用户提供不同的交互平台，包括浏览器、桌面客户端、移动 APP。

10.1.3 资源接入

电源数据接入主要通过主网调度系统接入火电、核电、水电等常规电源数据，涉及发电有功、上网有功、发电机有功、发电机无功以及发电机组的日前、日内计划等。各类电厂与电网企业间通过电力专用光纤网络实现互联。

对于新能源数据，集中式新能源厂站及下设设备的模型和参数等数据与常规电源一样通过主网调度系统实现接入；分布式新能源涉及的光伏电站、馈线、台区、分区基本信息，则分三种形式接入：10 kV 以上分布式新能源厂站数据通过光纤专网接入调度系统，10 kV 分布式光伏数据通过馈线就近接入各地市配网自动化系统，0.4 kV 分布式光伏数据通过 4G/5G 无线虚拟专网接入用电信息采集系统。分布式光伏数据的接入方式如图 10-3 所示。

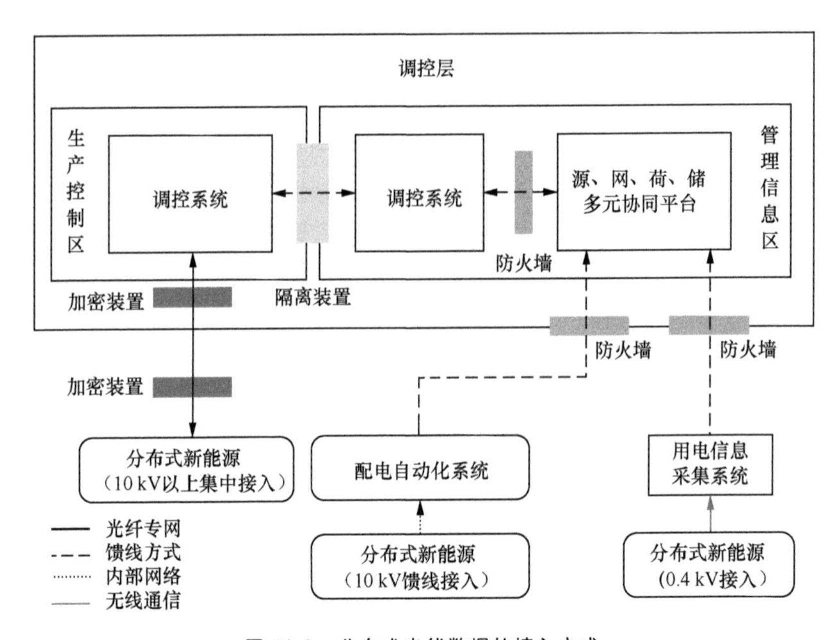

图 10-3　分布式光伏数据的接入方式

储能电站的量测数据类型包括有功功率、无功功率、运行温度、可用充电功率、可用放电功率、累计充电次数、累计放电次数、累计放电电量、累计充电电量等。对于电网投资的储能电站，通过光纤专网直接接入主网调度系统，再推送至源、网、荷、储多元协同平台；对于用户投资的储能电站或储能装置，通过无线公网接入负荷聚合商平台，由不同聚合规模的负荷聚合商按照不同的接入模式实现储能数据接入，接入方式如图 10-4 所示。

对于负荷资源数据，变电站等由电力调度直接控制的群控负荷，通过光纤专网接入主网调度系统。对于精准可控负荷、秒级可中断负荷、分钟级负荷、需求侧响应负荷等资源，依次通过各自相应的子控制系统接入源、网、荷、储多元协同平台，各子系统的交互方式在 10.3 节中进行说明。

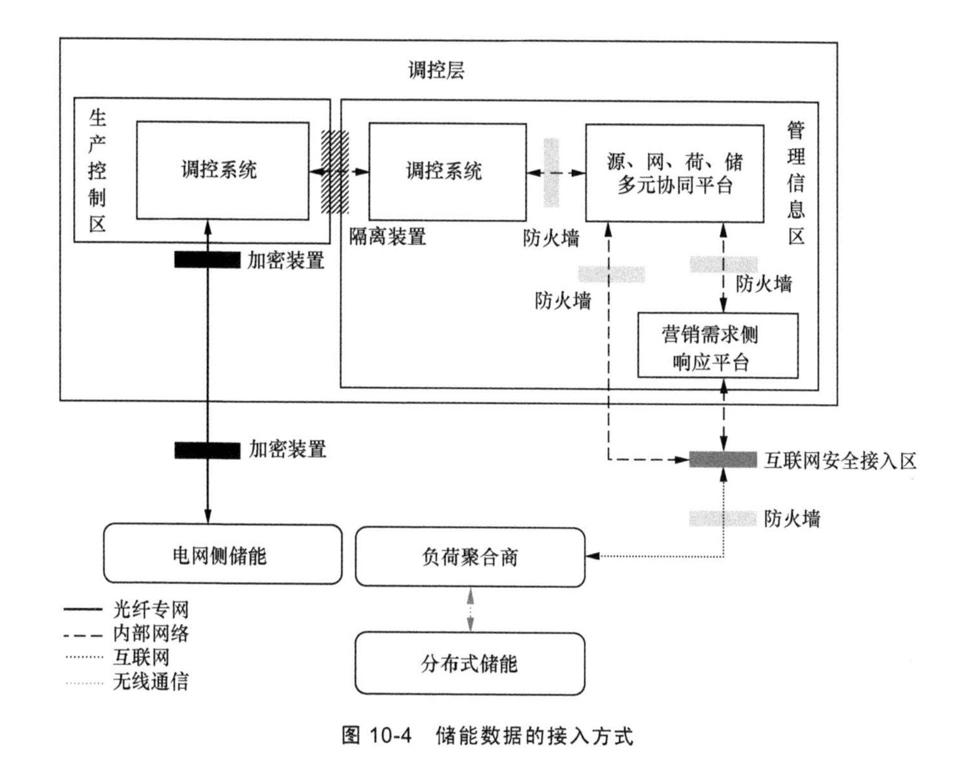

图 10-4　储能数据的接入方式

10.2　新一代调度技术支持系统

主网调度系统为 10.1 节中介绍的源、网、荷、储多元协同平台提供了大量的主网数据，它是电网安全稳定运行的核心大脑。国网浙江电力采用的智能电网调度技术支持系统被称作 D5000，于 2012 年投入运行，现直接接入 220 kV 及以上电网厂站（发电厂、变电站、换流站等）实时数据，涉及遥信测点 26 万个、遥测测点 21 万个、遥控测点 3800 个，运行数据存储规模每年增长量为 4 TB。系统采用服务器集群部署方式，包含了基础平台、基本应用、调度计划、安全校核和调度管理等各大类应用功能，已部署的应用模块包括 SCADA、网络分析、AGC、WAMS（Wide Area Measurement System，广域测量系统）、二次设备在线监测、水调监视、综合智能分析与告警、在线安全稳定分析、调度计划管理类应用、无功电压控制、调度员培训模拟、电能量计量、水电监测分析、新能源监测分析等。

为适应新一代电力系统发展和安全稳定优质运行的需要，显著提升对浙江电网一体化控制、清洁能源全网统一消纳、“源、网、荷”协同互动和市场化运作的支撑能力，国网浙江电力开展了新一代调度技术支持系统的建设工作。

10.2.1 技术优势

面对新型电力系统的发展形势，现有 D5000 系统尚存在如下几点技术上的不足。

一是数据存储孤岛问题尚未完全解决，系统数据基础不足，省调和地调数据独立采集、分布式存储，虽然实现了省地间的纵向数据同步，但由于数据转发不带时标，数据同时性、一致性较差，直接影响了电网分析决策的准确性。

二是系统综合运用外部信息（如气象信息、灾害信息等）的能力不足，且与电网信息缺乏关联，调控运行人员无法充分感知清洁能源、电网主网设备、人员操作行为等关联信息，无法进一步掌握电网实时运行状态的整体安全裕度、最大潜在风险等关键运行指标。

三是一体化调控的手段不足，无法满足大电网一体化运行控制的需要，缺乏面向全网的系统级事件告警和紧急决策手段，难以有效支撑跨区故障协同处置；在线分析决策准确性和时效性不足，稳定限额、预防控制在线计算的实用化程度不高，难以有效支撑复杂电网的调度运行；缺乏支撑电力电子化电网的全时间尺度精细化仿真模拟手段，难以准确分析和评估复杂故障的动态响应过程。

四是清洁能源消纳支撑能力不足，无法满足能源转型对电网调度运行带来的变化，缺乏对海量的新能源单机信息、分布式发电数据、水电数据等采集的支撑，对全网范围的清洁能源资源情况、消纳能力的实时监视支撑不够。未将新能源功率预测的不确定性纳入计划编制，缺少水电径流预报、清洁能源互补能力利用等支撑手段。

新一代调度技术支持系统从系统架构、服务管理、数据管理等方面进行全面优化。

在系统架构方面，提出了“物理分布、逻辑统一”的体系架构，彻底改变了原有各调控机构独立部署一套系统的格局，采用微服务技术，基于广域服务总线和全局服务管理的平台支撑，实现业务灵活分布和功能解耦重用，降低应用实现复杂度，把以应用为单位的集中部署方式转变为以微服务为单位的灵活部署方式，建立开放的服务接入机制，解决调度系统中的服务部署与接入的问题。

在数据管理方面，新一代调度技术支持系统支持分布式实时库、关系库、时序库、列存储数据库、高速缓存、图数据库、数据仓库和 MPP 数据库等各类数据库的统一管理，做到各类数据库“各司其职”、各类数据“各按其所”。实时库实现了分布式功能，数据分布存储在多个节点上，业务（如分布式 SCADA）能够自定义数据的分布算法，实现分布式数据处理业务的就地数据存储，有效支撑分布式业务的并行处理功能，提升处理效率和横向扩展能力，同时分布式实时库在业务层实现了数据库的统一逻辑表达，在系统层面上，通过接口即可实现对分布式存储数据的统一访问。

10.2.2　技术架构

新一代调度技术支持系统在传统自动化系统的基础上，融合云计算平台和数据驱动型应用，利用调度数据网、综合数据网和互联网，广泛采集发电厂、变电站、外部气象环境、用电采集、电动汽车以及柔性负荷等数据，构建了实时监控、自动控制、分析校核、培训仿真、现货市场、新能源预测、运行评估和调度管理八大类业务应用。新一代调度技术支持系统的系统架构如图 10-5 所示。

在数据通信方面，基于调度数据网、综合数据网、互联网等网络通道，获取全网一致的基础模型、实时运行工况、分析决策结果、统计数据等信息，为电网监视、分析、防控和决策提供语音、触摸、人脸识别等人机交互方式。调度人员在本地、异地均可无差别地实现监视控制以及移动设备信息浏览，新一代调度技术提高了调度监控人员对电网运行状态的掌控能力。

在支撑平台方面，运行控制子平台与调控云子平台两翼协同互通，共同支撑各类应用。运行控制子平台包含数据存储管理、通信总线、模型管理、高可用性管理、计算引擎等公共组件，主要为生产控制区和以模型驱动为主的应用提供服务，具有高实时、高可靠特征，具备平台管理和安全防护功能。调控云子平台主要为管理信息区和以数据驱动为主的应用提供服务，具有开放、共享、易扩展的特征。平台技术架构如图 10-6 所示。

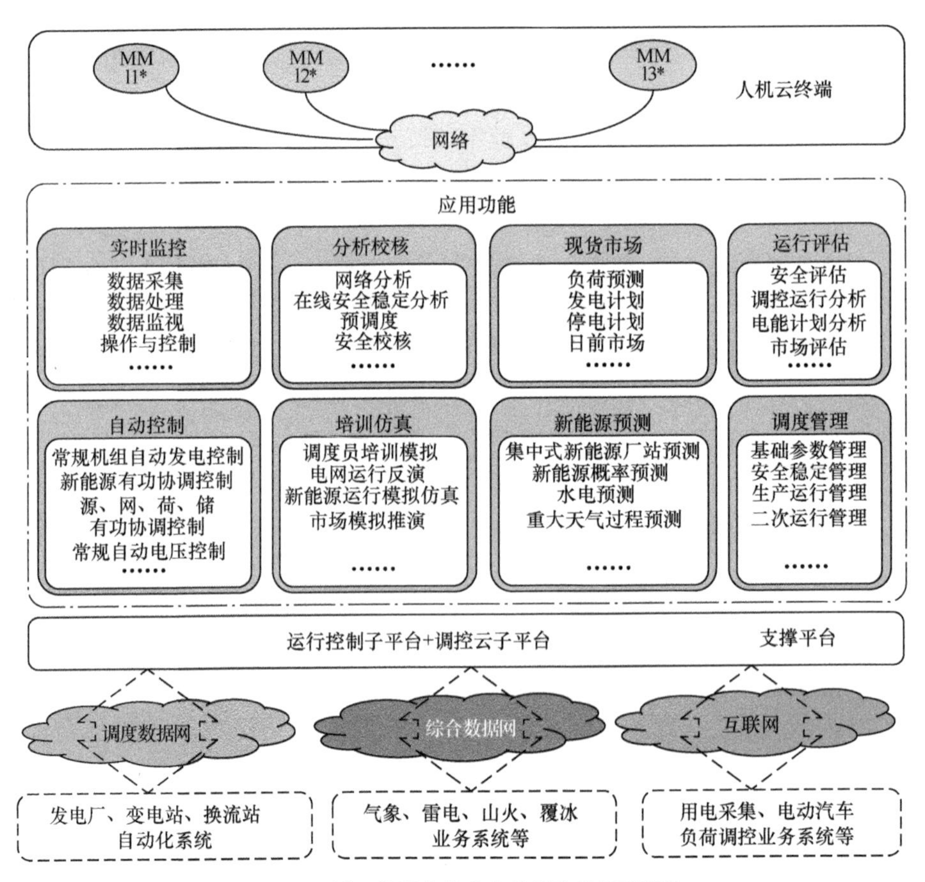

图 10-5　新一代调度技术支持系统的系统架构

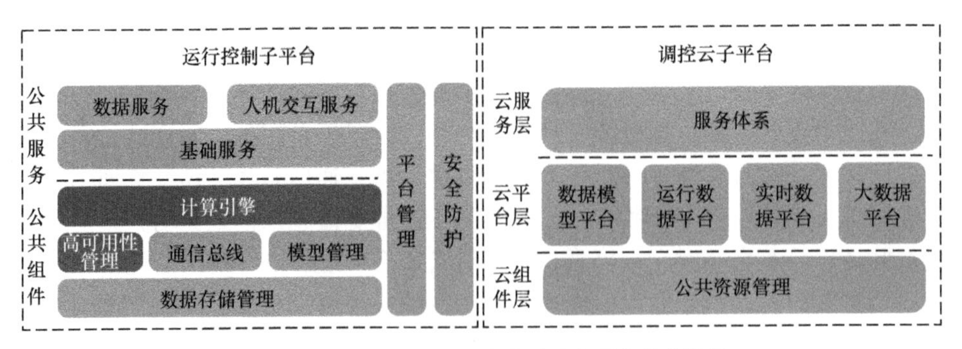

图 10-6　新一代调度技术支持系统的平台技术架构

10.3　需求侧响应资源池建设

传统电力系统在面向电力供需矛盾和故障时，主要通过电力调度系统对火电、水电等常规发电机组进行调节，或从变电站侧进行批量负荷控制，但批量负荷控制方式简单粗放，工业生产、民生用电难以区分，容易对社会生产造成影响。另外，传统“源随荷动”的调度模式下，电网控制手段已几乎用尽，电动汽车、储能设备等新型负荷以及负荷聚合商、智能楼宇等新的用能形式不断涌现，电网调控资源亟须拓展，优化控制模式。

根据《国网浙江电力建设新型电力系统示范省工作方案》，国网浙江电力将持续推进需求侧响应资源池的建设，深挖工业生产、商业楼宇和居民生活等领域需求侧响应资源，探索冷库冷链、数据中心等新兴行业互动能力，试点通信运营商、能源服务商、小微园区等多种负荷聚合方式，不断扩大参与主体、丰富响应模式，增强电网柔性调节能力，创新建立层级鲜明、区域清晰的需求侧响应资源管理机制，打造电网资源和需求侧响应资源一张图，实现分层分级控制。本章首先介绍需求侧响应资源的类型和接入方式，其次介绍不同资源所对应的上层管理系统。

10.3.1　需求侧响应资源

需求侧响应资源即能够响应电力供应企业电力供需平衡调节请求的负荷资源，其响应时间分为日前、小时级、分钟级、秒级等类别。只要是具有独立电力营销户号、相关用电数据已接入电力公司用电信息采集系统、响应持续时长不少于 30 min 的电力用户，均可与电力公司签约加入需求侧响应。在电力用户响应电网切除负荷需求后，可根据省能源局制定的相关补贴机制获得经济补贴。

日前响应指供电企业于需求侧响应执行日前一天，通过移动 APP、短信等方式，向符合条件的用户发出响应邀约，用户于邀约截止时间前反馈响应容量、响应价格等竞价信息。供电企业根据用户反馈的信息，按照“价格优先，时间优先，容量优先”的边际出清方式确定当次补贴单价和用户中标容量。用户在响应时段自行完成负荷调节。

小时级响应指供电企业于需求侧响应执行前 4 h，通过语音、短信等形式向协议用户发出响应执行通知。收到响应执行通知的用户需在响应时段自行完

成负荷调节。此类用户负荷调节能力一般大于 5000 kW。

可中断负荷资源的响应时间包括分钟级和秒级两种，涉及《超电网供电能力拉限电序位表》《事故拉限电序位表》《事故拉主变名单》等规定的拉限范围内的用户，需要根据用户可中断负荷容量、用户开关等具体情况，安装可中断负荷控制终端并接入可中断负荷系统，或安装分钟级需求侧响应终端，并接入需求侧响应系统。

分钟级响应指供电企业于需求侧响应执行前 30 min，通过需求侧响应平台向协议用户下发调节指令，经用户确认参与后，利用需求侧响应终端与用户自有系统的联动策略，自动完成负荷调节。此类用户优选水泥、钢铁、造纸等具有工业自动控制系统的用户，大型公建、商业楼宇等具有空调控制系统的用户以及各类储能用户等。当前正在探索发挥数据中心、冷链冷库等用户的调节能力。

秒级响应指供电企业在电网紧急情况下，通过秒级可中断负荷控制系统向协议用户下发控制指令，利用负控终端等设备的分路跳闸功能，自动完成负荷控制，实现电网紧急情况下的精准切负荷。

面对电力保供的新形势，国网浙江电力创新探索全业务、全区域、全时间尺度的负荷管理新模式，形成了“需求侧响应为主，有序用电为辅，可中断负荷保底”的电力供应保障体系。截至 2021 年年底，需求侧响应手段共涉及主线 949 条，专变 103 513 台；秒级可中断负荷达 200 万千瓦，分钟级可中断负荷达 260 万千瓦，预计 2022 年年底总可中断负荷将达 800 万千瓦。

10.3.2 接入技术

在需求侧响应资源接入技术手段上，根据不同资源类型的特点，通过有线网络、无线网络等多种方式，安全、高效和便捷地进行资源接入，从而实现实时监视和灵活控制。需求侧响应资源接入技术架构如图 10-7 所示。

针对传统电源或容量较大的具备直采直控条件的大工业负荷，采取光纤专网方式接入新一代调度技术支持系统，数据秒级刷新，秒级控制。

针对社会聚合商，为保证网络的安全性，通过满足规范的互联网安全接入区或信息内外网隔离，接入源、网、荷、储多元协同平台，数据分钟级刷新、分钟级控制。针对电力企业内的聚合商（如需求侧响应平台、秒级可中断负荷系统等），负荷控制终端通过 4G/5G 电力虚拟专网的方式接入电力企业内部信息网络，再根据需要接入源、网、荷、储多元协同平台或新一代调度技术支持系统，其中直控负荷数据分钟级刷新、分钟级控制。

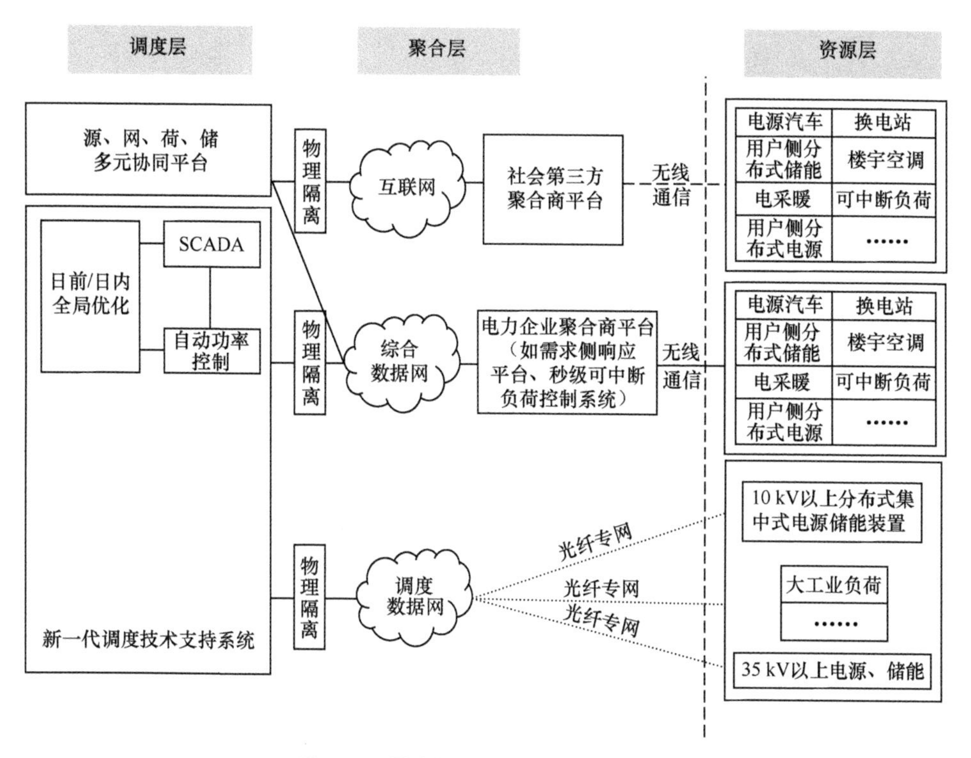

图 10-7　需求侧响应资源接入技术架构

其他需求侧响应资源采用主动响应方式，响应级别为小时级至日前，数据分钟级刷新。

10.3.3　秒级可中断负荷控制系统

秒级可中断负荷控制系统的总体架构分为省侧主站层、地市侧子站层和用户接入层 3 个层级。3 个层级之间实现负荷模型、实时数据、调节策略的交互，共同完成事故情况下对可切负荷的快速精准切除。

秒级可中断负荷控制系统的通信链路如图 10-8 所示。负荷调节子站与负控终端间的通信链路由 5G 电力虚拟专网承载，可中断负荷终端采用微型纵向加密装置的方式进行安全接入；负荷调节子站与省侧主站的通信链路由电力调度数据网承载。5G 电力虚拟专网原则上须基于运营商无线接入网侧 RB 资源预留、承载网侧 FlexE 技术、核心网侧电力控制类业务专用 UPF 下沉的端到端硬切片。硬切片内以端到端软切片对不同类型的控制业务进行逻辑隔离。

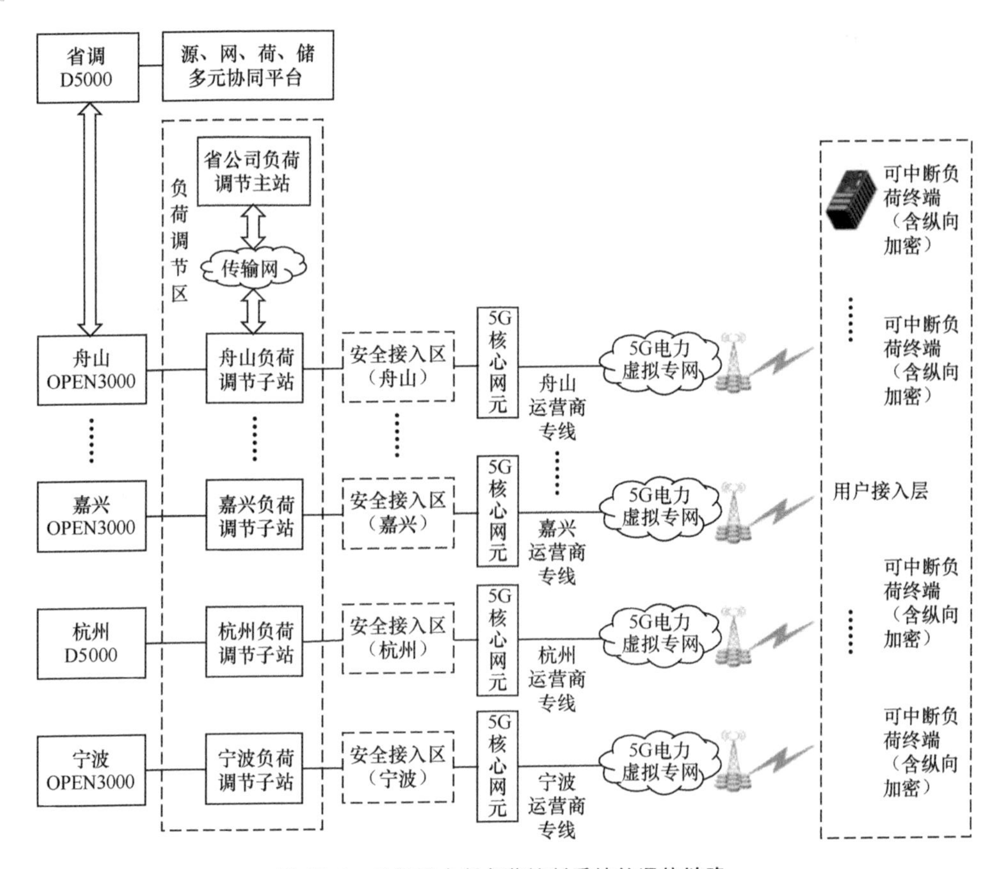

图 10-8　秒级可中断负荷控制系统的通信链路

秒级负控终端的面板如图 10-9 所示，终端包含 5G 通信模块、微型纵向加密认证模块以及业务执行模块三部分。

图 10-9　秒级负控终端的面板

5G 通信模块支持 SNMP V3 或 TR069 协议，具备终端本体状态、告警信息、无线信号、无线网络参数的采集上报能力，支持终端配置文件、远程升级等功能，以满足终端状态监测需求。

微型纵向加密认证模块用于通信网管网的边界防护：一是为本地服务器、客户端、网关网元提供网络屏障；二是为纵向加密网关机之间的广域网通信提供认证与加密服务。该模块用于保证数据传输的真实性、机密性、完整性、不可抵赖性，实现抗重放攻击功能。

业务执行模块支持 GB/T 33602、DL/T 476、DL/T 634.5101、DL/T 634.5104 等通信协议，数据上送遵循 DL/T 5003 协议，数据通道安全可靠、冗余配置，网络通道采用加密认证方式，具备控制命令传输的全过程安全认证机制。

10.3.4　需求侧响应平台

电力需求侧响应平台接收源、网、荷、储多元协同平台下达的负荷总体调节策略指标，根据负荷压降策略进行策略分解，下发对不同需求侧响应资源的调节指令，实现对负荷调节指标的响应，平台的总体架构如图 10-10 所示。除工业用户、用户邀约响应和商业楼宇直采直供外，电动汽车平台和其他第三方平台提供了不同负荷聚合商需求侧响应路径；用电信息采集系统为需求侧实时管理系统提供了电量、负荷曲线、告警事件等数据支撑，同时辅助系统评估用户需求侧响应能力与需求侧响应执行效果。

需求侧响应平台的基础业务包括综合展示、实时负荷监视、响应效果评估等，为各场景提供支撑与协调服务；场景特色业务包括大用户负荷直控、大用户可调节负荷、大用户邀约响应、商业楼宇直采直控、居民用户邀约响应、负荷聚合平台响应等各场景个性化服务。平台主要分为 5 层，分别是资源层、数据层、服务层、应用层、展现层，其技术架构如图 10-11 所示。

资源层基于云平台，提供服务器、网络、存储、操作系统和防火墙等，为微服务和前端应用的部署、运行提供底层资源和服务，由公司统一提供资源和组件。数据层由关系数据库、MPP 数据库和大数据平台组成，为服务层提供数据存储计算服务。服务层由不同功能的微服务组成，为应用层提供业务逻辑处理、数据处理等服务，并提供微服务之间的注册、发现、负载均衡、路由、配置等功能。应用层为用户提供实现相关业务功能的人机操作界面。展现层主要通过 PC 浏览器为用户提供统一的人机交互入口。

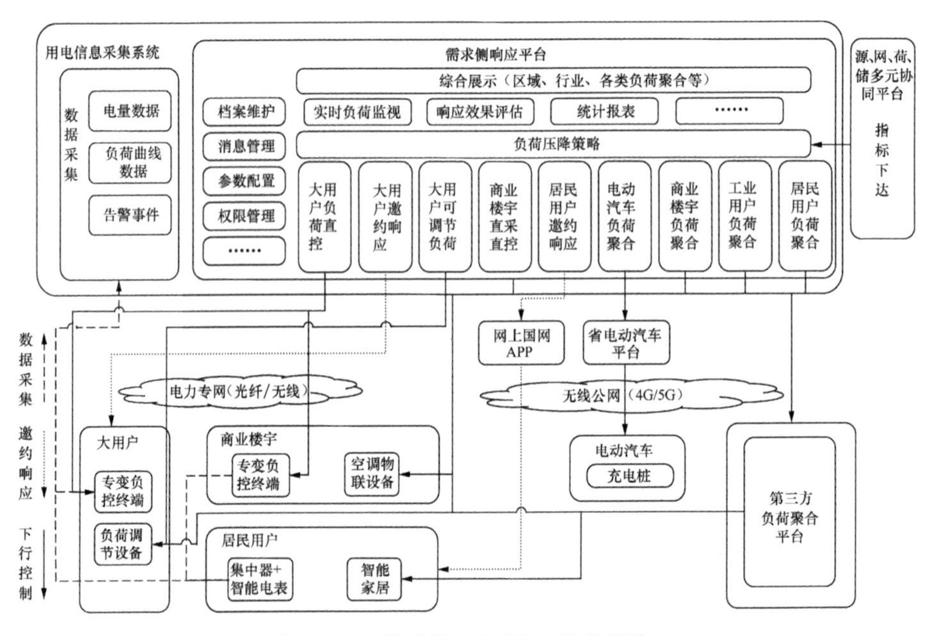

图 10-10　需求侧响应平台的总体架构

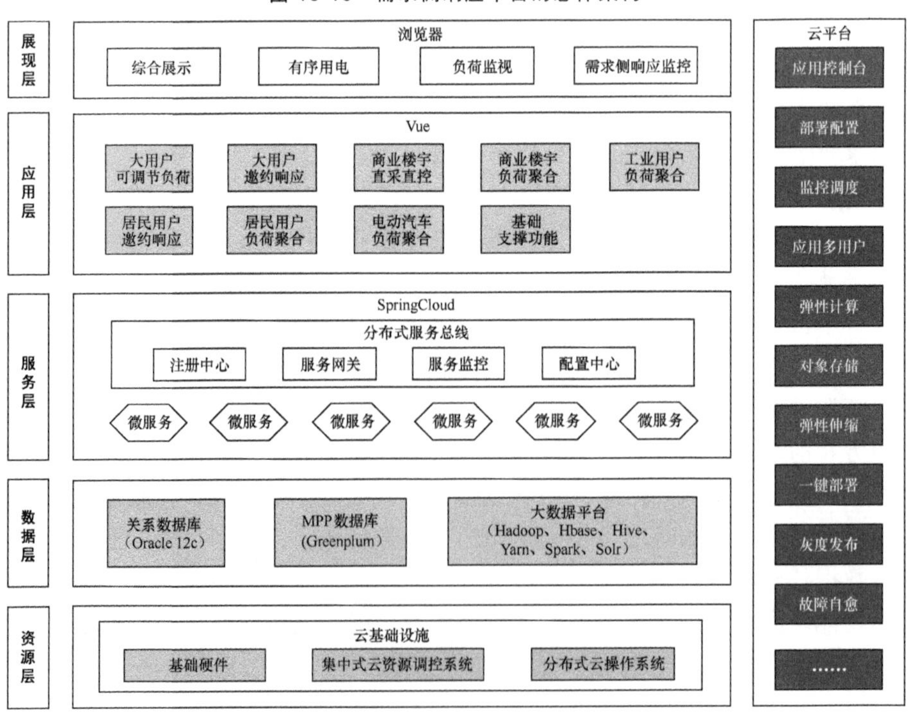

图 10-11　需求侧响应平台的技术架构

针对分钟级负荷控制，需要在用户配电房安装需求侧响应终端。在通信方式上，通常根据现场情况选择 4G/5G 电力虚拟专网方式，采用 IEC 104 规约或 MQTT 物联网通信协议，以统一物联模型实现与平台侧的交互。需求侧响应终端搭载的边缘计算框架，具有可视界面和边缘计算能力，可以根据接收到的负荷控制指令，及时向用户推送需求侧响应信息。

10.3.5　负荷聚合商需求侧响应系统

负荷聚合商需求侧响应系统由负荷聚合商需求侧响应系统主站、通信网和需求侧响应终端构成。其中，负荷聚合商需求侧响应系统主站由负荷聚合商负责运营，通过通信网连接需求侧响应终端和下级级联的负荷聚合商需求侧响应系统，并利用需求侧响应终端直接连接用户侧需求侧响应资源，或通过用户能源管理系统间接连接用户侧需求侧响应资源。

负荷聚合商需求侧响应系统的用户包括级联的负荷聚合商用户，以及工业、商业和居民等电力用户。级联的负荷聚合商用户通过自身运营的负荷聚合商需求侧响应系统，与上一级负荷聚合商需求侧响应系统连接；工业、商业和居民等电力用户的制冷负荷、电加热负荷、照明负荷、储能充放电设备以及分布式电源等需求侧响应资源，可直接连接负荷聚合商需求侧响应系统的需求侧响应终端，或通过用户能源管理系统间接连接负荷聚合商需求侧响应系统的需求侧响应终端。负荷聚合商需求侧响应系统的总体架构如图 10-12 所示。

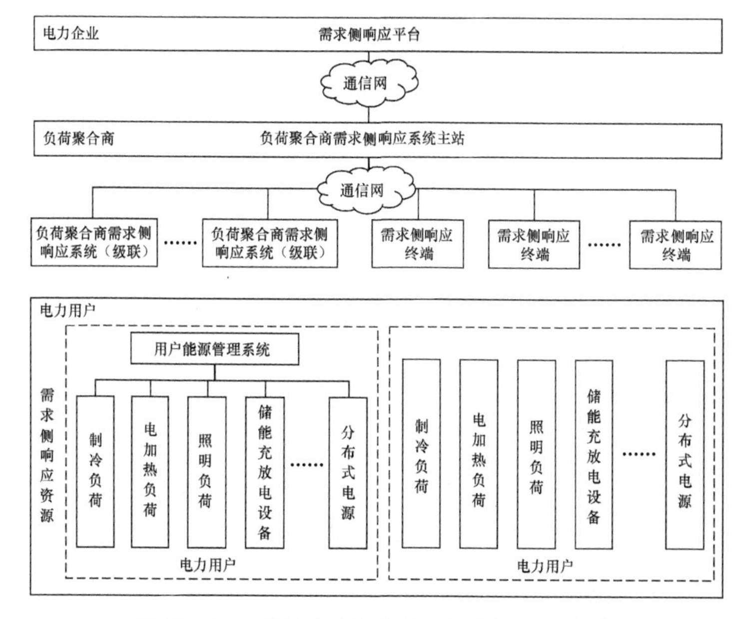

图 10-12　负荷聚合商需求侧响应系统的总体架构

10.4 分布式光伏群控群调工程

截至 2020 年年底，浙江并网运行分布式光伏项目已超 23 万个，总容量突破千万千瓦，相当于浙江省最高用电负荷的九分之一。分布式光伏已经取代水电成为浙江第二大电源。分布式光伏发电遵循因地制宜、清洁高效、分散布局、就近利用的原则，充分发挥了浙江分布式光伏规模发展的地域特色，有效替代和减少了化石能源的消费。但大规模分布式能源的并网接入给电网安全稳定运行与新能源消纳带来了严峻的挑战。

为了实现分布式电源与电网的智能互动，整体提升电力系统的安全稳定运行能力以及清洁能源消纳能力，国网浙江电力开展了分布式光伏群控群调工程建设。该工程基于“云管边端”管理架构实现分布式电源集群调控，整体调控方案如图 10-13 所示。方案按照“云”“边”“端”可分为集群调控、边缘计算、终端设备三部分。

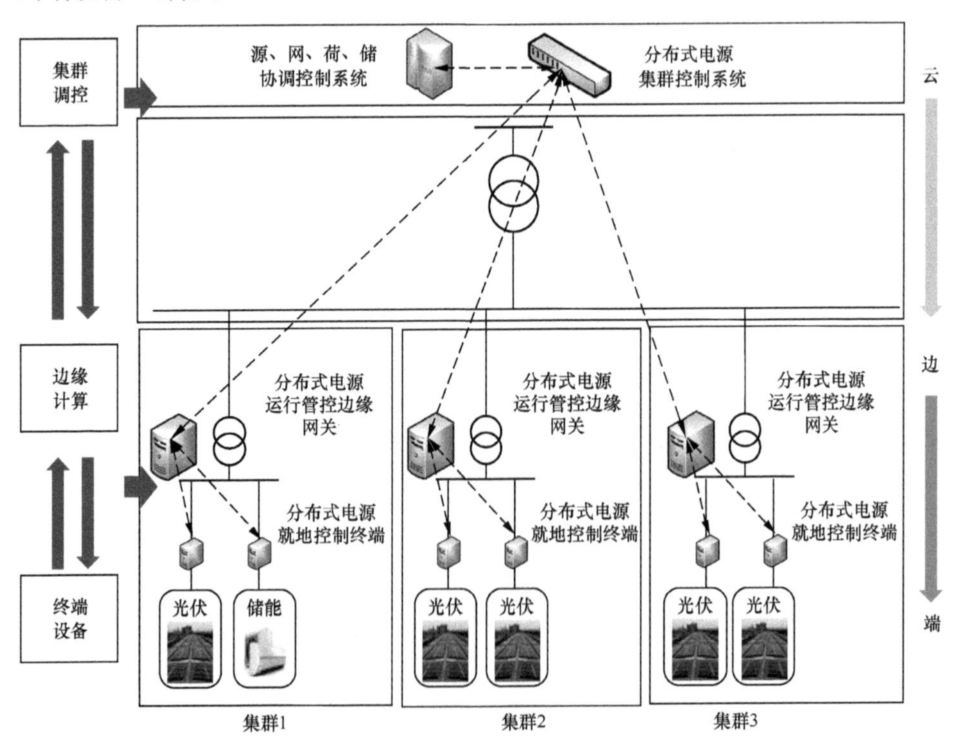

图 10-13 分布式光伏群控群调工程整体调控方案

1. 集群调控

集群调控部分具体涉及分布式电源集群控制系统。该系统基于分布式电源集群群内自治与群间协同，制定分布式电源日前-日内优化运行方案，在分布式电源集群群间协同进行全局优化，群内自治基于集群划分，从而实现对集群内并网装备的管控。

分布式电源集群控制系统采用自律-协同的分布式电源分层分级群控群调方法，建立了包括分布式电源集群群内自治、区域集群间互补协同调控的多层级群控群调体系，着力应对大规模分布式发电并网带来的控制对象的复杂性和多级协调的困难性挑战，提升了分布式发电的可控性，实现了集群的灵活友好并网。系统内的数据交互关系如图 10-14 所示。

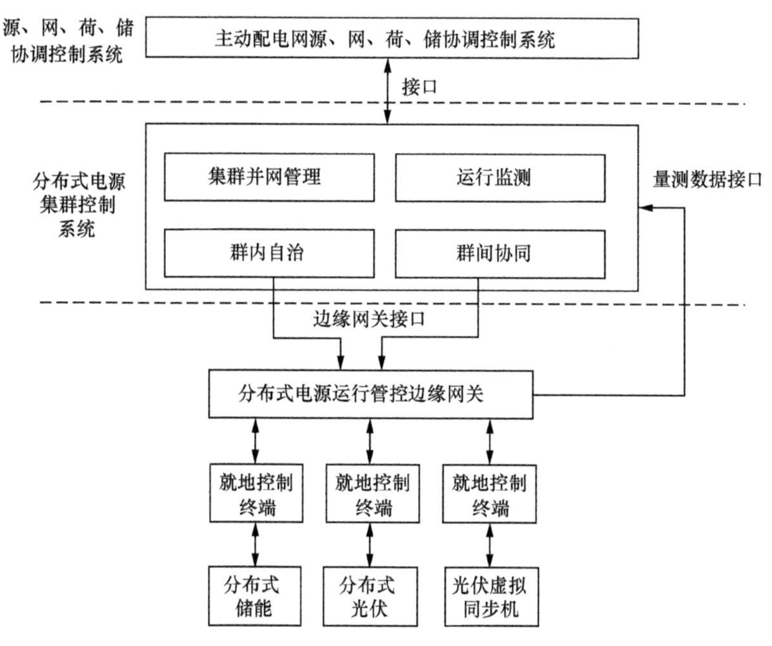

图 10-14　分布式电源集群控制系统内的数据交互关系

（1）与分布式电源运行管控边缘网关数据交互

光伏逆控一体机、虚拟同步机与储能双向变流器将本地运行状态（工作状态、并网状态、有功无功出力及可调裕度、储能荷电状态、接入点电压电流）通过分布式电源边缘管控终端，上传至区域分布式电源运行管控系统，该数据为变位上传。分布式电源集群控制系统可通过分布式电源边缘管控终端，下发对光伏逆控一体机与储能双向变流器的遥调指令，遥调指令下发时间间隔可取

30 s 或 1 min。

（2）与源、网、荷、储多元协同平台数据交互

光伏平台文件和调度自动化文件由源、网、荷、储协调控制系统通过接口服务器以 E 格式文件形式分别转发至分布式电源集群控制系统，数据转发时间间隔为 5 min。工程涉及的 25 个分布式光伏项目的监测数据则由分布式电源集群控制系统通过接口服务器转发至源、网、荷、储多元协同平台。

2. 边缘计算

边缘计算部分具体涉及分布式电源运行管控边缘网关。分布式电源运行管控边缘网关实现对接入同一线路分布式电源的并网管控，边缘网关与上层主站系统交互，将底层设备运行信息汇集上传至主站系统，并可实现主站调控指令的优化分配，同时可基于边缘计算实现快速的设备调控与电压恢复。

围绕中低压配电网的分布式发电出力波动性强、可控性差，而集中调控方式通信时延明显、计算海量的问题，分布式电源运行管控边缘网关在边缘实现了数据优化、分布式发电稳态自律调控，解决了可再生能源发电可控性差和消纳困难等问题。

分布式电源运行管控边缘网关可与多个光伏逆变器、储能双向变流器进行通信，可快速稳定地完成对光伏电站及储能装置的运行监测，实现信息汇总发送至上级管控系统，同时接受上级分布式电源集群控制系统控制指令，并根据系统状态实现对控制指令的分配。

综合调控边缘网关下辖的光伏逆控一体机、储能双向变流器等设备，可以实现区域电网的自动电压控制。通过调节光伏逆控一体机的无功功率，调节线路的无功和电压分布，优化各节点电压；通过调节储能双向变流器的有功充放功率，平抑区域电网的功率波动，降低分布式电源脱网风险，使分布式电源集群控制系统下发的并网点电压满足设定值。

通过分布式电源就地控制终端采集系统的运行状态，并获取分布式储能的荷电状态，可基于分布式发电和负荷预测，实现分布式储能双向变流器的有功充放功率的实时调节，平抑区域电网的功率波动，缓解区域电网日间功率倒送情况，提高分布式发电消纳能力，并响应分布式电源集群控制系统指令，使分布式电源集群控制系统下发的并网点有功功率满足设定值。

3. 终端设备

终端设备主要包括分布式电源就地控制终端，该终端可响应边缘管控终端的指令、采集与上传本地分布式电源的运行数据，还可基于内置就地控制策略，实现对分布式电源运行状态的快速管控。

分布式电源就地控制终端内置 3 种典型就地控制策略，分别为定功率因数控制、下垂控制与并网点功率因数校正，可根据需求配置不同的就地控制策略。

分布式光伏群控群调工程基于“云”“边”“端”协同的分布式电源集群调控架构，上层部署分布式电源集群控制软件，结合边端分布式电源运行管控边缘网关，以及分布式电源就地控制终端，充分发挥了群内实时自律控制和群间协同控制的灵活性，实现了快速、实时、准确的边端互动，提升了分布式电源参与调控的灵活性。对分布式电源集群进行日前、日内、实时多时间尺度的有功无功协同互补优化调度，充分发挥了分布式电源的调节作用，通过对多种可控资源的主动管理，实现了能量最优、改善电压质量、提高分布式电源消纳水平等功能。

10.5　配电物联网

配电物联网是电力物联网在配电领域中的应用体现，是传统电力工业技术与物联网技术深度融合产生的一种新型电力网络运行形态。通过赋予配电网设备感知能力及设备间互联、互通、互操作功能，构建基于软件定义的高度灵活和分布式智能协作的配电网络体系，实现对配电网的全面感知、数据融合和智能应用，满足配电网精益化管理的需求，支撑能源互联网快速发展，是新型电力系统中配电网的运行形式和体现。基于浙江数字化改革和新型电力系统构建需求，为提升配电侧设备管理效率、提升自动化水平，国网浙江电力自 2019 年起，针对配电管理平台、配电主站、配电端侧设备等进行整体方案规划，制定了管理模型及接入标准。

10.5.1　业务问题

配电网快速发展的同时，社会各界对配网运营服务能力的要求也不断提高。电力用户对供电保障能力、电能质量和服务效率的要求越来越高，分散化清洁能源发电模式对配电网设备和运营提出了灵活性、自协调性的要求。政府对电网公司改善电力营商环境、提高供电服务质量、提升供电可靠性等方面的监管要求也更加严格。而配电网涉及电压等级多、覆盖面广、项目繁杂、工程规模小，同时又直接面向社会，与城乡发展规划、客户多元化需求、清洁能源和分布式电源发展密切相关，建设需求随机性大、不确定因素多，粗放式发展的局面尚未根本转变，仍有许多问题亟待改善，包括：可靠性水平仍需进一步

提高，配电网精益化管理程度不高，一线运维管理人力资源与配电网增速不匹配、与电力用户互动性不足，用户对清洁能源接纳能力受限等。

10.5.2 总体架构

配电物联网系统架构可划分为“云”“管”“边”“端”四大核心层级。

“云”是云主站平台，采用云计算、大数据、人工智能等技术，实现物联网架构下的主站全面云化和微服务化。配电物联网云主站平台满足海量设备连接、末端设备即插即用、应用快速上线、多平台数据有效融合、数据驱动业务以及边云协同等业务需求，支撑电网中低压统一模型管理、拓扑自识别、数据云同步、APP 管理、IoT（Internet of Things，物联网）管理等功能，以灵活的物联网云服务和边云协同能力，满足需求快速响应、应用弹性扩展、资源动态分配、系统集约化运维等要求。云主站平台的总体架构如图 10-15 所示。

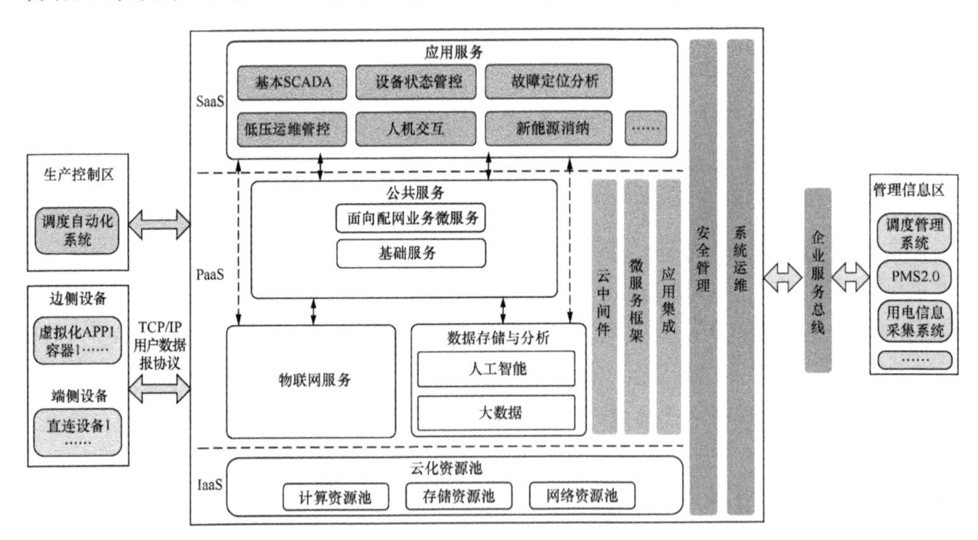

图 10-15　云主站平台的总体架构

“管”是数据传输的通道，用于完成电网海量信息的高效传输，主要包括“边”与“云”之间的通信、“端”与“边”之间的通信、“端”与“云”之间的通信三大类，“管”层架构如图 10-16 所示。

配电物联网“边”与“云”之间的通信网主要满足配电物联网平台（云主站）与边缘计算终端之间高可靠、低时延、差异化的通信需求。通信方式根据配电物联网发展现状、业务实际需求、已建网络情况以及技术经济比选结果，按照“多措并举、因地制宜”的原则，选取光纤专网、无线专网、无线公网、卫星通信等通信方式。

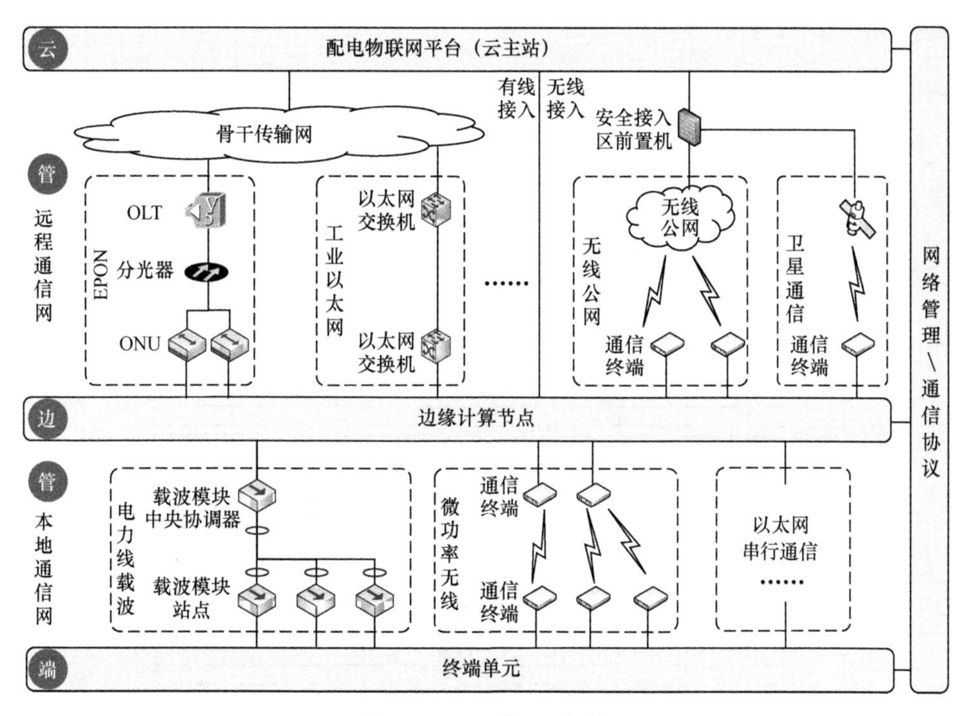

图 10-16 “管”层架构

配电物联网“端”与“边”、“端”与“云”之间的通信网主要满足边缘计算终端与低压智能设备之间、终端设备与云主站之间的通信需求。台区下所属的感知层终端具有类型多、通信方式与通信协议多样化等特点，通信组网的方案结合设备的数据传输特性及台区的业务需求进行选择。感知层的通信方式主要包括 HPLC、认知电力线载波、微功率无线，如 RF（Radio Frequency，射频）470 MHz/920 MHz、ZigBee、LoRa 等，以及 HPLC+RF 双模等通信方式，通信方式根据 TTU（distribution Transformer supervisory Terminal Unit，配电变压器监测终端）、出线开关、无功补偿装置、分支开关、进线总开关、分布式电源、充电桩、传感类设备等设备之间的实际应用场景进行选择。

“边”即边缘计算节点，以“边缘云”“云化网关”为主要落地形态，以“边云协同、边缘智能”为核心特征，是数据汇聚、计算和应用集成的开放式平台和容器。在配电物联网系统架构中，边缘计算节点是“终端数据自组织，端云业务自协同”的载体和关键环节，可实现终端硬件和软件功能的解耦。对下，边缘计算节点与智能感知设备通过数据交换完成边端协同，实现数据全采集、全感知、全掌控；对上，边缘计算节点与云主站实时进行关键运行数据全双工交互，完成边云协同，发挥云计算和边缘计算的专长，实现合理分工。“边”层架构如图 10-17 所示。

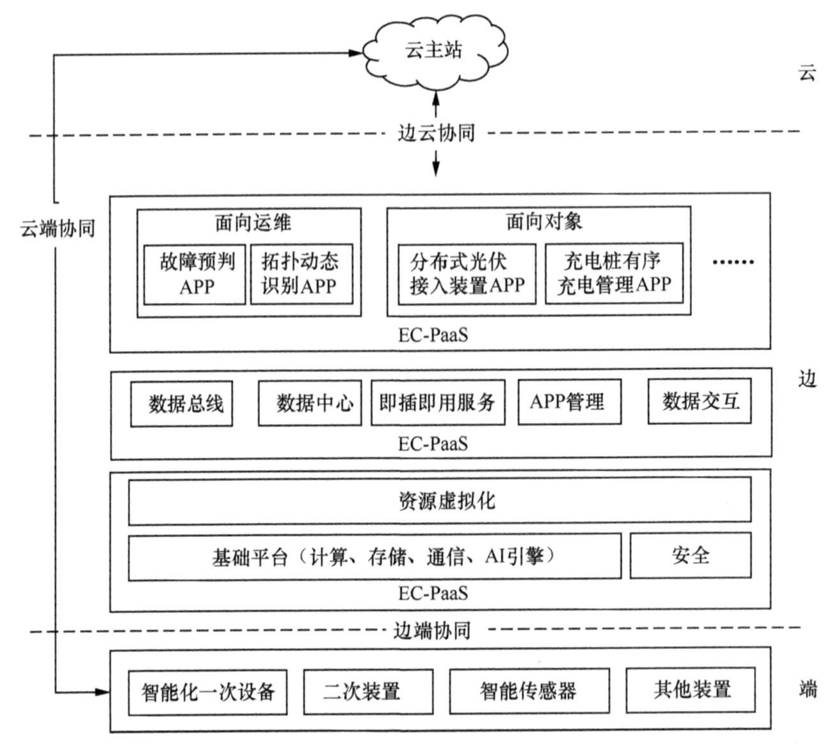

注：EC 即 Edge Computing，边缘计算。

图 10-17 “边”层架构

“端”是配电物联网架构中的感知层和执行层，是负责向“边”或“云”提供配电网运行状态、设备状态、环境状态以及其他辅助信息等基础数据的源头，是执行决策命令或就地控制的终端。根据“端”的存在形态，“端”可分为智能化一次设备、二次装置、智能传感器以及其他装置。智能化一次设备是集成传感器、监控和通信终端等功能的新型融合设备，包括变压器、智能开关、补偿装置等；二次装置主要是 IP 化的智能终端，包括监控终端、电力仪表、故障指示等；智能传感器是用于监测一个或多个对象且带有通信功能的物联网化传感器；其他装置主要包括用于辅助运维的视频终端、手持终端等。

10.5.3 安全架构

通过梳理配电物联网可能面临的安全风险及潜在的安全隐患，国网浙江电力构建了覆盖“云”“管”“边”“端”四个层级的配电物联网一体化安全防护体系，以及面向安全管理和安全风险管控的统一标识体系、统一密钥体系、统一安全监测体系，整体安全防护框架如图 10-18 所示。

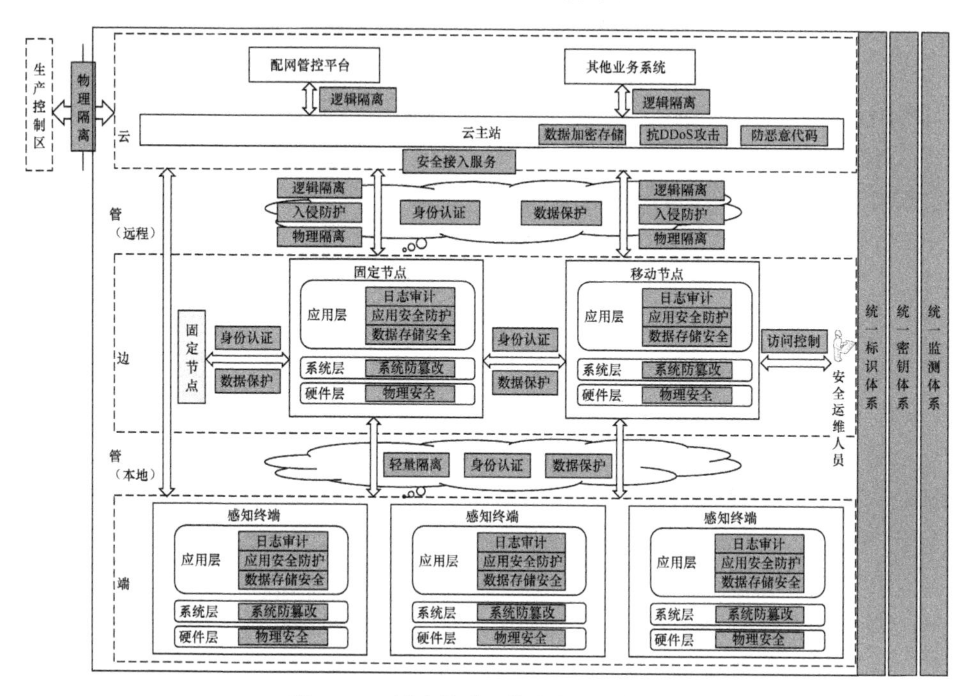

图 10-18　配电物联网整体安全防护框架

“云”安全方面，采用物理隔离、逻辑隔离、入侵防护等安全防护措施，实现云主站与生产控制区、配网管控平台、其他业务系统、边端设备的边界安全防护；采用网络隔离、流量控制、安全域隔离、恶意软件防护等安全防护措施，实现云主站内部的安全防护。

“管”安全方面，主要涉及“云”与“端”、“云”与“边”、“边”与“端”、“边”与“边”、“人”与“边”的数据交互，根据业务应用场景的差异性，适配不同等级的身份认证和访问控制技术，实现设备间的身份鉴别；根据业务数据的重要程度，采用不同强度的数据保护技术，实现敏感及关键数据的加密与签名，确保数据机密性和完整性。

“边”“端”设备安全方面，边端设备的安全防护从硬件层、系统层、应用层三个层面综合考虑。硬件层确保其物理安全；系统层采用安全启动技术，防止底层代码级篡改；应用层采用密码技术，实现应用系统、数据存储的安全防护。

统一标识体系是配电物联网建设的基础，是实现配电物联网设备即插即

用、互联互通、统一管理的关键。配电物联网对每个接入设备的唯一性鉴别即依赖统一标识体系实现，统一标识体系为每个物联网设备分配唯一的标识，设备的唯一标识信息包含设备基本信息和设备资产管理所需的必要信息。此外，统一标识体系综合考虑了网级、省级乃至地市级的管理和接入要求，一物一码，可依码溯源跟踪，实现了物联网设备全生命周期管理。唯一标识可结合条形码、二维码、RFID 标签展现，并可借助运维设备实现与云主站系统的双向联动。

配电物联网的统一密钥体系是配电物联网建设的重要组成部分，是配电物联网安全的基础，是满足配电物联网设备安全接入、安全互联互通、感知信息隐私保护等需求的必要手段。统一密钥体系充分考虑了“云”“管”“边”“端”各层的运算资源和处理能力，并结合了密码学的技术特点和国家网络安全防护的相关政策要求，具有管理简单、经济实用、安全可靠、可扩展性强的优势，与配电物联网业务管理相匹配。统一密钥体系不仅包括密钥生成、分发、使用、销毁的密钥全生命周期管理，还包括与之相匹配的安全基础设施、安全软硬件、安全系统、安全运维人员等内容。在密钥管理方面，统一密钥体系采用集中部署、分级使用、统一管理的方式。在密钥使用方面，采用固定密钥与临时密钥相结合、对称密钥与非对称密钥相结合的应用模式，确保单点密钥泄露不影响整体业务安全性。

统一监测体系对“云”“管”“边”“端”各层业务和安全设备的网络流量、安全事件、访问记录、运行日志、运行状态等各类信息进行采集，基于大数据和 AI 等技术进行远程控制异常检测、恶意域名检测、流量异常检测、隐蔽通道检测、事件关联分析和攻击路径可视化分析，以实现整网网络异常行为可监测、事件可回溯、日志可审计和整网态势可感知，并可有效抵御 APT 攻击。通过与网络或安全设备联动控制，可防止攻击扩散，实现全网协防处置工作、情报和信誉共享。

10.6 电力系统的低碳运行

2021 年 3 月 1 日，国家电网公司提出了加快推进能源供给多元化、清洁化、低碳化，能源消费高效化、减量化、电气化的目标。为实现该目标，需考虑电力系统各环节碳减排策略，借助数字技术，全面优化碳流管理，以数据赋能节能策略，促进电力系统绿色低碳运行，支撑新型电力系统建设及碳减排发展规划，从而推动能源电力从高碳向低碳、从以化石能源为主向以清洁能源为主转变，助力生态文明建设和可持续发展。

10.6.1　输电线路智能巡检

近年来，我国输电线路长度迅速增长，电网安全运行压力与日俱增。2013 年起，无人机和可视化装置逐步规模化应用，成为输电巡视人员的“千里眼”，跨越江河、翻越群山，实时带回输电线路状况，随之而来的是海量的巡视图片。

传统的阅图工作，需要作业人员长时间在计算机屏幕前，不断通过缩放页面判定缺陷隐患，细小金具类缺陷（如销钉缺失、缺螺母、缺垫片等）的排查任务更为繁重。因此，海量的巡视图片给输电巡视人员带来了沉重的负担。

为减轻基层人员的负担，实现缺陷隐患智能、精准、及时发现，国网浙江电力将人工智能图像识别技术应用到覆盖输电线路本体巡视和通道巡视的 8 大类 28 小类缺陷的智能分析模型服务中。

应用人工智能图像识别技术的输电线路智能巡检如图 10-19 所示。以下 7 类本体缺陷，可由人工智能图像算法自动识别：杆塔类（异物鸟巢、杆塔异物）；导地线类（导地线散股或断股、导线异物）；绝缘子类（绝缘子自爆、均压环倾斜及损坏、绝缘子其他缺陷）；大尺寸金具类（线夹倾斜及损坏、防振锤损坏、防振锤脱落、防振锤滑移、放电间隙松动或损坏、间隔棒小握手损坏、金具异物）；小尺寸金具类（细小金具缺销钉、销钉脱出、螺栓缺螺母、螺栓缺失、碗头销缺失或脱出、螺栓螺母欠扣、销钉安装缺陷）；基础类（杆塔基础其他缺陷）；附属设施类（防鸟设施损坏、标志牌损坏或脱落）。针对施工机械闯入、塔吊和吊车入侵、烟火、异物等环境类隐患，由人工智能图像算法自动识别并实时告警。

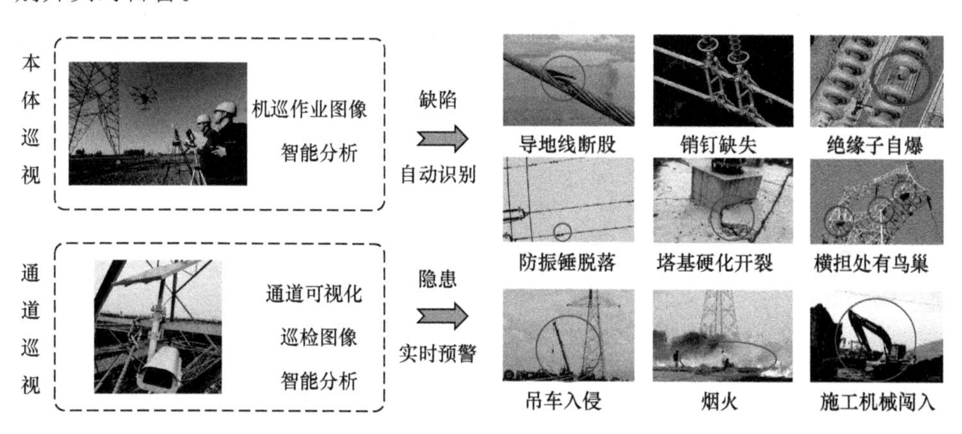

图 10-19　应用人工智能图像识别技术的输电线路智能巡检

由机器大批量阅图、再由作业人员二次校验的工作模式，大幅提高了作业

效率，保证了工作质量，降低了人员劳动强度。单就通道可视化图像而言，人工智能图像识别技术的应用使基层人员的日均图片阅读量下降 90%、需求人员数量下降 76%、外破跳闸数量下降 43%，大幅提升了设备管理工作效率。

10.6.2 虚拟 AI 配网调度员“帕奇”

随着社会对电力需求的不断增加，配电网的规模不断变大，电力用户的数量持续增长。同时随着供电可靠性和营商环境要求的提高，大范围停电检修模式逐步转变为小范围分散式检修模式，导致配网调度业务量激增。以国网浙江电力某县公司为例，该公司 2019 年平均配网调度操作指令数量同比增长 30%。配网调度操作任务的增加导致了调度“枢纽堵塞”现象，造成现场工作负责人经常等待调度人员发令及工作许可，进而导致停电时间滞后、恢复送电时间延长等问题，使供电可靠性受到影响。

为解决配网调度枢纽拥堵问题，国网浙江电力借助人工智能技术，研发了虚拟 AI 配网调度员“帕奇”，其技术架构如图 10-20 所示。

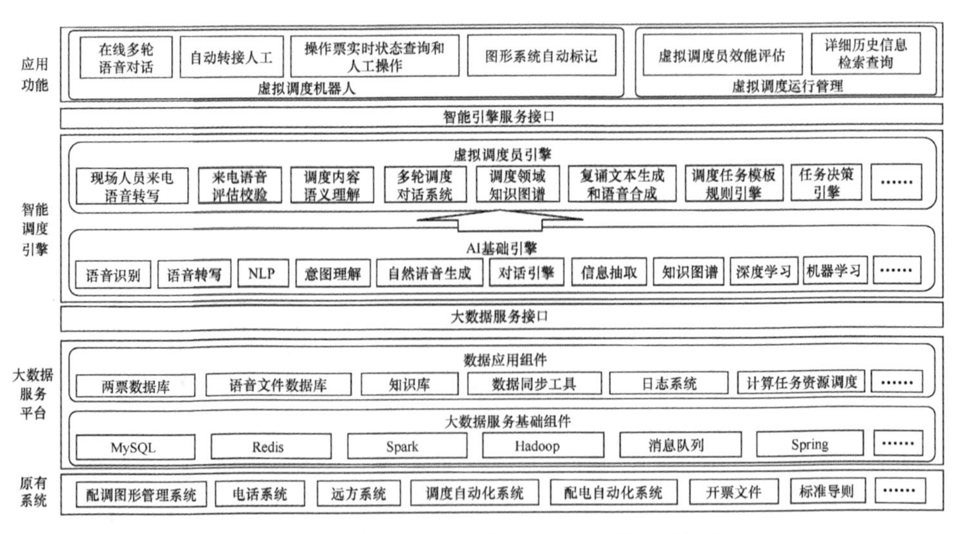

图 10-20 虚拟 AI 配网调度员“帕奇”的技术架构

大数据服务平台基于 Hadoop 和 Spark 搭建。原有系统相关数据与导入数据被同步到虚拟调度机器人专用数据库中，基于 MySQL 存储电力作业工业票文件、调度指令语音文件等业务数据，基于 Redis 对实时数据进行缓存管理，基于 MQ 对日志文件进行管理，基于 Spring 架构对内核引擎进行管理，并对外提供数据服务接口。

智能调度引擎分为 AI 基础引擎和虚拟调度员引擎两大部分。AI 基础引擎为虚拟调度员引擎提供自然语音生成、深度学习、机器学习等人工智能技术的服务，虚拟调度员引擎通过调用 AI 基础引擎实现现场人员来电语音转写、来电语音评估校验、调度内容语义理解、复诵文本生成和语音合成等服务。

应用功能包括虚拟调度机器人和虚拟调度运行管理两大部分。虚拟调度机器人具备接打电话与对话、自动转接人工、操作票实时状态查询、对已有的图形系统提供停电范围自动标记等功能。虚拟调度运行管理提供虚拟调度员效能评估、详细历史信息检索查询等功能。

“帕奇”投入使用后，在配网分支线调度领域实现了对调度员的替代，现场工作负责人可更顺畅地同 AI 配网调度员进行调度操作业务的沟通，有效提高了配网调度工作能效，避免了调度枢纽拥堵带来的发令和许可等待问题。

10.6.3 电力系统碳监测计量

电力系统碳监测计量可分为碳直接监测、碳间接监测两种方式，碳直接监测主要结合大气中温室气体浓度监测数据和同化反演模式来计算温室气体排放量，碳间接监测则基于用能水平和排放因子的折算系数来计算温室气体排放量，两者相辅相成，直接监测数据可以推动完善间接核算体系，支撑排放因子本地化更新，也可对核算结果进行进一步校核。

1. 碳直接监测

碳直接监测主要应用气象色谱监测、光腔衰荡光谱法等监测技术来获取气体中二氧化碳、甲烷、氧化亚氮等温室气体的浓度，其对准确度的要求非常高，因此对监测装置与监测技术的需求更为严格。借助一体化的碳数据采集装置，可实现高质量碳数据采集。使用不同种监测装置，可以构建大气温室气体浓度立体监测网络，在区位的高值、中值和低值浓度区域分别建设自动监测站，于外围主导风向区补充背景点位，并结合移动走航监测和无人机遥感监测技术，即形成“空天地”一体化立体监测网络，可以实现以下四部分内容。

第一，利用较长时间和较多数量点位的高精度温室气体浓度观测数据和嵌套式高分辨率碳同化反演模式系统，开展碳排放水平和变化趋势的反演研究，掌握区域温室气体浓度水平及时空分布变化规律。

第二，采用四维通量法统计边界层各个方向的质量通量，从而确定温室气体对区域的影响程度。

第三，开展区域大气碳同位素的长期观测，探究区域生态系统中人为源和

自然源对温室气体的贡献，明确区域冠层碳同位素含量与各排放源的关系及其时空变化，理清区域碳循环系统。

第四，描绘温室气体浓度热力图，快速锁定温室气体高排放区域，全面掌握区域气体碳排放分布影响，并区分本地和区域背景水平，理清区域温室气体的主要贡献者、排放种类及排放量大小；全面、快速、精准掌握温室气体的浓度变化趋势，描绘污染地图，从而支撑对碳排放源末端的常态化监管。

2. 碳间接监测

碳间接监测主要结合企业用能数据和地区排放因子进行碳数据测算。在排放因子明确的前提下，可以推算出较为准确的碳排放量，相比于直接监测方法，间接监测成本较低，测算速度较快，可以基于海量数据推导未来碳排放的演变情况。国网浙江电力开展低功耗智能计算及电煤因子、电油因子、电气因子精准测算技术研究，通过半监督学习算法，结合能源结构、生产技术、工艺流程、用能趋势等因素，基于灰色关联分析法，开展小样本数据建模，精准核算行业用能现状，稽核用电数据与高耗能行业用能数据的关系。此外，应用云—边协同技术，开展高并发、准实时采集及拥塞控制传输研究，实现了高效的准实时数据采集、回传流量控制及多层级并发处理。结合可信赖生产数据与可靠排放因子，还可以推算电力行业及其他高耗能企业的碳排放量，挖掘数据价值，为碳减排提供科学判断依据和举措建议。

借助不同监测方法精确计量输配环节电力碳流，实现多时空实时溯源，可为优化能源结构、组织碳市场、出台碳排放控制政策提供数据基础与决策依据，助力新型电力系统建设。

10.6.4 电力系统低碳调度

与传统调度方式相比，低碳电力系统调度除了要考虑电能本身的问题之外，还需协调好碳排放与电能生产之间的平衡，并关注电能排放污染问题。低碳电力调度是调度发展的主要趋势。因此，可结合数字孪生方法，在虚拟空间下构建面向低碳的电力系统调度模型，仿真分析真实网架环境下不同调度方案的可靠性以及不同低碳电源类型的协同调配方式，形成电力系统低碳调度决策算法模型，借助该模型协调电碳平衡，实现电力系统低碳减排。

在新型电力系统下，电网调度的动态性及高变化性逐渐凸显，传统电力系统调度分析基于 D5000 系统，电网测量信息通过数据采集与监视控制系统及状态估计数据形成潮流断面，潮流断面达到最终暂态稳定期间，静态安全等应用程序的响应时延为分钟级，分析处理速度不够迅速。结合数字孪生及基于内存计算的潮流算法和状态估计算法，可将响应时延降至秒级，大幅提升电网调度决策响应能力。新型在线分析系统可支持秒级调度决策分析，主要分以下三步推进。

首先，通过直接从 SCADA 订阅 RTU（Remote Terminal Unit，远程终端单元）数据，构建电网分析模型。分析模型主要由物理模型（节点/开关模型）和计算模型（母线/支路模型）两部分组成，可高效地处理 RTU 测量信息，并对其进行自我更新，以跟踪电网运行状态变化。物理模型和计算模型的关联关系缓存在数据网格内存中，从而建立起两部分的映射和自动协同更新关系。

然后，应用内存计算方法提升在线分析数据处理效率和系统总体响应速度，使得仿真计算过程中的数据移动最小化。应用事件驱动、反应式计算模型，并结合 CEP（Complex Event Processing，复杂事件处理）引擎订阅事件信息，并将电网调度员的调控运行经验作为 CEP 状态变化约束，实现电网运行状态的实时态势感知。

最后，根据 CEP 引擎内设置的规则，在感知到电网安稳态势出现较大变化时，CEP 引擎将驱动快速动态安全评估模块执行安稳评估，生成可靠调度策略。基于电网实时分析模型，采用事件驱动、反应式计算模式及内存计算方法，结合 CEP 引擎控制协调计算任务的执行流程，最终将调度响应延时降至秒级。

在此基础上，还可进一步优化调度决策模型，结合碳排放约束、低碳技术约束等条件，运算得出符合电碳平衡目标函数的电力调度决策计算结果，并在虚拟场景下试验、迭代优化该模型，最终形成面向低碳的电力调度决策应用，促进清洁能源消纳、多级调度协同快速响应。

10.6.5　电碳一张图

为发挥电力在能源领域的核心枢纽作用，贯通“电力—能源—碳排放”协同路径，国网浙江电力建设了“电碳一张图”应用，结合发电碳排、电网拓扑、实时潮流、企业用能等实时数据，实现了电力生产、传输、消费全过程中的碳轨迹可观测、可描述、可控制，探索了能源流、信息流、碳流“三流合一”路径。长远来看，电碳一张图可以为传统电网基于安全、经济等边界开展的规划和调度工作叠加减碳清洁的边界，为电网开展低碳规划、低碳调度等前瞻性工作提供有力支撑，同时也可以为用户侧碳排放的计量提供更为精准化、差异化的参考依据。

在电源侧，该应用实时监测度电碳排。引入“电碳因子”评价体系，分析不同类型电源单位发电量的碳排情况，对碳排较高的发电厂进行重点监测、及时预警。

在电网侧，该应用精准绘制碳流轨迹。面向各电压等级的变电站及电力线路，动态跟踪绿电轨迹及碳流轨迹，为新型电力系统规划、精准进行绿电调度打下坚实基础。

在负荷侧，该应用科学衡量碳效水平。接入八大高耗能行业实时用能数据，应用“一码三标识”（工业碳效码、效率对标标识、水平对标标识、中和对标标识），量化用户碳效水平，引导全社会低碳转型。

在储能侧，该应用量化评价减碳效益，针对抽水蓄能、电化学储能、电动汽车等设施，研发碳追踪、碳计量功能，量化减碳效益。

10.7 能源大数据监测应用

国网浙江电力依托浙江省能源大数据中心，从“能源数据汇聚共享、新型电力系统数字实践、数字化转型引领示范、能源数据价值创造”四个维度，研发了多款能源监测类的数据产品，以数字化改革为引领，服务新型电力系统建设，支撑碳减排行动。

双碳智治平台是以能源大数据中心为基础建设的由政府授权的省级碳减排数字化平台，配合搭建的“节能降碳 e 本账”主要场景发挥实效，推行以用能预算化为核心的节能降碳治理体系，服务地方政府碳减排行动、引导全社会节能降碳，获评浙江省数字化改革突破奖。

10.7.1 双碳智治平台

浙江省主要围绕工业、能源、交通、建筑、农业、居民生活及科技创新“6+1”个重点领域开展碳减排行动。按照“跨领域、场景化”“大场景、小切口”的数字化要求，面向政府治碳、企业减碳、个人普惠三类需求，建设工业、能源、建筑、交通、农业、居民生活和科技创新等基础应用，碳监测、碳金融等协同应用，如政府治碳“一站通”、企业减碳“一网清”、个人低碳“一键惠”综合应用，打造“一屏感知、一网研判、智能治理、高效服务”的双碳智治平台。

双碳智治平台是以浙江全省碳减排总体管控、统筹分析和成效评定为核心数字支撑，以助力政府治碳、企业减碳、个人低碳为目标而建设的数字化平台。它可以按领域、按主题逐步汇聚和沉淀碳减排数据，构建数据模型，提升数据治理能力，打造数据资产能力，构建数据共享机制，并实现与其他数据共享融合。

平台围绕政府治碳、企业减碳、个人普惠三个维度的需求，将碳排放数据由事后核算变为实时监测，碳减排进展由事后考核变为在线跟踪，碳管控主体由地市和行业再细分至企业，实现了政府治碳“一站通”、企业减碳“一网清”、个人低碳“一键惠”三大场景下的业务闭环。通俗地讲，就是借助该平台，可以知道“谁减碳、怎么减碳、减碳成效怎么样”。

目前，政府治碳“一站通”驾驶舱已初步建成，结合地理信息，汇聚了“6+1”领域及市县各项碳减排目标相关的数据，构建了全省碳排放“一本账”“一张图”，摸清了全省碳排放情况。平台面向全省、各地市、各领域，可进行多维度目标分析，设定了能源消费总量、碳排放总量、能耗强度、碳排放强度指标这四大指标，将其应用于碳排放治理，并已实现对四大指标的动态监测。通过数据分析，平台还构建了在线指标预测、预警等综合碳治理体系。

10.7.2　“节能降碳 e 本账”应用场景

“节能降碳 e 本账”作为双碳智治平台的重要应用场景发挥实效，在全国范围内率先推行以用能预算化为核心的节能降碳治理体系，将“一刀切、扩大化”的拉闸限电转变为“柔性化、精准化、市场化”的节能降碳。

围绕能耗“双控”及“准入、监测、预警、评价、管控”全业务流程管理，覆盖“工业、建筑、交通、公共机构、重点用能单位”全领域，构建了以“一户通”“一把尺”“一网办”三大子应用为支撑的系统架构。“一户通”整合了用能预算化管理、节能审查管理、能耗在线监测等子应用，重点解决地方、区域和重点用能企业了解“能用多少能耗”“已用了多少能耗”“已经产生了多少碳排放”“还有多少调控空间”等问题的需求。“一把尺”整合了能效码、能效标准管理等子应用，重点告知平台、企业的能效、综合能耗、预算使用比例在地方、行业的排名的情况以及对标情况。“一网办”重点整合了用能权交易、碳金融等子应用，打通了绿电交易、绿证交易、可再生能源全周期管理、省金融综合服务等平台，为地方政府及企业节能减碳提供技术、市场、金融工具的组合。

政府治理端可对省、市、区（县）的能耗总量、强度等指标进行动态监控、比对、分析、预警，可实时监控全省重点用能企业、规上企业用能情况，从而实现对三次产业、八大高耗能行业的比对分析，以及对重点地区和用能对象的实时预警，为省、市、县各级政府主管部门动态掌控全省能耗双控进程提供辅助支持。

企业服务端提供了企业基本信息、用能信息、经济信息的查询功能，设置了用能情况自主测算、用能预算管理等功能模块。针对企业的用能进程、剩余配额、能耗同比、单位工业增加值能耗同行业对标排名，平台可实现为企业提

供用能建议、节能评价考核预警以及定制用能报告的服务。此外，平台还设置了用能趋势预测，历史双控执行情况，以及节能建议、申诉反馈等入口。

10.8 新能源云碳减排支撑服务平台

碳减排是一项经济社会的系统变革，涉及能源、工业、建筑、交通、农业、居民生活等领域的方方面面，目前存在数据较繁杂且分布离散、企业排放高却难以量化、居民愿意减排但缺乏引导等问题。

针对上述问题，国网浙江电力立足于服务政府、服务企业、服务社会的“三个服务”需求导向，在国网公司新能源云统一技术架构及管理要求下，部署了省级新能源云二级平台，建设了浙江新能源云碳减排支撑服务平台，探索碳减排工作的数字化“跑道”。

目前，浙江新能源云碳减排支撑服务平台已建成 1+2 模式应用场景：综合碳场景（双碳减排云管理）、工业碳场景（工业碳效码）、生活碳场景（碳普惠），为政府、社会、企业及用户提供全生命周期数字碳管家服务，实现以下四个方面的功能。

一是全面融合能源信息。接入煤、油、气、电等能源数据，融合各类能源产值、行业标签等外部数据，实现全能源信息融合，建设碳排数据库，打造数说“碳”数字服务，支撑单位产值能耗、碳排总量、碳排强度等关键指标的精准分析，提供“数字新基建”基础保障。

二是能耗碳排全量监测。研究“经济-能源-电力-环境”全要素分析模型，以能源大数据为基础，通过碳排放折算和经济数据融通支撑科学测算，面向区域、行业产业各维度，实现碳排放测算、监测及减碳决策建议等功能，以技术为驱动力，服务政府、服务企业、服务社会。

三是辅助碳管理监督评价。构建以电为核心、综合利用各类能源信息的碳排放监督评价管理机制，为气候变化主管部门监管本辖区内的数据核查、配额分配、规上企业履约等工作提供保障支撑，深度挖掘碳排强度标杆企业及减排潜力大的行业产业，靶向引导经济产业结构进行低碳转型。

四是挖掘碳生态经营模式。着力集聚绿色低碳生活方式，支持碳资产管理、绿色金融等新业务，带动产业链、供应链上下游，共同推动能源电力从高碳向低碳、从以化石能源为主向以清洁能源为主转变，积极推动碳减排目标实现。

浙江新能源云碳减排支撑服务平台的数据架构如图 10-21 所示，在遵循数据唯一性、数据同源性和数据完整性原则的前提下，平台数据有四大来源。

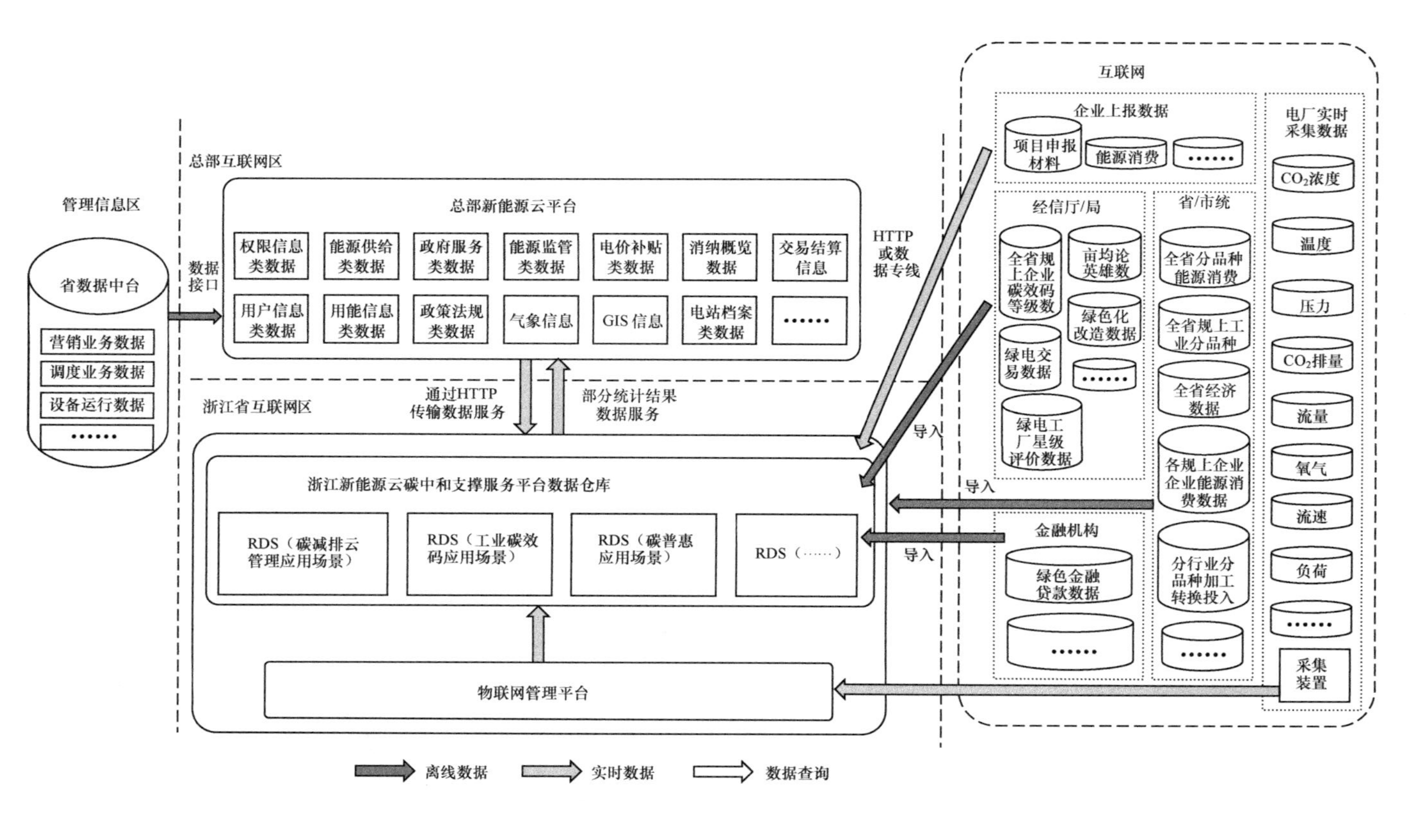

图 10-21　浙江新能源云碳减排支撑服务平台的数据架构

第一类来源：平台通过使用 HTTP 调用数据服务接口的方式，从国网公司新能源云平台数据资源获取用户信息类数据、权限信息类数据以及能源业务相关数据。

第二类来源：平台基于浙江省能源大数据中心，调用两部分数据，一部分是通过浙江省能源大数据中心访问电网数据中台的营销、调度和交易等信息；另一部分是浙江省能源大数据中心已经接入的外部结构化数据、时序数据和非结构化数据。

第三类来源：浙江省能源大数据中心暂未集成的外部数据，根据业务需要从互联网侧实现数据接入并存储，走互联网通道或搭建数据专线。其中，电厂实时采集数据通过电厂企业自主招标采购的二氧化碳监测仪表测量，在发电机组烟气排口安装。采用物联网实时监测，通过对接二氧化碳监测、烟气参数测量等采集模块，实现对电厂工作机组碳烟气数据分钟级的在线实时自动直采，单台机组每天采集数据达上万条，保证数据准确性的同时也提高了监测精度。

第四类来源：平台初始化自有的系统级配置数据，以及企业或个人填写上报的碳业务相关数据和相关业务逻辑计算后的结果数据。

由于需要存储不同场景下的数据，数据体量大且来源广泛，平台对 RDS 数据库进行了分库设计。

一号数据库存储碳减排云管理场景应用数据，主要包括碳实测实时数据，企业历年年度碳排放报告，政府历年碳排放指标，企业、公共机构、个人碳账户月度/季度/年度的能耗以及碳指标数据，林业碳汇数据等。

二号数据库存储工业碳效码场景应用数据，主要包括浙江省以及 11 个地市分区域规上工业分品种消费量、浙江省以及 11 个地市分行业规上工业分品种消费量、浙江省以及 11 个地市分区域经济数据、浙江省以及 11 个地市分行业经济数据、浙江省以及 11 个地市企业工业领域指标、浙江省以及 11 个地市分区域工业领域指标。

三号数据库存储碳普惠场景应用数据，主要包括个人用户绿色出行、垃圾回收、绿色家电购买等行为对应的碳减排量、分类办居民垃圾分类数据、公交集团公交刷卡数据等。

10.9 “云储能”交易管理平台

为推动新能源发展由过去的固定补贴驱动向市场驱动转变，充分发挥储能市场的资源配置作用，以市场机制完善电力市场建设，在清晰界定和设计储能的使用权、所有权、收益权等各项经济权益，以及协同跨部门、跨行业的多主体共同推动储能产业化发展的基础上，国网浙江电力构建了基于区块链的“云储能”交易管理平台，用于交易管理平台的市场交易行为产生储能的充放电价格，从而带动更多市场主体参与储能建设。截至 2021 年 6 月末，“云储能”交易管理平台的储能商注册量已经达到 105 家，电力用户注册量达 1543 家。

10.9.1 应用架构

“云储能”交易管理平台是组织云储能交易的主体，根据拟定的云储能交易实施细则，实现交易、结算、信息披露和发布、市场主体的注册管理等市场服务功能。平台的应用架构主要包括数据采集层、应用支撑层、交易操作层和管理服务层，如图 10-22 所示，具体介绍如下。

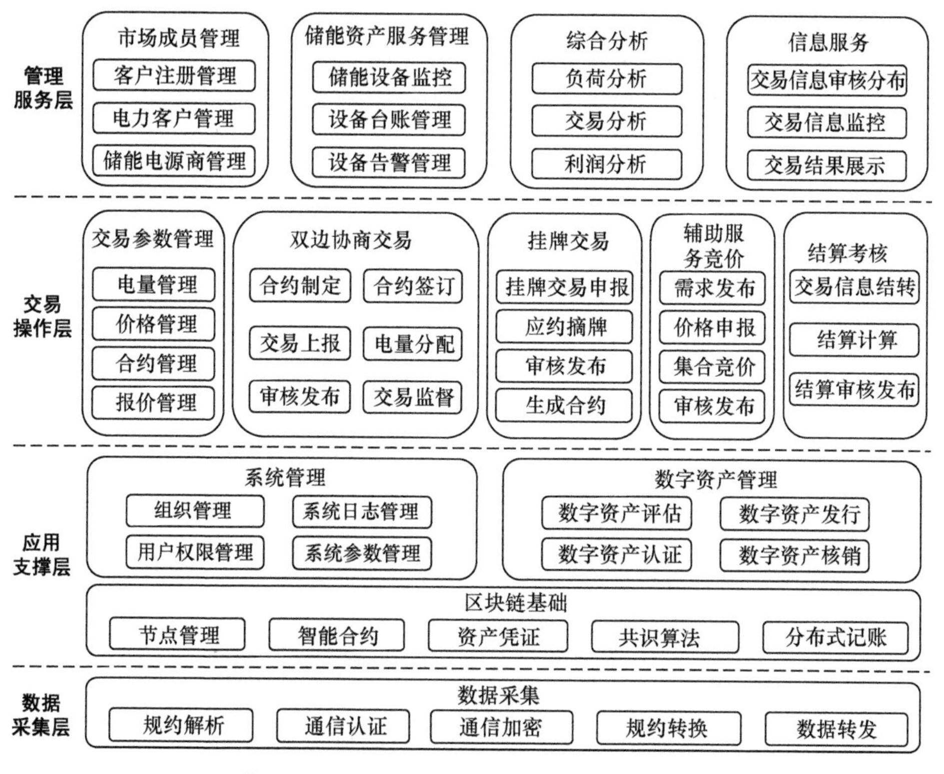

图 10-22 “云储能”交易管理平台的应用架构

数据采集层主要负责与储能智能设备的通信以及用户计量电量的采集，具体负责采集储能设施主要设备参数、运行状态和充放电电量数据，以及支持用户计量数据的采集或上报。该层的功能主要包括采集通信通道的建立、认证和加密，数据的召测、转发，通信规约的转换和解析等。

应用支撑层主要负责云储能力交易底层应用的支撑，主要包括区块链基础模块、系统管理模块、数字资产管理模块三部分。区块链基础模块主要负责完成储能的数字凭证上链，同时作为去中心化的基础设施，还提供节点管理、智能合约、资产凭证、共识算法及分布式记账等能力。能源行业一直以来就存在数据不可信、场景薄弱、流转困难等问题，通过区块链实现凭证上链流转后，可保证数据可信及不可篡改，保障了对接业务模块的可靠性、安全性。系统管理模块能方便、灵活、准确地为系统管理员提供“云储能”系统运行的组织管理、用户权限管理、系统日志管理和系统参数管理功能。数字资产管理模块主要完成对上链数据的数字资产评估、数字资产认证、数字资产发行和数字资产核销。

交易操作层是“云储能”交易管理平台的核心，主要负责具体交易的执行、合约的签订和结算考核，包括交易参数管理、双边协商交易、挂牌交易、辅助服务竞价和结算考核这五个主要模块，具体介绍如下。

交易参数管理模块对电量、价格、合约、报价等参数进行管理，便于更顺利地执行交易。

双边协商交易模块负责在每月 15 日储能运营商和电力用户上报次月的高峰、尖峰时段的交易电量和交易架构时，对其进行规范检查，并提交电网公司审核确认，于当月 20 日发布交易结果，交易双方即可签署正式合约交易合同。

挂牌交易模块为市场主体提供挂牌交易服务，市场主体根据月度双边协商交易结果，采取双挂双摘的方式交易当月电量。挂牌交易设基本单位电量，市场主体按照基本单位电量的整数倍进行挂牌和摘牌，采用分段申报、分段成交，经电网审核和相关方确认后达成交易。

辅助服务竞价模块组织储能运营商参与竞价，为省电网公司提供辅助服务，储能运营商的储能设施须接受电网的统一调度。辅助服务竞价交易每日组织开展，交易成员为储能运营商，交易品种为电网次日负荷缺口、大型电厂黑启动等辅助服务。

结算考核模块根据交易结果和合约信息，计算交割电量、电价、电费及合约约定费用等，进行结算，并实现财务结算单的上传与下载以及凭证制作。售电公司根据获得的用户电量和交易合约约定条款，向相关市场主体出具结算凭证。

管理服务层主要负责市场秩序的维护、平台运行的监控、信息审核与发布，主要包括市场成员管理、储能资产服务管理、综合分析、信息服务这四个模块，具体说明如下。

市场成员管理模块对市场成员执行注册登记的相关操作，包括承诺、注册、公示、备案、变更、注销等，以及后续对市场成员信息的管理。

储能资产服务管理模块对储能站及其内部储能设备的遥信、遥测、遥脉数据进行远程监测，实时感知各设备的运行状态和运行参数；根据告警规则对设备数据进行分析判断，实时推送告警信息；维护和管理储能站内的储能设备台账信息。

综合分析模块为电力客户和储能运营商提供综合分析服务。操作用户可以设置时间范围等查询条件，得到相应的负荷、交易、利润等方面的分析结果，作为预测趋势的依据。

信息服务模块主要负责交易信息审核发布、交易信息监控以及交易结果展示，为交易平台用户提供及时了解市场、政策及资源的便捷渠道。

10.9.2 安全架构

“云储能”交易管理平台的安全防护遵循“分区分域、安全接入、动态感知、全面防护”的安全策略，并根据业务系统的不断完善，加强对系统的防护，最大限度地保障应用系统的安全、可靠和稳定运行。

在主机安全方面，系统采用了八大防护策略，从身份鉴别、访问控制、安全审计、入侵检测、内容安全、病毒防护、资源控制、备份恢复的维度，确保主机系统的安全运行。

在网络安全方面，一部分业务需要接入互联网，另一部分涉及电力专网的数据。区块链节点、核心系统考虑在专网部署，通过安全隔离装置与主链节点进行通信。智能设备通过 4G/5G 网络传输数据，数据通道进行了加密，从而达到防范恶意人员通过网络对网络设备和业务系统进行攻击、窃取信息的目的。

在数据安全方面，发证数据在试点模拟期间，以平台专区隔离结合加密技术的方式，避免其他参与方获得数据，充分保障数据传输、使用、存储、删除全流程的保密性。后续还将专门设计具有对应隐私保护能力的资产凭证解决方案。

在通信安全方面，应用区块链基于公私钥的认证机制，采用软件加密机的方式，后续购置硬件加密机（管理密钥），确保在采集终端也应支持 IC 卡或其他的硬件加密方案。

上述四个方面的安全防护策略保障了“云储能”交易管理平台对关键操作、敏感数据进行重点防护的能力，以及对外部攻击和滥用的检测、防御能力。

第11章

新型电力系统展望

碳减排目标实现的主战场在能源行业，主力军是电力系统，重要实现路径是新型电力系统的建设。随着新能源发电装机占比的不断提升，电力系统在供应安全、运行安全、调峰消纳等方面将面临前所未有的挑战，构建功能更加强大、运行更加灵活、更加具有韧性的新型电力系统成为迫切需求。

ICT 是赋能和助力新型电力系统实现的重要支撑，在源、网、荷、储全方位通过数字化重构电力系统，实现对各环节数据的感知、采集、传输、汇集、筛选、分析和处理，使电力系统具备实时感知、系统联动、分析决策功能，从而变得强大安全、灵活有弹性。

现阶段，新型电力系统主要实现新能源高比例消纳，加快信息技术与能量供给的深度融合，电力传输更加高效且富有韧性。未来，新型电力系统将发展为更加柔性、更加开放、高度智能的能源互联网系统，信息化技术及 ICT 基础架构将发挥更大的作用。以 ICT 为重要支柱的新型电力系统的主要发展趋势如下。

1. 新型电力系统是更加柔性、更加开放的能源互联网系统

通过物联网多传感应用、大数据、AI 智能管控等 ICT，新型电力系统能够高效集成各种分布式能源，实现能源实体与现代信息技术的融合，优化能源生产、输送和使用；同时，新型电力系统继续作为分级分层能源设施的“神经”和“骨架”，加速实现系统智能调度及市场自由交易，促进分布式智慧能源计量结算场景落地，逐渐发展为更加柔性和更加开放的能源互联网系统。

2. 分布式微电网成为大电网的重要补充项

通过模块化机房、用电能效管理、电源持久储能、边缘计算网络调控等 ICT 发展革新，分布式微电网具有源、网、荷、储一体化属性，具备发电、储能、负荷、调控、实现自身能源消纳的能力，成为大电网的重要补充项，电网将形成大量分散+集中的拓扑结构。跨区送电是全局调配，区域供能是末端深挖，基于各地的环境、投资、能源分布等因素，区域将更加注重能量的就地就近消纳。未来局域智能微电网将成为重要的供能形式，和跨区送电方式相互补充、相互支撑。

3. 户用光伏是重要的发展方向

户用光伏是解决电量需求增加与碳指标下降矛盾的重要手段，与集中式光伏相比，分布式光伏就地消纳的输电成本和损耗较低，加上受土地、环境等约束更少等特征，户用光伏将帮助实现地区可再生能源电量的高比例自给。视频监控、AI 算法分析、能源大数据监测等 ICT，可以使户用光伏在扩大覆盖范围的同时，保障光伏智慧管理及能源利用综合效率的提升。

4. 区块链技术将在新型电力系统中得到应用

云服务、大数据、区块链等 ICT 将推进碳交易、能源置换等应用场景落地，区块链的去中心化实现了电力生产者、售电部门和消费者的“直连”，将分散的

新能源发电接入现有电网，实现不借助中心结算的点对点直接交易，资源利用更加集约高效。基于区块链技术的区域售电将成为智慧能源的重要突破口。

与传统技术相比，区块链具有四大优势：采用分布式核算和存储，系统效率大大提高；通过智能合约共享资源，不依赖于中间机构的数据备份和信用背书；公开透明、自动执行、强制履约；不可篡改，信息添加至区块链即永久封存，无法在单个节点修改数据。对于电力/能源区块链技术的研究，目前世界各国基本处于同一起跑线，区块链与“互联网+”的结合将引发能源领域新一轮的技术革命。

5. 新的智慧能源商业模式和生态形成

新型电力系统的开放性必然会带来能源商业模式的巨大变革和生态圈的更大繁荣，电力零售将趋于市场化，电力能源管理、交易清算、便捷应用等需求会推动 ICT 与业务的深度融合，以分布式发电灵活性交易为切入点，电力零售、需求侧容量交易和运维、节能等综合能源服务都可以通过物联网场外互联网电商平台实现，借助供需匹配和智能结算，打造新的智慧能源商业模式和生态。

6. 企业和用户用能更加智能、精确、经济

与传统能源、电力用能模式相比，区域电力互联网系统的电力生产商、配电运营商、传输运营商和供用能单位，可以直接在各个层次上进行交易，电量结算不再依靠传统电力结算平台，个人或企业可以直接进行点对点交易，能源的商品属性和金融属性将进一步凸显。

基于分布式账本和智能化合约的新型电力交易，新型电力系统将在发电和用电间建立起一种智能连接，更依赖于区块链、大数据、AI 智能计算等 ICT，降低交易成本，提升交易效率，实现用户与电源、电网的柔性互动，用户侧负荷参与需求侧响应；集中式整体平衡向分散化决策、帕累托最优的局部微平衡发展，将极大提升能源消费供给的柔韧度和透明度，用能更加智能、精确、经济。

7. 终端用能将融合移动互联、智能家居

如果说移动通信 4G/5G、互联网加强了人与人的连接，那么物联网技术真正将人与物、物与物通过数字化的方式转换成可以交流的语言。ICT 的发展一直在改变生产、生活方式，第四次工业革命建立在数字感知基础上，智能传感器及控制设备将万物紧紧相连，能源商品市场化、供应多样化、系统分散化及电网智能化将成为越来越清晰的发展趋势。通过移动互联设备的语音交互、体

感交互、无线通信等手段，可以控制家中用能设备，冷、热、电、气等能量通过能源路由器、竞争性交易平台进行分配重组，实现信息交互和匹配性用能。

8. 可再生能源渗透率更高

数据是智慧化系统建设的基础，依靠物联网、无线 Wi-Fi、5G 通信等终端 ICT 将不断扩大新型电力系统数据收集广度，提高数据质量强度，增强数据挖掘深度。未来 10 年是各地新型电力系统、能源物联网发展壮大的重要战略突破期，能源设施将逐步实现互联互通，随着智能控制和储能的突破，能量可被存储，也可被随时调用，用能的选择性将更广，光伏等可再生能源在家庭和企业用能中的占比将有所提高。区域新型电力系统中，可再生能源渗透率的相关指标将进一步提高。

9. 新型电力系统呼唤新型储能技术的突破

新型电力系统建设期待着储能技术的突破和发展。未来发电设备将逐渐呈现分散化的特征，电网拓扑结构也随之发生改变，电化学储能、氢能等新型储能作为产业链的重要环节，将进一步发挥削峰填谷作用。但目前储能产品成本还较高，用户侧储能盈利手段更多在于峰谷电价差套利，辅助服务市场的激励作用还没有体现出来。

未来，电力的产业链不仅将以用电的方式融入企业工作和个人生活中，还将带来巨大的商业模式变革和海量的市场空间，电力应用将建设以能源指标、碳指标为单位的交易模式体系，新型电力系统的转型将具备互联网、金融、企业、生活、生产等诸多属性，随着泛电力化的微网、分布式能源系统、绿色站点、充电桩等并网，电力系统的智能化和数字化体验需求也会变得刻不容缓，基于碳、能源的大数据以及综合管控在与前端需求联动的同时，与 5G、AI、大数据、云化、量子、AR、VR、元宇宙等 ICT 又将碰撞出什么样的火花？催生出哪些新生产物？结果必将超乎预料，新型电力系统未来可期，电力行业也会因其发展趋势及 ICT 支撑呈现多元化的色彩。

新型电力系统的构建既要大胆创新、激流勇进，也要踏实积累、步步为营。这条路上创新与谨慎并重，机遇与挑战同存，成果与风雨交辉，如果说电力是新时代的火种，点亮城市千家万户，那么新型电力系统就是一种新燃料，为千行百业的未来擦出更炫璨的火花，而 ICT 就是擦出火花的那根火柴！

缩略语表

缩写	英文全称	中文名称
3GPP	3rd Generation Partnership Project	第三代合作伙伴计划
5G SA	5G Stand-Alone	5G 独立接入
5QI	5G QoS Identifier	5G QoS 标识
AC	Access Contoller	接入控制器
ADSL	Asymmetric Digital Subscriber Line	非对称数字用户线
ADSS	All-Dielectric Self-Supporting	全介质自承式
AES	Advanced Encryption Standard	高级加密标准
AGC	Automatic Generation Control	自动发电控制
AI	Artificial Intelligence	人工智能
AIoT	Artificial Intelligence & Internet of Things	人工智能物联网
AMF	Access and Mobility Management Function	接入和移动性管理功能
AMI	Advanced Metering Infrastructure	高级计量架构
AP	Access Point	接入点
API	Application Program Interface	应用程序接口
APIG	Application Program Interface Gateway	应用程序接口网关
APN	Access Point Name	接入点名称
APN6	Application-aware IPv6 Networking	基于 IPv6 的应用感知网络
APP	Application	应用软件
APT	Advanced Persistent Threat	高级可持续性攻击，业界常称高级持续性威胁
AR	Augmented Reality	增强现实
AS	Autonomous System	自治系统
ASON	Automatic Switched Optical Network	自动交换光网络
ATT&CK	Adversarial Tactics, Techniques, and Common Knowledge	对抗性战术、技术和知识库
AVC	Automatic Voltage Control	自动电压控制
BAS	Breach and Attack Simulation	入侵与攻击模拟
BBU	Base Band Unit	基带处理单元
BGP	Border Gateway Protocol	边界网关协议
BIM	Building Information Model	建筑信息模型

续表

缩写	英文全称	中文名称
CARTA	Continuous Adaptive Risk and Trust Assessment	持续自适应风险与信任评估
CBR	Coustant Bit Rate	恒定比特率
CCUS	Carbon Capture, Utilization and Storage	碳捕集、利用与封存
CDC-ROADM	Colorless Directionless Contentionless Reconfigurable Optical Add-Drop Multiplexer	波长方向波长冲突无关动态光分插复用器
CDM	Cloud Data Migration	云数据迁移
CDMA	Code Division Multiple Access	码分多路访问，也称码分多址
CDP	Cloudera Data Platform	Cloudera 数据平台
CD-ROADM	Colorless Directionless Reconfigurable Optical Add-Drop Multiplexer	波长方向无关动态光分叉复用器
CEP	Complex Event Processing	复杂事件处理
CoAP	Constrained Application Protocol	受限应用协议
CPE	Customer Premises Equipment	用户终端设备，又称用户驻地设备
CPU	Central Processing Unit	中央处理器
CSB	Cloud Service Bus	云服务总线
CSMA	Cybersecurity Mesh Architecture	网络安全网格架构
DCI	Downlink Control Information	下行链路控制信息
DCI	Data Center Inter-connect	数据中心互连
DCN	Data Center Network	数据中心网络
DDoS	Distributed Denial of Service	分布式拒绝服务
DevSecOps	Development, Security and Operations	开发、安全和运营
DGC	Data Lake Governance Center	数据湖治理中心
DHCP	Dynamic Host Configuration Protocol	动态主机配置协议
DLM	Data Lake Mall	数据湖服务
DMRS	DeModulation Reference Signal	解调参考信号
DNN	Data Network Name	数据网络名称
DoS	Denial of Service	拒绝服务
DRB	Data Radio Bearer	数据无线承载
DRS	Data Replication Service	数据复制服务
DSCP	Differentiated Services Code Point	差分服务代码点
DWDM	Dense Wavelength Division Multiplexing	密集型光波复用
DWS	Data Warehouse Service	数据仓库服务
EGP	Exterior Gateway Protocol	外部网关协议
eMBB	enhanced Mobile Broadband	增强型移动宽带

续表

缩写	英文全称	中文名称
EMI	ElectroMagnetic Interference	电磁干扰
EoO	Ethernet over OTN	基于光传送网络的以太网
EoS	Ethernet over SDH	基于 SDH 的以太网
EPC	Evolved Packet Core network	演进分组核心网
EPI	Economic Performance Index	经济绩效指数
EPON	Ethernet Passive Optical Network	无源光网络
ETSI	European Telecommunications Standards Institute	欧洲电信标准学会
F5G	The 5th generation Fixed networks	第五代固定网络
FA	Feeder Automation	馈线自动化
FDD	Frequency-Division Duplex	频分双工
FE	Fast Ethernet	快速以太网
FEC	Forward Error Correction	前向纠错
FlexE	Flex Ethernet	灵活以太网
FlexEShim	Flex Ethernet Shim	灵活以太网层
FTP	File Transfer Protocol	文件传送协议
GDP	Gross Domestic Product	国内生产总值
GE	Gigabit Ethernet	千兆以太网
GIS	Geographic Information System	地理信息系统
GOOSE	Generic Object Oriented Substation Event	面向通用对象的变电站事件
GPON	Gigabit Passive Optical Network	吉比特无源光网络
GPRS	General Packet Radio Service	通用分组无线业务
GPS	Global Positioning System	全球定位系统
GUI	Graphical User Interface	图形用户界面
HARQ	Hybrid Automatic Repeat reQuest	混合式自动重传请求
Hbase	Hadoop Database	Hadoop 数据库
HPLC	High-speed Power Line carrier Communication	高速电力线载波通信
HTTP	HyperText Transfer Protocol	超文本传送协议
HTTPS	HyperText Transfer Protocol Secure	超文本传输安全协议
IaaS	Infrastructure as a Service	基础设施即服务
IAD	Integrated Access Device	综合接入设备
IAM	Identity and Access Management	身份识别与访问管理
IC	Integrated Circuit	集成电路

续表

缩写	英文全称	中文名称
ICT	Information and Communication Technology	信息通信技术
ID	Identity Document	身份标识号
IDS	Intrusion Detection System	入侵检测系统
IGP	Interior Gateway Protocol	内部网关协议
IMEI	International Mobile Equipment Identity	国际移动设备识别码
IMSI	International Mobile Subscriber Identity	国际移动用户识别码
IoT	Internet of Things	物联网
IP	Internet Protocol	互联网协议
IPS	Intrusion Prevention System	入侵防御系统
IPSec	Internet Protocol Security	IP 安全协议
IPTV	Internet Protocol Television	互联网协议电视
IPv4	Internet Protocol version 4	第 4 版互联网协议
IPv6	Internet Protocol version 6	第 6 版互联网协议
ISDN	Integrated Services Digital Network	综合业务数字网
IS-IS	Intermediate System-to-Intermediate System	中间系统到中间系统
IT	Information Technology	信息技术
ITU	International Telecommunication Union	国际电信联盟
L3 VPN	Layer 3 Virtual Private Network	三层虚拟专用网
LAN	Local Area Network	局域网
LCOS	Liquid Crystal on Silicon	硅基液晶
LLDP-MED	Link Layer Discovery Protocol-Media Endpoint Discovery	链路层发现协议-媒体终端发现
LoRa	Long Range Radio	远程无线电
LTE	Long Term Evolution	长期演进技术
MAC	Media Access Control	媒体存取控制
M-Bus	Meter-Bus	仪表总线
MEC	Mobile Edge Computing	移动边缘计算
mMTC	massive Machine-Type Communication	大规模机器类通信，也称大连接物联网
MPLS	Multi-Protocol Label Switching	多协议标签交换
MPP	Massively Parallel Processing	大规模并行处理
MQ	Message Queue	消息队列
MQTT	Message Queuing Telemetry Transport	消息队列遥测传输

续表

缩写	英文全称	中文名称
MR	Map & Reduce	映射和归约
MSA	Microservice Architecture	微服务架构
MS-OTN	Multi-Service Optical Transport Network	多业务光传送网络
MSTP	Multi-Service Transport Platform	多业务传送平台
NASA	National Aeronautics and Space Administration	美国国家航空航天局
NB-IoT	Narrow Band Internet of Things	窄带物联网
NCE	Network Cloud Engine	网络云化引擎
NFV	Network Function Virtualization	网络功能虚拟化
NIST	National Institute of Standards and Technology	美国国家标准与技术研究院
NSSI	Network Slice Subnet Instance	网络切片子网实例
OADM	Optical Add-Drop Multiplexer	光分插复用器
OCC	Optical Camera Communication	光学成像通信
OCR	Optical Character Reader	光学字符阅读器
ODN	Optical Distribution Network	光分配网络
ODSP	Optical Digital Signal Processing	光数字信号处理
ODU	Optical Distribution Network	光分配网络
ODUflex	flexible Optical channel Data Unit	灵活光通道数据单元
ODU*k*	Optical channel Data Unit of level *k*	*k* 阶光信道数据单元
OECD	Organization for Economic Co-operation and Development	经济合作与发展组织
OFDM	Orthogonal Frequency Division Multiplexing	正交频分复用
OLT	Optical Line Terminal	光线路终端
OMS	Opticall Mass Spectroscopy	光学质谱学
ONU	Optical Network Unit	光网络单元
OPGW	Optical Fiber Composite Overhead Ground Wire	光纤复合架空地线
OPS	Optical Packet Switching	光分组交换
OPU*k*	Optical Channel Payload Unit of level *k*	*k* 阶光信道净荷单元
OSPF	Open Shortest Path First	开放最短路径优先
OSS	Object Storage Service	对象存储服务
OSU	Optical Service Unit	光业务单元
OSUflex	flexible Optical Service Unit	灵活光业务单元
OTM	Optical Terminal Multiplexer	光终端复用器
OTN	Optical Transport Network	光传送网络
OTS	Open Table Service	开放结构化数据服务

续表

缩写	英文全称	中文名称
OTU*k*	Optical channel Transmission Unit of level *k*	*k* 阶光信道传输单元
OXC	Optical Cross-Connect	光交叉连接
PA	Policy Administrator	策略管理器
PaaS	Platform as a Service	平台即服务
PC	Personal Computer	个人计算机
PCM	Pulse Code Modulation	脉冲编码调制
PDCP	Packet Data Convergence Protocol	分组数据汇聚协议
PDH	Plesiochronous Digital Hierarchy	准同步数字系列
PDM-QPSK	Polarization Division Multiplexing-Quadrature Phase Shift Keying	偏振复用-正交相移键控
PE	Policy Engine	策略引擎
PEP	Policy Enforcement Point	策略执行点
P-GW	Packet Data Network GateWay	分组数据网网关
PKI	Public Key Infrastructure	公钥基础设施
PKT	Packet	分组
PLC	Power Line Communication	电力线通信
PMU	Phasor Measurement Unit	相量测量装置
POE	Power Over Ethernet	有源以太网
POL	Passive Optical Local Area Network	无源光局域网
PON	Passive Optical Network	无源光网络
POTS	Plain Old Telephone Service	普通传统电话业务
PTN	Packet Transport Network	分组传送网
PUF	Physically Unclonable Function	物理不可克隆功能
PUSCH	Physical Uplink Shared CHannel	物理上行共享信道
QoS	Quality of Service	服务质量
RB	Radio Bearer	无线承载
RBAC	Role-Based Access Control	基于角色的访问控制
RDS	Relational Database Service	关系数据库服务
Redis	Remote Dictionary Server	远程数据服务
RF	Radio Frequency	射频
RFI	Radio-Frequency Interference	射频干扰
RFID	Radio Frequency Identification	射频识别
RLC	Radio Link Control	无线链路控制

续表

缩写	英文全称	中文名称
ROADM	Reconfigurable Optical Add-Drop Multiplexer	可重构光分插复用器
RPU	Remote Processing Unit	远程处理单元
RSRP	Reference Signal Receiving Power	参考信号接收功率
RTU	Remote Terminal Unit	远程终端单元
SA	Stand-Alone	独立组网
SaaS	Software as a Service	软件即服务
SASE	Secure Access Service Edge	安全访问服务边缘
SCADA	Supervisory Control And Data Acquisition	监控与数据采集
SDH	Synchronous Digital Hierarchy	同步数字系列
SDK	Software Development Kit	软件开发工具包
SDM	Space Division Multiplexing	空分复用
SDN	Software Defined Network	软件定义网络
SECaaS	Security as a Service	安全即服务
S-GW	Serving GateWay	服务网关
SID	Segment ID	分段标识
SIEM	Security Information and Event Management	安全信息和事件管理系统
SIM	Subscriber Identification Module	用户识别模块
SINR	Signal to Interference plus Noise Ratio	信号与干扰加噪声比
SLA	Service Level Agreement	服务等级协定
SMF	Service Management Function	业务管理功能
SNMP	Simple Network Management Protocol	简单网络管理协议
SOAR	Security Orchestration, Automation and Response	安全编排、自动化和响应
SQL	Structured Query Language	结构化查询语言
SR	Segment Routing	分段路由
STU	Smart Terminal Unit	配电智能终端
TDD	Time-Division Duplex	时分双工
TDM	Time-Division Multiplexing	时分复用
TNC	Trusted Network Connection	可信网络连接
TPM	Trusted Platform Module	可信平台模块
TSS	Trusted Computing Group Software Stack	可信计算组织的软件栈
TTP	Tactics, Techniques and Procedures	战术、技术和程序

续表

缩写	英文全称	中文名称
TTU	distribution Transformer supervisory Terminal Unit	配电变压器监测终端
UEBA	User and Entity Behavior Analytics	用户及实体行为分析
UI	User Interface	用户界面
ULI	User Location Information	用户位置信息
UPF	User Plane Function	用户面功能
UPS	Uninterruptible Power Supply	不间断电源
URLLC	Ultra-Reliable and Low-Latency Communication	超可靠低时延通信
USB	Universal Serial Bus	通用串行总线
UTC	Universal Time Coordinated	世界协调时
UWB	Ultra WideBand	超宽带
VBR	Variable Bit Rate	可变比特率
VC	Virtual Circuit	虚拟电路
VDSL	Very high-bit-rate Digital Subscriber line	甚高比特率数字用户线
VLAN	Virtual Local Area Network	虚拟局域网
VPC	Virtual Private Cloud	虚拟私有云
VPDN	Virtual Private Dialup Network	虚拟专用拨号网
VPN	Virtual Private Network	虚拟专用网
VR	Virtual Reality	虚拟现实
VXLAN	Virtual eXtensible Local Area Network	虚拟拓展局域网
WAF	Web Application Firewall	网站应用防火墙
WAMS	Wide Area Measurement System	广域测量系统
WAN	Wide Area Network	广域网
WDM	Wavelength Division Multiplexing	波分复用
WSS	Wavelength Selective Switching	波长选择开关

参考文献

[1] 中华人民共和国国务院办公厅. 能源发展战略行动计划（2021—2025 年）[R]. 2019.
[2] 国家电网有限公司. 电力通信网规划设计技术导则：Q/GDW 11358—2014 [S]. 2014.
[3] 能源行业电力系统规划设计标准化技术委员会. 电力系统调度通信交换网设计技术规程：DL/T 5157—2012 [S]. 2012.
[4] 国家电网有限公司. 终端通信接入网工程典型设计规范：Q/GDW 1807—2012 [S]. 2012.
[5] 中国南方电网，广东省电信规划设计院有限公司，国家电网全球能源互联网研究院有限公司，等. 5G 确定性网络@电力系列白皮书 I：需求、技术及实践[R]. 2020.
[6] 中国南方电网，国网浙江省电力有限公司信息通信分公司，国家电网全球能源互联网研究院有限公司，等. 5G 确定性网络@电力系列白皮书 II：5G 电力虚拟专网建网模式[R]. 2021.
[7] 国家能源局. 关于印发电力监控系统安全防护总体方案等安全防护方案和评估规范的通知[EB/OL]. (2015-02-04)[2022-06-30].
[8] 3GPP 组织. Release-15 [S/OL]. 2018[2022-06-30].
[9] 3GPP 组织. Release-16 [S/OL]. 2020[2022-06-30].
[10] IEEE. 1588 Precision Clock Synchronization Protocol [S/OL]. 2002 [2022-06-30].
[11] IEC. Telecontrol equipment and systems-Part 5-104: IEC TS 60870-5-604-2016 [S/OL]. 2016 [2022-06-30].
[12] IEC. Communication networks and systems in substations-Part 8-1: Specific Communication Service Mapping (SCSM) Mappings to MMS (ISO 9506-1 and ISO 9506-2) and to ISO/IEC 8802-3: IEC 61850-8-1 [S/OL]. 2004 [2022-06-30].
[13] 中国南方电网，中国移动通信集团有限公司，华为技术有限公司. 5G 助力智能电网应用白皮书[R/OL]. (2018-06-27) [2022-06-30].
[14] 5G 网络切片联盟. 网络切片分级白皮书[R]. 2020.
[15] 王国才，施荣华. 计算机通信网络安全[M]. 北京：中国铁道出版社，2016.

[16] 中国电信集团公司. 中国电信云网融合 2030 技术白皮书[R/OL]. (2020-11-07) [2022-06-30].
[17] 王巍，王鹏，赵晓宇，等. 基于 SRv6 的云网融合承载方案[J]. 电信科学, 2021, 37(8): 111-121.
[18] 梅雅鑫. “新基建”时代, 5G 势不可挡 云网融合正当时[J]. 通信世界, 2020(21): 11-12.
[19] 陈元谋，孙雪媛，李晨. 云网融合赋能行业新生态[J]. 通信世界, 2020(27): 23-25.
[20] 舒印彪，陈国平，贺静波，等. 构建以新能源为主体的新型电力系统框架研究[J]. 中国工程科学, 2021, 23(6): 61-69.
[21] GB/T 22239—2019. 信息安全技术信息系统安全等级保护基本要求[S]. 2019.
[22] ROSE S, BORCHERT O, MITCHELL S, et al. Zero Trust Architecture[R/OL]. 2020[2022-06-30].
[23] ROSS R. Security and Privacy Controls for Information Systems and Organizations [R/OL]. Caithersburg, MD: NIST, 2020[2022-06-30].
[24] GAEHTGENS F, HOOVER J, TEIXEIRA H, et al. Top Strategic Technology Trends for 2022: Cybersecurity Mesh[R/OL]. 2021[2022-06-30].
[25] NIELSEN M, CHUANG I. 量子计算与量子信息（影印版）[M]. 北京: 高等教育出版社, 2003.
[26] BENNETT C H, BRASSARD G. Quantum cryptography: Public key distribution and coin tossing[J]. Theoretical Computer Science, 2014, 560: 7-11.
[27] 国家互联网应急中心. 2020 年中国互联网网络安全报告[R]. 2021.
[28] 王振宇. 可信计算与网络安全[J]. 保密科学技术, 2019(3): 63-66.
[29] 胡腾，李观文，周华春. 面向服务的数据中心安全框架[J]. 电信科学, 2018, 34(1): 8-16.
[30] 陈鹏. 虚拟化数据中心安全问题分析[J]. 通讯世界, 2018(3): 52-53.
[31] 薛朝晖，向敏. 零信任安全模型下的数据中心安全防护研究[J]. 通信技术, 2017, 50(6): 1290-1294.
[32] 靳起朝，任超. 基于零信任架构的边缘计算接入安全体系研究[J]. 网络安全技术与应用，2018(12): 26-27.
[33] 刘涛，马越，姜和芳，等. 基于零信任的电网安全防护架构研究[J]. 电力信息与通信技术, 2021, 19(7): 25-32.
[34] 刘伟娜，赵建利，左晓军，等. 一种基于零信任的电力物联网安全防护方法: CN202011418437. 9[P]. 2020-12-07[2022-06-30].

[35] 王者龙，杜艳. 基于云安全与同态密码的智能电表计费管理模型[J]. 南方电网技术，2020, 14(10): 47-54, 64.
[36] 国网浙江省电力有限公司. 电网通信实用技术[M]. 北京: 中国电力出版社, 2018.
[37] 浙江省能源局，浙江省发展和改革委员会. 关于开展 2021 年度电力需求侧响应工作的通知[EB/OL]. 2021[2022-06-30].
[38] 顾炯炯. 云计算架构技术与实践[M]. 北京：清华大学出版社, 2014.
[39] NIST. Special Publication 800-207: Zero Trust Architecture[R]. 2020.
[40] NIST. Special Publication 800-53 Revision 5, Security and Privacy Controls for Information Systems and Organizations[R]. 2020.
[41] NIST. Special Publication SP 800-210 General Access Control Guidance for Cloud Systems[R]. 2020.
[42] 能源研究俱乐部. 新型电力系统的九个发展趋势展望[EB/OL]. (2021-09-24) [2022-06-30].
[43] 英国石油公司. 世界能源统计年鉴（2021 年版）[R]. 2021.
[44] 国际能源署. 全球能源回顾 2020[R]. 2022.
[45] 国家统计局. 中华人民共和国 2020 年国民经济和社会发展统计公报[R]. 2021.
[46] 世界资源研究所温室气体核算体系. 中国燃煤电厂温室气体排放计算工具指南[R]. 2013.
[47] 国家发展改革委，国家能源局，工业和信息化部. 关于推进“互联网+”智慧能源发展的指导意见[EB/OL]. (2016-02-29) [2022-06-30].
[48] 朱永利，石鑫，王刘旺. 人工智能在电力系统中应用的近期研究热点介绍[J]. 发电技术，2018，39(3): 204-212.
[49] 王毅，陈启鑫，张宁，等. 5G 通信与泛在电力物联网的融合：应用分析与研究展望[J]. 电网技术，2019, 43(5): 1575-1585.
[50] 杨挺，翟峰，赵英杰，等. 泛在电力物联网释义与研究展望[J]. 电力系统自动化，2019, 43(13): 9-20.
[51] 周峰，周晖，刁赢龙. 泛在电力物联网智能感知关键技术发展思路[J]. 中国电机工程学报，2020, 40(1): 70-82.
[52] 刘林，祁兵，李彬，等. 面向电力物联网新业务的电力通信网需求及发展趋势[J]. 电网技术，2020, 44(8): 3114-3128.
[53] 张亚健，杨挺，孟广雨. 泛在电力物联网在智能配电系统应用综述及展望[J]. 电力建设，2019, 40(6): 1-12.

[54] 胡畔，周鲲鹏，王作维，等. 泛在电力物联网发展建议及关键技术展望[J]. 湖北电力，2019，43(1): 1-9.
[55] 汪洋，苏斌，赵宏波. 电力物联网的理念和发展趋势[J]. 电信科学，2010 (S3): 9-14.
[56] 周孝信，曾嵘，高峰，等. 能源互联网的发展现状与展望[J]. 中国科学：信息科学，2017，47(2): 149-170.
[57] 陈国平，董昱，梁志峰，等. 能源转型中的中国特色新能源高质量发展分析与思考[J]. 中国电机工程学报，2020, 40(17): 5493-5505.
[58] 司羽飞，谭阳红，汪沨，等. 面向电力物联网的云边协同结构模型[J]. 中国电机工程学报，2020，40(24): 7973-7979.
[59] 曹惠彬. 电力通信发展的回顾与展望[J]. 电信技术, 2001(7): 1.